"十二五"普通高等教育本科国家级规划教材 计算机系列教材

汪 沁 奚李峰 主 编

邓 芳 金 冉 刘晓利 陈 慧 副主编

数据结构与算法

（第2版）

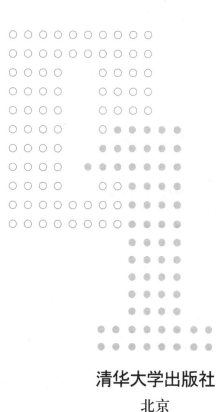

清华大学出版社

北京

内 容 简 介

本书系统地介绍了各种数据结构的特点、存储结构及相关算法。书中采用 C 语言描述算法。主要内容包括数据结构的基本概念、算法描述和算法分析初步;线性表、堆栈、队列、串、数组、树、图等结构;查找、排序等。每章后面配有小结、习题、讨论题。本书有配套的完整的习题与实验指导书,每一章节都给出了完整的 C 语言和 C++ 源程序示例。

本书叙述清晰,深入浅出,注意实践,便于教学与实践。

本书既可作为高等院校计算机专业的教材,也可供从事计算机应用与工程工作的科技工作者自学参考。

图书在版编目(CIP)数据

数据结构与算法/汪沁,奚李峰主编. —2 版. —北京:清华大学出版社,2018(2023.8重印)
(计算机系列教材)
ISBN 978-7-302-49953-4

Ⅰ. ①数… Ⅱ. ①汪… ②奚… Ⅲ. ①数据结构—高等学校—教材 ②算法分析—高等学校—教材 Ⅳ. ①TP311.12

中国版本图书馆 CIP 数据核字(2018)第 097061 号

责任编辑:张 民 李 晔
封面设计:常雪影
责任校对:李建庄
责任印制:宋 林

出版发行:清华大学出版社
   网   址:http://www.tup.com.cn,http://www.wqbook.com
   地   址:北京清华大学学研大厦 A 座   邮   编:100084
   社 总 机:010-83470000   邮   购:010-62786544
   投稿与读者服务:010-62776969,c-service@tup.tsinghua.edu.cn
   质量反馈:010-62772015,zhiliang@tup.tsinghua.edu.cn
   课件下载:http://www.tup.com.cn,010-62795954
印 装 者:三河市科茂嘉荣印务有限公司
经 销:全国新华书店
开 本:185mm×260mm 印 张:17.25 字 数:400 千字
版 次:2013 年 2 月第 1 版 2018 年 6 月第 2 版 印 次:2023 年 8 月第 8 次印刷
定 价:45.00 元

产品编号:076393-01

前　言

数据结构与算法是计算机专业重要的专业基础课程与核心课程之一。从理论上讲，通过学习数据结构可以使学生掌握对不同数据结构的组织方法和对具体数据结构所实施的若干算法，并能分析算法的优劣。学习数据结构与算法的最终目的是提高学生的程序设计水平和能力。

对于应用型人才培养应该注重能力的培养，而不是只满足于理论的掌握。因此，在本书的编写过程中遵循谭浩强教授提出的新三部曲"提出问题—解决问题—归纳分析"的写法，强调从实践中获取知识。本书给出了能够解决实际问题的大量算法，希望学生在阅读和总结这些算法的基础上提高程序设计的水平。因此，本书的大部分算法只要经过简单的修改就能上机运行，具有很好的实用价值，也给学习者带来了方便。

（1）深入浅出，通俗易懂。对数据结构的基本概念、基本理论的阐述注重科学严谨。同时从应用出发，对新概念的引入从实例着手。对各种基本算法描述尽量详细，叙述清楚。本书在讲解数据的存储结构时，使用了大量的图示和表格，有助于学生对数据结构的理解。

（2）理论联系实际。为了巩固所学的理论知识，每章都附有练习题和讨论题，供学生进行书面练习、上机作业时选用和讨论。针对学生中普遍存在的"只懂概念不懂编程"的问题，配套有完整的习题与实验指导书，每一章节都给出了完整的 C 语言和 C++ 源程序示例，供学生参考模拟，从而提高学生的程序设计能力。数据结构课程的一个重要任务是培养学生进行复杂程序设计的能力，目的在于提高学生的程序设计能力和进行规范化程序设计的素养。

（3）循序渐进，逐步加深。由于采用了 C 语言和 C++ 语言面向对象的方法描述数据结构，对于低年级学生来说存在一定难度。为了使读者更好地学习数据结构自身的知识内容，克服描述工具所带来的困难，本书对此做了独特处理。

本书可以作为普通高等院校计算机专业本科和专升本的教材。由于资源翔实、通俗易懂，对书中内容适当取舍之后，也可作为高等职业技术和专科教育的计算机专业教材。同时，本书还可作为研究生考试和各类认证考试的复习参考书，以及计算机应用工作者和工程技术人员的参考书。

本书由汪沁、奚李峰主编。其中，第 1～3 章、第 9 章和实验指导由汪沁、奚李峰编写；第 6 章、第 10 章由邓芳编写；第 4 章、第 7 章由刘晓利编写；第 5 章、第 8 章由金冉、陈慧编写。全书由汪沁、奚李峰统编。

考虑到在数据结构与算法的学习中，教师需要在课堂上对大量的算法进行讲解，而学生应该在此基础上大量阅读并理解数据结构经典算法，因此本书对算法都进行了较为详细的注释。对一些难度比较大的算法，在用语言描述之前，还对算法进行了分析。

由于编者水平有限，疏漏在所难免，欢迎广大读者批评指正并提出宝贵意见。

作者的电子邮箱地址：qinwang@126.com。

编　者

2018 年 5 月

目　　录

第1章 绪 论

计算机科学是一门研究数据表示和数据处理的科学。现在,计算机处理的对象已由单纯的数值发展到字符、图像、声音等,表示这些对象的数据成分往往不是单一的,而是多成分且形成了一定的结构。因此,在程序设计中,除了应精心设计算法外,还应精心组织数据(包括原始数据、中间结果、最终结果),使之形成一定的组织形式(数据结构),以便让计算机尽可能高效率地处理。因此,要设计出一个结构好、效率高的程序,必须研究数据的特性及数据间的相互关系及其对应的存储表示,并利用这些特性和关系设计出相应的算法和程序。"数据结构"就是在此背景下逐步形成、发展起来的。通过这门课的学习,可以掌握非数值计算程序设计中用到的基本方法和技巧。

【案例引入】

七桥问题(seven bridges problem)。在哥尼斯堡的一个公园里,有七座桥将普雷格尔河中两个岛及岛与河岸连接起来,如图1.1所示。问是否可能从这四块陆地中任一块出发,恰好通过每座桥一次,再回到起点?

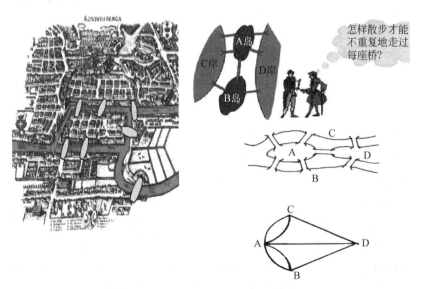

图1.1 七桥问题图

遇到这样的案例,我们如何运用数据结构的知识去解决问题呢? 实际上该题目是一个比较重要的问题,是有关数据结构——图知识方面的问题,是对欧拉图的路径实现问题。用图形方式验证七桥问题,可以证明该问题是不可实现的。

问题:你过去是否听说过"数据结构"? 你知道数据结构是讨论什么内容的学科吗?

1.1　数据结构的概念

数据结构是计算机科学与技术专业的专业基础课,是十分重要的核心课程。所有的计算机系统软件和应用软件都要用到各种类型的数据结构。因此,要想更好地运用计算机来解决实际问题,仅掌握几种计算机程序设计语言是难以应付众多复杂的课题的。要想有效地使用计算机、充分发挥计算机的性能,还必须学习和掌握好数据结构的有关知识。

数据结构涉及各方面的知识,如计算机硬件范围的存储装置和存取方法;在计算机软件范围中的文件系统,数据的动态存储与管理,信息检索;数学范围的许多算法知识,还有一些综合性的知识,如编码理论、算子关系、数据类型、数据表示、数据运算、数据存取等。因此,数据结构是数学、计算机硬件、软件三者之间的一门核心课程。打好"数据结构"这门课程的扎实基础,对于学习计算机专业的其他课程,如操作系统、编译原理、数据库管理系统、软件工程、人工智能等都是十分有益的。

1.1.1　引言

程序设计的实质即为计算机处理问题编制一组"指令",首先需要解决两个问题,即算法和数据结构。算法即处理问题的策略,而数据结构即为问题的数学模型。

问题:什么是非数值计算问题?举例说明。

很多数值计算问题的数学模型通常可用一组线性或非线性的代数方程组或微分方程组来描述,而大量非数值计算问题的数学模型正是本门课程要讨论的数据结构。

例如:

(1) 在计算机内部,1 和 2 是用二进制 00000001 和 00000010 来表示的,迷宫、棋盘在计算机内部如何表示呢?

(2) 交叉路口的红绿灯管理。如今十字路口横竖两个方向都有三个红绿灯,分别控制左拐、直行和右拐,那么如何控制这些红绿灯既使交通不堵塞,又使流量最大呢?若要编制程序解决问题,首先要解决一个如何表示的问题。

(3) 七桥问题。

在各种高级语言程序设计的基本训练中,解决某一实际问题的步骤一般是:分析实际问题;确定数学模型;编写程序;反复调试程序直至得到正确结果。所谓数学模型,一般指具体的代数方程等。然而,有些实际问题无法用数学方程表示。现在具体分析一个典型实例,它们的主要特点是处理数据信息的存储与检索等,而不是单纯的数值计算。

实例:管理办公室的钥匙。

方法 1:按照房间号码顺序存放钥匙,如图 1.2 所示。

方法 2:按照楼号和楼层分抽屉号和抽屉格子来存放钥匙,如图 1.3 所示。

问题:取钥匙的方法一样吗?

例如,寻找 3105 房间(3 号楼 1 层 5 号房间)的钥匙。

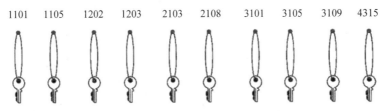

图 1.2　按照房间存放钥匙图

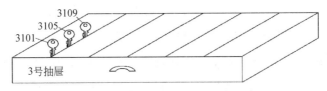

图 1.3　按照楼号和楼层存放钥匙图

方法 1：直接按照房间号码顺序查找。

方法 2：

(1) 找到放钥匙的办公桌；

(2) 打开 3 号抽屉；

(3) 在 3 号抽屉的第 1 个矩形格子中逐个查看，找到标号 3105 的钥匙，取到钥匙。

方法 2 在数据的处理上要比方法 1 复杂一些，但程序的效率有所提高，尤其是加快了查询的速度。

原因：

(1) 程序存储钥匙信息的方式不同。

(2) 存储方式导致了程序必须执行不同的操作才能完成存储、查询等任务。

我们需要研究三点，包括钥匙间的逻辑关系（钥匙间的联系）、钥匙信息在计算机中的存储方式和对钥匙信息的操作（存储、查询等），而这正是数据结构要研究的三个问题。数据结构研究的是非数值问题中数据之间的逻辑关系、具有逻辑关系的数据在计算机内的表示方式（存储方式）以及对数据的操作。

挂在墙上的钥匙之间的逻辑关系是线性关系，其特征是：一把钥匙只与其左边的钥匙和右边的钥匙有逻辑关系（线性关系），如图 1.4 所示。

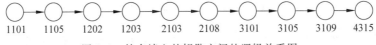

图 1.4　挂在墙上的钥匙之间的逻辑关系图

放在抽屉里的钥匙之间的逻辑关系是非线性关系，如图 1.5 所示。

具有逻辑关系的数据在计算机内存储时，所采取的存储方式应该能够描述数据之间的逻辑关系。同样是线性关系，数据的存储结构可采用顺序存储或链式存储的方法，如图 1.6 所示。

问题：顺序存储和链式存储的区别是什么？

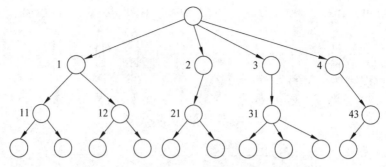

图 1.5　放在抽屉里的钥匙之间的逻辑关系图

顺序存储方法是把逻辑上相邻的元素存储在物理位置相邻的存储单元中，由此得到的存储表示称为顺序存储结构。顺序存储结构是一种最基本的存储表示方法，通常借助于程序设计语言中的数组来实现，如图 1.6(a)所示。

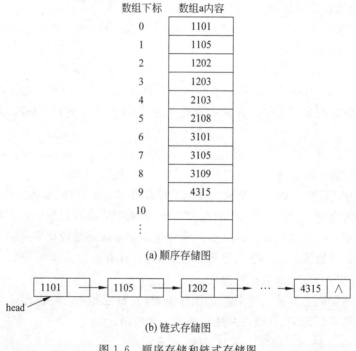

图 1.6　顺序存储和链式存储图

链式存储方法对逻辑上相邻的元素不要求其物理位置相邻，元素间的逻辑关系通过附设的指针字段来表示，由此得到的存储表示称为链式存储结构，链式存储结构通常借助于程序设计语言中的指针类型来实现，如图 1.6(b)所示。

以上所举例子中的数学模型正是数据结构要讨论的问题。因此，简单地说，数据结构是一门讨论"描述现实世界实体的数学模型（非数值计算）及其上的操作在计算机中如何表示和实现"的学科。

问题：你以前是否了解"数据结构"这个概念？

1.1.2 数据结构的有关概念与术语

1. 数据

在计算机科学中,数据(data)是所有能被输入到计算机中,且能被计算机处理的符号(数字、字符等)的集合,它是计算机操作对象的总称。是计算机处理的信息的某种特定的符号表示形式。数据不仅包括整型、实型等数值数据,也包括文本数据、声音、视频、图像等非数值数据。

2. 数据元素

数据元素(data element)是数据(集合)中的一个"个体",在计算机中通常作为一个整体进行考虑和处理,是数据结构中讨论的"基本的独立单位",它也被称为元素、结点、记录等。例如,学生信息系统中的班级信息表中的一个记录(例如"001 张三 男 96")、八皇后问题中状态树的一个状态、教学计划编排问题中的一个顶点等,都被称为一个数据元素。在复杂的数据结构中,数据元素往往由若干个数据项组成,数据项是具有独立含义的最小标识单位,也称为字段或域。例如"001 张三 男 96"这个数据元素由 001(学生编号)、张三(姓名)、男(性别)、96(成绩) 4 个数据项组成。

因此有两类数据元素:一类是不可分割的"原子"型数据元素,如:整数"8"、字符"S"等;另一类是由多个款项构成的数据元素,其中每个款项被称为一个"数据项"。

例如,描述一个职员的信息的数据元素可由下列 6 个数据项组成:姓名、性别、出生日期、电话、家庭地址、职位。其中的出生日期又可以由 3 个数据项"年""月"和"日"组成,则称"出生日期"为"组合项",而其他不可分割的数据项为"原子项"。数据项(data item)是数据结构中讨论的"最小单位"。

3. 数据对象

数据对象(data object)是具有相同特性的数据元素的集合,如整数、实数等。所谓性质相同,是指数据元素具有相同数量和类型的数据项。它是数据的一个子集。例如,学生信息系统中的班级学生信息表就是一个数据对象,这个对象中的数据元素都是由"学生编号""姓名""性别""成绩"4 个数据项组成的;班级中的全部男生的信息也是一个数据对象,它是班级学生信息的一个子集。通常简称数据对象为数据。

4. 数据结构

数据结构(data structure)以某种内在联系将由数据项组成的数据元素组织成为一个数据对象,学习数据结构的组织形式以及相关运算非常重要。

数据结构是指互相之间存在着一种或多种关系的数据元素的集合。在任何问题中,数据元素之间都不会是孤立的,它们之间都存在着这样或那样的关系,这种数据元素之间的关系称为结构。

　　从上面所介绍的数据结构的概念中可以知道，一个数据结构有两个要素：一个是数据元素的集合，另一个是关系的集合。在形式上，数据结构通常可以采用一个二元组来表示。

　　数据结构的形式定义为：数据结构是一个二元组

$$Data\_Structure=(D,R)$$

其中，D是数据元素的有限集，R是D上关系的有限集。

　　根据数据元素间关系的不同特性，通常有下列4类基本的结构：

- 集合结构。在集合结构中，数据元素间的关系是"属于同一个集合"。集合是元素关系极为松散的一种结构。
- 线性结构。该结构的数据元素之间存在着一对一的关系。
- 树形结构。该结构的数据元素之间存在着一对多的关系。
- 图形结构。该结构的数据元素之间存在着多对多的关系，图形结构也称作网状结构。图1.7为表示上述4类基本结构的示意图。

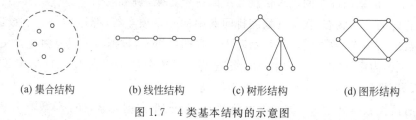

(a) 集合结构　　　　(b) 线性结构　　　　(c) 树形结构　　　　(d) 图形结构

图1.7　4类基本结构的示意图

　　由于集合是数据元素之间关系极为松散的一种结构，因此也可用其他结构来表示。

　　数据结构包括数据的逻辑结构和数据的物理结构。数据逻辑结构是对数据元素之间存在的逻辑关系的描述，它可以用一个数据元素的集合和定义在此集合上的若干关系表示。

　　数据物理结构是数据逻辑结构在计算机中的表示和实现，故又称数据"存储结构"。

　　逻辑结构反映的是数据元素之间的关系，它们与数据元素在计算机中的存储位置无关，是数据结构在用户面前所呈现的形式。

　　上述对数据结构的定义还只是数学上的抽象概念，并没有涉及计算机，完整的数据结构定义还应该包括它在计算机中的表示，即数据的存储结构。

　　数据的存储结构关系有两种表示方法：

　　(1) 顺序存储，如图1.8所示。以"B相对于A的存储位置"表示"B是A的后继"，例如，令B的存储位置和A的存储位置之间相差一个预设常量X，X本身是个隐含值，由此得到的数据存储结构为"顺序存储结构"。

　　(2) 链式存储，如图1.9所示。以和A绑定在一起的附加信息（指针）表示后继关系，这个指针即为B的存储地址，由此得到的数据存储结构为"链式存储结构"。

图1.8　顺序存储结构　　　　　　图1.9　链式存储结构

可见，在顺序存储结构中只包含数据元素本身的信息，而链式存储结构中以"由数据元素 x 的存储映像和附加指针合成的结点"表示数据元素。

除了通常采用的顺序存储方法和链式存储方法外，有时为了查找的方便还采用索引存储方法和哈希存储方法。

数据存储的几种方式各有其优点，也各有其用途，不能说哪一种存储结构就比另一种好。在使用时，它们既可以单独使用，也可以组合起来使用，具体要根据操作和实际情况来决定采取哪一种方式，或者哪几种方式结合起来使用。

对每一个数据结构而言，必定存在与它密切相关的一组操作。若操作的种类和数目不同，即使逻辑结构相同，数据结构能起的作用也不同。

不同的数据结构其操作集不同，但下列操作必不可缺：

- 结构的生成；
- 结构的销毁；
- 在结构中查找满足规定条件的数据元素；
- 在结构中插入新的数据元素；
- 删除结构中已经存在的数据元素；
- 遍历。

问题：抽象数据类型的定义由哪几部分组成？

1.2　抽象数据类型

数据类型是和数据结构密切相关的一个概念。它最早出现在高级程序设计语言中，用来刻画程序中操作对象的特性。在用高级语言编写的程序中，每个变量、常量或表达式都有一个它所属的确定的数据类型。类型显式地或隐含地规定了在程序执行期间变量或表达式所有可能的取值范围，以及在这些值上允许进行的操作。因此，**数据类型**（Data Type）是一个值的集合和定义在这个值集上的一组操作的总称。

在高级程序设计语言中，数据类型可分为两类：一类是原子类型，另一类则是结构类型。原子类型的值是不可分解的。如 C 语言中整型、字符型、浮点型、双精度型等基本类型，分别用保留字 int、char、float、double 标识。而结构类型的值是由若干成分按某种结构组成的，因此是可分解的，并且它的成分可以是非结构的，也可以是结构的。例如，数组的值由若干分量组成，每个分量可以是整数，也可以是数组等。在某种意义上，数据结构可以看成"一组具有相同结构的值"，而数据类型则可被看成由一种数据结构和定义在其上的一组操作所组成的。例如整数类型（int）这个数据类型，它的值集范围是［－32768，32767］，主要运算有＋、－、＊、／、％（取模运算）等。

抽象数据类型（Abstract Data Type，ADT）是指一个数学模型以及定义在该模型上的一组操作。抽象数据类型的定义取决于它的一组逻辑特性，而与其在计算机内部如何表示和实现无关。即不论其内部结构如何变化，只要它的数学特性不变，都不影响其外部的使用。

抽象数据类型和数据类型实质上是一个概念。例如，各种计算机都拥有的整数类型就是一个抽象数据类型，尽管它们在不同处理器上的实现方法可以不同，但由于其定义的数学特性相同，在用户看来都是相同的。因此，"抽象"的意义在于数据类型的数学抽象特性。

但在另一方面，抽象数据类型的范畴更广，它不再局限于前述各处理器中已定义并实现的数据类型，还包括用户在设计软件系统时自己定义的数据类型。为了提高软件的重用性，在近代程序设计方法学中，要求在构成软件系统的每个相对独立的模块上，定义一组数据和施加在这些数据上的一组操作，并在模块的内部给出这些数据的表示及其操作的细节，而在模块的外部使用的只是抽象的数据及抽象的操作。这也就是面向对象的程序设计方法。

抽象数据类型的定义可以由一种数据结构和定义在其上的一组操作组成，而数据结构又包括数据元素及元素间的关系，因此抽象数据类型一般可以由**元素**、**关系**及**操作**三种要素来定义。

例如，抽象数据类型形式定义为：

```
ADT 抽象数据类型名 {
    数据对象：数据对象的定义
    数据关系：数据关系的定义
    基本操作：基本操作的定义
}
```

抽象数据类型的特征是使用与实现相分离，实行封装和信息隐蔽。也就是说，在抽象数据类型设计时，把类型的定义与其实现分离开来。

例如，一个线性表的抽象数据类型的描述如下：

```
ADT  Linear_list
{ 数据元素：所有 ai 属于同一数据对象, i=1,2,…,n  n≥0;
逻辑结构：所有数据元素 ai(i=1,2,…,n-1) 存在次序关系<ai,ai+1>,a1 无前驱,an 无后继;
基本操作：设L为 Linear_list 类型的线性表
            初始化空线性表;
            求线性表表长;
            取线性表的第 i 个元素;
            在线性表的第 i 个位置插入元素 b;
            删除线性表的第 i 个元素;
}
```

上述 ADT 很明显是抽象的，数据元素所属的数据对象没有局限于具体的整型、实型或其他类型，所具有的操作也是抽象的数学特性，并没有具体到用何种计算机语言指令与程序编码，而数据结构可讨论对 ADT 的具体实现。

对于 ADT 的具体实现依赖于所选择的高级语言的功能。从程序设计的历史发展来看，有几种不同的实现方法。一种是面向过程的程序设计，也就是现在常用的方法，根据数据的逻辑结构选定合适的存储结构，根据所要求的操作设计出相应的子程序或子函数。另一种是面向对象的程序设计(Object Oriented Programming, OOP)，在面向对象的程序设计语言中,存储结构的说明和操作函数的说明被封装在一个整体结构中,这个整体结构称为"类(class)",属于某个"类"的具体变量称为"对象(object)"。本书以第一种方法即面向过程的程序设计为主进行讨论。本书配套的习题与实验指导书中,每一章节都给出了两种方法的源程序示例,方便学生自学和提高程序设计能力。

例 1.1　复数的抽象数据类型 ADT 的实现。

[复数 ADT 的描述]

```
ADT complex{
        数据对象: D={c1,c2   c1,c2∈FloatSet}
        数据关系: R={<c1,c2>      c1 为实部,c2 为虚部}
        基本操作: 创建一个复数          creat(a);
                 输出一个复数          outputc(a);
                 求两个复数相加之和    add(a,b);
                 求两个复数相减之差    sub(a,b);
                 ⋮
                 } ADT complex;
```

实现复数 ADT 可以使用面向过程的程序设计方法,也可以用面向对象程序设计方法。[复数 ADT 实现的面向过程 C 语言源程序]

```c
#include<stdio.h>
typedef   struct                        /*存储表示,结构体类型的定义*/
    {float x;                           /*实部子域*/
     float y;                           /*虚部的实系数子域*/
    } complex;
/*子函数的原型声明*/
void creat(complex * c);
void outputc(complex a);
complex add(complex k,complex h);
complex sub(complex k, complex h);
complex a,b,a1,b1;  int z;               /*全局变量的说明*/
viod main()                             /*主函数*/
{  creat(&a);   outputc(a);
        creat(&b);   outputc(b);
        a1=add(a,b); outputc(a1);
        b1=sub(a,b); outputc(b1);
}
void creat(complex * c)
{float x1,y1;
    printf("\n 输入实部 real x=?%f");    scanf("%f",&x1);
    printf("\n 输入实部 xvpu y=?%f");    scanf("%f",&y1);
    c->x=x1;   c->y=y1;
}
void outputc(complex a)                         /*输出一个复数*/
```

```
{printf("复数: %f+i * %f\n",a.x,a.y);
}
complex add(complex k,complex h)          /* 求两个复数相加之和 */
{complex l;
    l.x=k.x+h.x;
    l.y=k.y+h.y;
    return l;
}
complex sub(complex k,complex h)          /* 求两个复数相减之差 */
{complex l;
    l.x=k.x-h.x;
    l.y=k.y-h.y;
    return l;
}
complex chengji(complex k,complex h)      /* 求两个复数相乘之积 */
{complex l;
    l.x=k.x * h.x-k.y * h.y;
    l.y=k.x * h.y+k.y * h.x;
    return l;
}
```

程序选定合适的存储结构 struct comp,根据所需设计出复数加、减的子函数,通过一个主函数来调用各个子函数。一个源程序由若干个函数构成,这是面向过程程序设计的鲜明特点。

[复数的抽象数据类型(ADT),面向对象的程序实现。]

[C++语言源程序]

```
#include<iostream.h>
#include<conio.h>
class  Complex                                  //定义复数类 Complex
    { private:
        float x;                                //实部
        float y;                                //虚部
    public:
        Complex(){}                             //构造函数
        Complex(float x0, float y0) {x=x0; y=y0;}   //构造函数
        ~Complex(){}                            //析构函数
        void outputc()                          //输出函数
            { cout<<"复数: "<<x<<"+i * "<<y<<endl;
            }
        Complex operator+(Complex k)            //加法函数
            { return Complex(k.x+x, k.y+y);
            }
        Complex operator-(Complex k)            //减法函数
```

```
        { Complex w;
            w.x=x-k.x
            w.y=y-k.y
            return(w);
        }
        };                                      //类定义结束
    int main()
    { Complex a1(1,2),a2(4,6),a3,a4;
            a3=a1+a2;        a3.outputc();
            a4=a1-a2;        a4.outputc();
            return 0;
    }
```

在程序中首先定义一个复数类 class Complex,数据成员和成员函数全部封装在类 Complex 之中。在主函数中,首先创建复数类对象 a1、a2、a3、a4,其中 a1、a2 已经初始化具有数据内容,然后通过对象调用类的各种成员函数。

给出上述两个程序的目的主要是体现面向过程和面向对象实现 ADT 的区别。面向过程的程序容易阅读和理解,这也是所要求掌握的基本方法。面向对象的 C++ 程序在这里不是基本要求,但可以看出一个复数类(class)和抽象数据类(ADT complex)存在很好的对应关系。

1.3　算法描述与分析

著名的计算机科学家 N. 沃思提出了一个有名的公式:算法＋数据结构＝程序。由此可见,数据结构和算法是程序的两大要素,二者相辅相成,缺一不可。打个通俗的比方,一本菜谱介绍各种烹调方法,对每一种菜肴来说,需要说明用什么原料,然后介绍操作步骤。算法与数据结构的关系紧密,在算法设计时先要确定相应的数据结构,而在讨论某一种数据结构时也必然会涉及相应的算法。

问题:算法是什么? 怎样的算法才算好的算法?

1.3.1　什么是算法

在解决实际问题时,当确定了数据的逻辑结构和存储结构之后,需进一步研究与之相关的一组操作(也称运算),主要有插入、删除、排序、查找等。为了实现某种操作(如查找)常常需要设计一种算法。用比较通俗的语言说,算法是解题的步骤。严格地讲,算法是一个有穷的规则集合,这些规则为解决某一特定任务规定了一个运算序列。

描述算法需要一种语言,算法的描述方法有:

- 自然语言——自然语言通常是指一种自然地随文化演化的语言。英语、汉语、日语为自然语言的例子,而世界语则为人造语言,即是一种由人特意为某些特定目的而创造的语言。

- 程序设计语言——是一组用来定义计算机程序的语法规则。
- 流程图——流程图是由一些图框和流程线组成的，其中，图框表示各种操作的类型，图框中的文字和符号表示操作的内容，流程线表示操作的先后顺序。包括传统流程图和 N-S 结构图。
- 伪语言——介于自然语言和程序语言之间的伪语言。它的控制结构往往类似于 Pascal、Borland C++ 、Visual C++ 等程序语言，但其中可使用任何表达能力强的方法使算法表达更加清晰和简洁，而不至于陷入具体的程序语言。
- PAD 图——PAD 是问题分析图（Problem Analysis Diagram）的英文缩写，自 1973 年由日本日立公司发明以来，已经得到一定程度的推广。它用二维数形结构的图表示程序的控制流，将这种图转换为程序代码比较容易。

最简单的方法是使用自然语言。用自然语言来描述算法的优点是简单且便于人们对算法的阅读，缺点是不够严谨。

可以使用程序流程图、N-S 图等算法描述工具。流程图是使用图形表示算法的思路是一种极好的方法，其特点是描述过程简洁、明了，因为千言万语不如一张图。流程图在汇编语言和早期的 BASIC 语言环境中得到应用，由于其中的转向过于任意，带来了许多副作用，现已趋向消亡。较新的是有利于结构化程序设计的 PAD 图，对 Pascal 或 C 语言都极适用。

用以上方法描述的算法不能直接在计算机上执行，若要将它转换成可执行的程序还有一个编程的问题。

可以直接使用某种程序设计语言来描述算法，不过直接使用程序设计语言并不容易，而且不太直观，常常需要借助于注释才能使人看明白。

为了解决理解与执行这两者之间的矛盾，人们常常使用一种称为伪码语言的描述方法来进行算法描述。伪码语言介于高级程序设计语言和自然语言之间，它忽略高级程序设计语言中一些严格的语法规则与描述细节，因此它比程序设计语言更容易描述和被人理解，而比自然语言更接近程序设计语言。但是不能直接执行，需要读者转换成高级语言才行。

一个算法一般具有下列五个重要特性：

（1）输入——一个算法具有零个或多个输入，这些输入取自特定的数据对象集合。

（2）有穷性——一个算法必须在有穷步之后正常结束，即必须在有限时间内完成而不能形成无穷循环。

（3）确定性——算法的每一步必须有确切的定义，无二义性。算法的执行对应的相同的输入仅有唯一的一条路经。

（4）可行性——算法中的每一条指令必须是切实可行的，即原则上可以通过已经实现的基本运算执行有限次来实现。

（5）输出——一个算法具有一个或多个输出，这些输出同输入之间存在某种特定的关系。

一种数据结构的优劣是由实现其各种运算的算法体现的。对数据结构的分析实质上也就是对实现其多种运算的算法分析。评价一个算法主要看这个算法所占用机器资源的多少。而在这些资源中时间和空间是两个最主要的方面,因此算法分析中最关心的也就是算法所要的时间代价和空间代价。

关于算法及其复杂性的有关问题,中国计算科学学者洪加威曾经讲了一个故事,在国外被称为又一个"三个中国人算法"。这个故事能够很好地帮助读者理解与计算和计算复杂性有关的一些概念。

很久以前有一个年轻的国王,名叫艾述。他非常喜欢数学,任命了当时最大的数学家孔唤石当宰相。

邻国有一位聪明美丽的公主,名字叫秋碧贞楠。艾述国王爱上了这位公主,便亲自登门去求婚。

公主说:"你如果向我求婚,请你先求出 48770428644836899 的一个真因子,一天之内交卷。"艾述听罢,心中暗喜。他想,我从 2 开始,一个一个地试,看看能不能除尽这个数,还怕找不到这个真因子吗?

艾述国王十分精于计算,他一秒钟就算完一个数。于是,从早晨开始一直到晚上,他总共算了三万多个数,还是没有找到那个真因子。于是,艾述只好去向公主求情。公主说:"既然你求不出来,那么请你验证一下,223092871 是它的一个真因子。"国王如获大赦,在一秒钟之内就做了一个除法,验证了这个数恰好能除尽 48770428644836899。公主于是说:"你求婚不成,将来做我的证婚人吧,但我可以给你一个机会再求一次。"

国王急急回国,召见宰相孔唤石。这位大数学家说:"这个问题我也没有好的办法,不过可以试一下。公主给的数不超过 17 位,如果这个数可以分成两个真因子的乘积,那么,较小的因子一定不超过 9 位。你把全国的百姓按自然数的顺序编上号,让大家记住自己的编号。等公主给了一个数目之后,你把这个数字通报全国,让每个老百姓用自己的编号去除公主给的这个数。谁除尽了就赶快报上来,赏黄金 300 两。"

于是,国王发动全国上下的民众,再度求婚,终于取得成功。

在这个童话中,艾述国王最先使用的是一种顺序算法,后面由孔唤石提出的是一种并行算法。如果我们用黑板来计算除法,按照第一个算法,只要一块黑板就行了。因为前面的计算对后面并没有用处,可以擦去;按照第二个算法,就得每人有一块黑板,以便大家同时进行计算。这里使用的黑板可以看成是计算机所需的存储空间,相当于计算机的存储器。显然,第一个算法复杂在时间方面,第二个算法复杂在空间方面。

1.3.2　算法分析技术初步

可以从一个算法的时间复杂度与空间复杂度来评价算法的优劣。

当将一个算法转换成程序并在计算机上执行时,其运行所需要的时间取决于下列因素:

(1) 硬件的速度。例如使用 486 机还是使用 586 机。

(2) 书写程序的语言。实现语言的级别越高,其执行效率就越低。

(3) 编译程序所生成目标代码的质量。对于代码优化较好的编译程序其所生成的程序质量较高。

（4）问题的规模。例如，求100以内的素数与求1000以内的素数其执行时间必然是不同的。

显然，在各种因素都不能确定的情况下，很难比较出算法的执行时间。也就是说，使用执行算法的绝对时间来衡量算法的效率是不合适的。为此，可以将上述各种与计算机相关的软、硬件因素都确定下来，这样一个特定算法的运行工作量的大小就只依赖于问题的规模（通常用正整数 n 表示），或者说它是问题规模的函数。

1. 空间复杂度

一个程序的**空间复杂度**（space complexity）是指程序运行从开始到结束所需的存储量。它指的是：当问题的规模以某种单位由 1 增至 n 时，解决该问题的算法实现所占用的空间也以某种单位由 1 增至 f(n)。则称该算法的空间代价是 f(n)。

程序的一次运行是针对所求解的问题的某一特定实例而言的。例如，求解排序问题的排序算法的每次执行是对一组特定个数的元素进行排序。对该组元素的排序是排序问题的一个实例。元素个数可视为该实例的特征。

程序运行所需的存储空间包括以下两部分：

（1）固定部分。这部分空间与所处理数据的大小和个数无关，或者称与问题的实例的特征无关。主要包括程序代码、常量、简单变量、定长成分的结构变量所占的空间。

（2）可变部分。这部分空间大小与算法在某次执行中处理的特定数据的大小和规模有关。例如 100 个数据元素的排序算法与 1000 个数据元素的排序算法所需的存储空间显然是不同的。

2. 时间复杂度

一个程序的**时间复杂度**（time complexity）是指程序运行从开始到结束所需要的时间。

一个算法是由控制结构和原操作构成的，其执行时间取决于两者的综合效果。为了便于比较同一问题的不同的算法，通常的做法是：从算法中选取一种对于所研究的问题来说是基本运算的原操作，以该原操作重复执行的次数作为算法的时间度量。一般情况下，算法中原操作重复执行的次数是规模 n 的某个函数 T(n)。

许多时候要精确地计算 T(n) 是困难的，引入渐进时间复杂度在数量上估计一个算法的执行时间，也能够达到分析算法的目的。

定义（大 O 记号）：如果存在两个正常数 c 和 n_0，使得对所有的 $n, n \geqslant n_0$，有：

$$f(n) \leqslant cg(n)$$

则有：

$$f(n) = O(g(n))$$

例如，一个程序的实际执行时间为 $T(n) = 2.7n^3 + 3.8n^2 + 5.3$，则 $T(n) = O(n^3)$。

使用大 O 记号表示的算法的时间复杂度，称为算法的**渐进时间复杂度**（asymptotic complexity）。

时间复杂度不是针对实际执行时间的精确地算出算法执行具体时间，而是针对算法中语句的执行次数做出估计,从中得到算法执行时间的信息。

在分析算法的时间代价(或称时间复杂度)之前,首先介绍语句频度的概念。

语句频度是指该语句在一个算法中重复执行的次数。

例如:算法语句对应的语句频度:

```
for(i=0; i<n; i++)                          n
   for(j=0; j<n; j++)                       n²
   {c[i][j]=0;                              n²
     for(k=0;k<n; k++)                      n³
       c[i][j]=c[i][j]+a[i][k] * b[k][j];   n³
     }
```

总执行次数:

$$T(n) = 2n^3 + 2n^2 + n$$

算法的时间复杂度,即是算法的时间量度记作:

$$T(n) = O(f(n))$$

例如,给出 $X = X + 1$。

(1) x=x+1;

时间复杂度为 $O(1)$,称为常量阶;

(2) for(i=1; i<=n; i++)x=x+1;

时间复杂度为 $O(n)$,称为线性阶;

(3) for(i=1; i<=n; i++)
　　　　for(j=1; j<=n; j++) x=x+1;

时间复杂度为 $O(n^2)$,称为平方阶。

(4) for(i=0; i<n-1; i++)
　　　　for(j=i+1; j<n; j++)
　　　　　　if(a[i].data<a[j].data){m=a[i]; a[i]=a[j]; a[j]=m;}

算法中有一个二重循环,if 语句频度为:

$$(n-1) + (n-2) + (n-3) + \cdots + 3 + 2 + 1 = \frac{(n-1)n}{2}$$

即:$n^2/2 + n/2$。现在试着忽略低次幂项 $n/2$,只剩 $n^2/2$。然后再忽略 $n^2/2$ 项的常数系数 $1/2$,本项的数量级就成为 n^2。而算法中输出语句的频度为 n,数量级显然为 n。该算法的时间复杂度以最大语句频度 if 语句的频度 n^2 来估算,即不考虑算法中其他语句频度,则记作:

$$T(n) = O(n^2)$$

由上述各个例题可见,随着问题规模 n 的增大,其时间消耗 $T(n)$ 也在增大。

通常将这些时间复杂度分别称为常量阶 $O(1)$、线性阶 $O(n)$ 和平方阶 $O(n^2)$,算法还可能呈现的时间复杂度有指数阶和对数阶 $O(\log_2 n)$ 等。研究算法的时间复杂度,目的是研究随着问题规模 n 的逐渐增大,时间消耗的增长趋势(很快、缓慢、很少)。不同数量级时间复杂度的性状如图 1.10 所示。

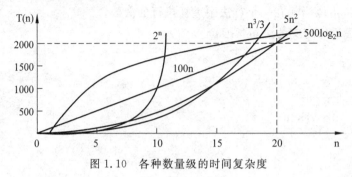

图 1.10　各种数量级的时间复杂度

从图 1.10 中可见,随着问题规模的增大,其时间消耗也在增大,但它们的增长趋势明显不同。

常用的时间复杂度频率计数。

- 数据结构中常用的时间复杂度频率计数有 7 个:

$O(1)$ 常数型　　　　　　$O(n)$ 线性型　　　　　　$O(n^2)$ 平方型

$O(n^3)$ 立方型　　　　　$O(2^n)$ 指数型　　　　　$O(\log_2 n)$ 对数型

$O(n\log_2 n)$ 二维型

- 常用的时间复杂度频率如表 1.1 所示。

表 1.1　常用的时间复杂度频率表

$\log_2 n$	n	$n\log_2 n$	n^2	n^3	2^n
0	1	0	1	1	2
1	2	2	4	8	4
2	4	8	16	64	16
3	8	24	64	512	256
4	16	64	256	5096	65 536
5	32	160	1024	32 768	2 147 483 648

一般前 3 种可实现,后 3 种虽然理论上是可实现的,实际上只有对 n 限制在很小范围才有意义,当 n 较大时,不可能实现。

通常用 $O(1)$ 表示常数计算时间。常见的渐进时间复杂度有:

$$O(1) < O(\log_2 n) < O(n) < O(n\log_2 n) < O(n^2) < O(n^3) < O(2^n)$$

假设对同一个问题的解决,设计两种不同的算法 A 和 B,算法 A 的时间复杂度为 $O(n^2)$,算法 B 的时间复杂度为 $O(\log_2 n)$。由图 1.10 可知,随着问题规模 n 的增大,算法 A 所消耗时间将会迅速增大,而算法 B 所消耗时间的增大趋向平缓,即增长比较慢。显然,在问题的规模 n 很大时算法 B 运行效率高,可以认为算法 B 优于算法 A。

在研究算法的运算时间有两种方法:

(1) 考虑平均情况。

（2）考虑最坏情况。

最坏时间复杂度是讨论算法在最坏情况下的时间复杂度，即分析最坏情况下以估计出算法执行时间的上界。

运行时间 T 可表示为 n 的函数（如 n 为需排序的元素个数）T(n)。凡是 T(n) 为 n 的对数函数、线性函数或多项式，就称这种算法为有效的算法或好的算法；反之，T(n) 为指数函数或阶乘函数的算法，则称为坏的算法，这类算法一般没有实用价值。

1.4 基本的算法策略

1.4.1 穷举法

穷举法，或称为枚举法，又称为暴力破解法，是一种针对密码的破译方法，即将密码进行逐个推算直到找出真正的密码为止。例如一个已知是四位并且全部由数字组成的密码，其可能共有 10 000 种组合，因此最多尝试 10 000 次就能找到正确的密码。理论上利用这种方法可以破解任何一种密码，问题只在于如何缩短破译时间。有些人运用计算机来增加效率，有些人辅以字典来缩小密码组合的范围。

1. 穷举法应用实例 1：求质数

求质数，就是不断地让每一个数除以一个小于它的数最大到 sqrt(N)，然后得出结果，算法时间复杂度 $O(N^2)$，优化过的算法 $O(N * sqrt(N))$。

```
/* 求质数的经典方法,穷举法,时间复杂度 O(N * sqrt(N)) */
#include "stdio.h"
#define N 200                      /* 定义测试数据 */
int main()
{  int i, j;
   for(i=2; i<=N; i++) {
   for(j=2; j<=(int)sqrt(i); j++)      /* 比较直到 j 到 sqrt(i) */
   {
       if(i %j==0)
     {  break;
       }    /* if */
   }    /* for */
   if(j>(int)sqrt(i))                /* 符合条件? */
   {  printf("%-10d",i);            /* 输出 */
   }    /* if */
   }    /* for */
Getch();   return 0;
}/* main */
```

2. 穷举法应用实例 2：百钱买百鸡

中国古代数学家张丘建在他的《算经》中提出了著名的"百钱买百鸡问题"：鸡翁一，值钱五，鸡母一，值钱三，鸡雏三，值钱一，百钱买百鸡，问翁、母、雏各几何？

1）问题分析与算法设计

设鸡翁、鸡母、鸡雏的个数分别为 x、y、z，题意给定共 100 钱要买百鸡，若全买公鸡最多买 20 只，显然 x 的值在 0～20 之间；同理，y 的取值范围在 0～33 之间，可得到下面的不定方程：

$$5x + 3y + z/3 = 100$$
$$x + y + z = 100$$

所以此问题可归结为求这个不定方程的整数解。

由程序设计实现不定方程的求解与手工计算不同。在分析确定方程中未知数变化范围的前提下，可通过对未知数可变范围的穷举，验证方程在什么情况下成立，从而得到相应的解。

问题：能否根据题意更合理的设置循环控制条件来减少这种穷举和组合的次数，提高程序的执行效率？请考虑。

2）程序说明与注释

```c
#include<stdio.h>
int main()
{ int x,y,z,j=0;
  printf("Following are possible plans to buy 100 fowls with 100 Yuan.\n");
  for(x=0;x<=20;x++)          /* 外层循环控制鸡翁数 */
  for(y=0;y<=33;y++)          /* 内层循环控制鸡母数 y 在 0~33 变化 */
  {   z=100-x-y;              /* 内外层循环控制下，鸡雏数 z 的值受 x,y 的值的制约 */
      if(z%3==0&&5*x+3*y+z/3==100)
                              /* 验证取 z 值的合理性及得到一组解的合理性 */
        printf("%2d:cock=%2d hen=%2d chicken=%2d\n",++j,x,y,z);
  }   getch();
}
```

3）运行结果

```
Following are possible plans to buy 100 fowls with 100 Yuan.
1:cock=0 hen=25 chicken=75
2:cock=4 hen=18 chicken=78
3:cock=8 hen=11 chicken=81
4:cock=12 hen=4 chicken=84
```

1.4.2 递推法与迭代法

递推法与迭代法是两种使用十分普通的算法，它们大量用于解决具有递推与迭代特征的实际问题,且方法简单,易于理解,是程序设计者应该掌握的两种基本算法。

1．递推法

递推是计算机数值计算中的一个重要算法。将复杂的运算划分为可以重复操作的若干个简单的运算,进而充分利用计算机擅长重复计算的特点。在 C 语言中,利用 for 语句实现迭代的过程,可以认为是递推的一种特例。

采用递推法进行问题求解的关键在于找出递推公式和边界条件。递推公式给出了重复计算中根据前项计算后项的计算公式;而边界条件给出了计算的初值。例如,对于阶乘的计算,递推公式是 $n! = n * (n-1)!$,说明了在循环中第 n 项和第 $n-1$ 项之间的关系;其边界条件是 $0! = 1$,说明了循环的初值。

2．递推法应用实例：Fibonacci（斐波那契）数列

1201 年,意大利数学家 Fibonacci 发现了以他自己的名字命名的数列——Fibonacci 数列。他是在研究兔子的生长、繁殖的规律中发现这一数列的。他对数列的研究是从一对刚刚出生的小兔子(雌雄一对)开始计算在 n 个月后将会有多少只兔子,他做了如下的假设:

(1) 新生的小兔子在一个月的时间里发育为成年兔子;

(2) 每对成年兔子每月繁殖一对小兔子(雌雄一对);

(3) 兔子没有死亡发生。

接下来看看会产生一组什么样的数呢?

用 F_n 代表 n 个月后兔子的对数。因为从一对新生的兔子开始,所以,$F_0 = 1$,$F_1 = 1$。这一对兔子在第二个月末生出另一对小兔子,从而 $F_2 = 1 + 1 = 2$。在第三个月末,第一对兔子将生下又一对小兔子,所以 $F_3 = 2 + 1 = 3$。前 10 个月每个月初兔子的数量,如表 1.2 所示。

表 1.2　前 10 个月每个月初兔子的数量

时间(月)	初生兔子(对)	成熟兔子(对)	兔子总数(对)
1	1	0	1
2	0	1	1
3	1	1	2
4	1	2	3
5	2	3	5
6	3	5	8
7	5	8	13
8	8	13	21
9	13	21	34
10	21	34	55

由此可知,从第一个月开始以后每个月的兔子总数是:

$$1,1,2,3,5,8,13,21,34,55,89,144,233,\cdots$$

这就是著名的 Fibonacci 数列,这个数列具有这样的特点:前两项均为 1,从第三项起,每一项都是其前两项的和,即 $F_0 = F_1 = 1$,当 $n > 1$ 时,$F_{n+2} = F_{n+1} + F_n$。

算法如下：

```
main()
{ int i,a=1,b=1;
  printf("%d,%d", a,b);
  for(i=1;i<=10;i=i+1)
  { c=a+b;
    Printf("%d",c);
    a=b;
    b=c;
  }
}
```

问题：能否根据题意设计更合理的程序，提高程序的执行效率？请考虑。

3. 递推与迭代法应用实例：Fibonacci 数列

其实一个赋值语句的执行过程是众所周知的——赋值过程是先计算后赋值，如表 1.3 所示的递推迭代过程。

表 1.3   递推迭代表达式

1	2	3	4	5	6	7
a	b	a=a+b	b=a+b	a=a+b	b=a+b	...

由此归纳出，可以用"a=a+b;b=a+b;"做循环"不变式"从而得到以下算法：

```
main()
{ int i,a=1,b=1;
  Printf("%d,%d", a,b);
  For(i=1;i<=5;i=i+1)
  { a=a+b;
    b=a+b
    Printf("%d,%d", a,b);
  }
}
```

问题：以上两个算法都是解决 Fibonacci 数列问题的，有什么不同吗？

1.4.3   分治法

1. 分治法的基本思想

任何一个可以用计算机求解的问题所需的计算时间都与其规模 N 有关。问题的规模越小，越容易直接求解，解题所需的计算时间也越少。例如，对于 n 个元素的排序问题，当 n=1 时，不需任何计算；n=2 时，只要作一次比较即可排好序；n=3 时只要作 3 次比较即可……而当 n 较大时,问题就不那么容易处理了。要想直接解决一个规模较大的问题,有时是相当困难的。

分治法的设计思想是:将一个难以直接解决的大问题,分割成一些规模较小的相同问题,以便各个击破,分而治之。如果原问题可分割成 k 个子问题,1<k≤n,且这些子问题都可解,并可利用这些子问题的解求出原问题的解,那么这种分治法就是可行的。由分治法产生的子问题往往是原问题的较小模式,这就为使用递归技术提供了方便。在这种情况下,反复应用分治手段,可以使子问题与原问题类型一致而其规模却不断缩小,最终使子问题缩小到很容易直接求出其解。

通常,这种分析方法的基本点在于"分解",因此这种方法也被称为"划分(divide)和解决(conquer)"方法。也正因为如此,它和语言工具中的递归结下了不解之缘。分治与递归像一对孪生兄弟,经常同时应用在算法设计之中,并由此产生许多高效算法。

2. 分治法的适用条件

分治法所能解决的问题一般具有以下几个特征:
(1) 该问题的规模缩小到一定的程度就可以容易地解决;
(2) 该问题可以分解为若干个规模较小的相同问题,即该问题具有最优子结构性质;
(3) 利用该问题分解出的子问题的解可以合并为该问题的解;
(4) 该问题所分解出的各个子问题是相互独立的,即子问题之间不包含公共的子子问题。

上述的第一条特征是绝大多数问题都可以满足的,因为问题的计算复杂性一般是随着问题规模的增加而增加;第二条特征是应用分治法的前提,它也是大多数问题可以满足的,此特征反映了递归思想的应用;第三条特征是关键,能否利用分治法完全取决于问题是否具有第三条特征,如果具备了第一条和第二条特征,而不具备第三条特征,则可以考虑贪心法或动态规划法。第四条特征涉及分治法的效率,如果各子问题是不独立的,则分治法要做许多不必要的工作,重复地解公共的子问题,此时虽然可用分治法,但一般用动态规划法较好。

3. 分治法的基本步骤

分治法的基本步骤在每一层递归上都有 3 个步骤。
(1) 分解:将原问题分解为若干个规模较小,相互独立,与原问题形式相同的子问题;
(2) 解决:若子问题规模较小而容易被解决则直接解,否则再继续分解为更小的子问题,直到容易解决;
(3) 合并:将已求解的各个子问题的解,逐步合并为原问题的解。
分治法的基本步骤:

```
divide-and-conquer(P)
{
    if(|P|<=n0) adhoc(P);            /*解决小规模的问题*/
```

```
        divide P into smaller subinstances P1,P2,…,Pk;    /*分解问题*/
        for(i=1,i<=k,i++)
yi=divide-and-conquer(Pi);                /*递归的解各子问题*/
        return merge(y1,…,yk);             /*将各子问题的解合并为原问题的解*/
    }
```

人们从大量实践中发现,在用分治法设计算法时,最好使子问题的规模大致相同。即将一个问题分成大小相等的 k 个子问题的处理方法是行之有效的。这种使子问题规模大致相等的做法是出自一种平衡(balancing)子问题的思想,它几乎总是比子问题规模不等的做法要好。

当每次都将问题分解为原问题规模的一半时,称为二分法。

二分法是分治法较常用的分解策略,数据结构课程中的折半查找、归并排序等算法都是采用此策略实现的。

1.4.4 贪心算法

贪心算法是一种不追求最优解,只希望得到较为满意解的方法,"只顾眼前最优,不管将来好坏"。贪心算法一般可以快速得到满意的解,因为它省去了为找最优解要穷尽所有可能而必须耗费的大量时间。贪心算法常以当前情况为基础作最优选择,而不考虑各种可能的整体情况,所以贪婪法不要回溯。

例如,平时购物找钱时,为使找回的零钱的硬币数最少,不考虑找零钱的所有各种方案,而是从最大面值的币种开始,按递减的顺序考虑各币种,先尽量用大面值的币种,当不足大面值币种的金额时才去考虑下一种较小面值的币种。这就是在使用贪心算法。这种方法在这里总是最优,是因为银行对其发行的硬币种类和硬币面值的巧妙安排。如只有面值分别为 1、5 和 11 单位的硬币,而希望找回总额为 15 单位的硬币。按贪心算法,应找1 个 11 单位面值的硬币和 4 个 1 单位面值的硬币,共找回 5 个硬币。但最优的解应是 3个 5 单位面值的硬币。

1.4.5 动态规划

经常会遇到复杂问题不能简单地分解成几个子问题,而会分解出一系列的子问题。简单地采用把大问题分解成子问题,并综合子问题的解导出大问题的解的方法,问题求解耗时会按问题规模呈幂级数增加。

为了节约重复求相同子问题的时间,引入一个数组,不管它们是否对最终解有用,把所有子问题的解存于该数组中,这就是动态规划法所采用的基本方法。

动态规划的基本思想是:把求解的问题分成许多阶段或者子问题,然后按顺序求解各阶段或者子问题;记录每个阶段决策得到的结果序列。最后阶段的解就是初始问题的解。

适用问题:

（1）最优子结构；（必须有）

（2）无后向性；

（3）子问题重叠性质。（体现优势）

"分治法"与"动态规划法"都是递归思想的应用之一，是找出大问题与小的子问题之间的关系，直到小的子问题很容易解决，再由小的子问题的解导出大问题的解。

动态规划的实质是分治思想和解决冗余问题，因此，动态规划是一种将问题实例分解为更小的、相似的子问题，并存储子问题的解而避免计算重复的子问题，以解决最优化问题的算法策略。

问题：动态规划法与分治法和贪心法有什么不同呢？

由此可知，动态规划法与分治法和贪心法类似，它们都是将问题实例归纳为更小的、相似的子问题，并通过求解子问题产生一个全局最优解。其中贪心法的当前选择可能要依赖已经做出的所有选择，但不依赖于有待于做出的选择和子问题。因此贪心法自顶向下，一步一步地做出贪心选择；而分治法中的各个子问题是独立的（即不包含公共的子子问题），因此一旦递归地求出各子问题的解后，便可自下而上地将子问题的解合并成问题的解。但不足的是，如果当前选择可能要依赖子问题的解时，则难以通过局部的贪心策略达到全局最优解；如果各子问题是不独立的，则分治法要做许多不必要的工作，重复地解公共的子问题。

解决上述问题的办法是利用动态规划。该方法主要应用于最优化问题，这类问题会有多种可能的解，每个解都有一个值，而动态规划找出其中最优（最大或最小）值的解。若存在若干个取最优值的解，它只取其中的一个。在求解过程中，该方法也是通过求解局部子问题的解达到全局最优解，但与分治法和贪心法不同的是，动态规划允许这些子问题不独立（亦即各子问题可包含公共的子问题），也允许其通过自身子问题的解作出选择，该方法对每一个子问题只解一次，并将结果保存起来，避免每次碰到时都要重复计算。因此，动态规划法所针对的问题有一个显著的特征，即它所对应的子问题树中的子问题呈现大量的重复。动态规划法的关键就在于，对于重复出现的子问题，只在第一次遇到时加以求解，并把答案保存起来，让以后再遇到时直接引用，不必重新求解。

1. 动态规划算法的基本步骤

设计一个标准的动态规划算法，通常可按以下几个步骤进行：

（1）划分阶段。按照问题的时间或空间特征，把问题分为若干个阶段。注意这若干个阶段一定要是有序的或者是可排序的（即无后向性），否则问题就无法用动态规划求解。

（2）选择状态。将问题发展到各个阶段时所处的各种客观情况用不同的状态表示出来。当然，状态的选择要满足无后效性。

（3）确定决策并写出状态转移方程。之所以把这两步放在一起，是因为决策和状态转移有着天然的联系，状态转移就是根据上一阶段的状态和决策来导出本阶段的状态。所以，如果确定了决策，状态转移方程也就写出来了。但事实上，我们常常是反过来做，根据相邻两段的各状态之间的关系来确定决策。

（4）写出规划方程（包括边界条件）。动态规划的基本方程是规划方程的通用形式化表达式。一般说来，只要阶段、状态、决策和状态转移确定了，这一步还是比较简单的。动态规划的主要难点在于理论上的设计，一旦设计完成，实现部分就会非常简单。根据动态规划的基本方程可以直接递归计算最优值，但是一般将其改为递推计算。

数据结构课程中的图和查找中的算法都有采用动态规划法实现。

例如，数塔问题：有形如图1.11的一个数塔问题，从顶部出发，在每一结点可以选择向左走或是向右走，一直走到底层，要求找出一条路径，使路径上的数值和最大。

数组存放下三角数据

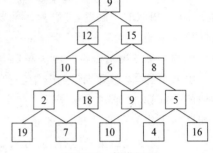

图1.11　数塔问题

结果为：

9->12->10->18->10

从倒数第二行开始计算，比较左右的求值和，取较大值。

2. 动态规划的手工计算

- 顺序与逆序解法本质上无区别；
- 一般当初始状态唯一给定时可用逆序解法；
- 如需比较到达不同终点状态的各个路径及最大结果时，使用顺序法比较简便；
- 如需知道塔中每一点到最下层的最大值和路径时，使用逆序法比较简便。

3. 动态规划的算法实现

59				
50	49			
38	34	29		
21	28	19	21	
19	7	10	4	16

59				
50	49			
38	34	29		
21	28	19	21	
19	7	10	4	16

- 原始信息存储。

层数用整型变量 n 存储；数塔中的数据用二维数组 data[ ][ ] 存储下三角阵。

- 动态规划过程存储。

必须用二维数组 d[ ][ ] 存储各阶段的决策结果。二维数组 d 的存储内容如下：

d[n][j]＝data[n][j]，其中 j＝1,2,…,n；

d[i][j]＝max(d[i+1][j],d[i+1][j+1])＋data[i][j]，其中 i＝n−1,n−2,…,1，j＝1,2,…,i；

最后 d[1][1] 存储的就是问题的最大值。

可以通过分析 d,得到路径。

4. 动态规划的算法实现结果

输出 data[1][1]"9";

b=d[1][1]−data[1][1]=59−9=50,b 与 d[2][1],d[2][2] 比较 b 与 d[2][1]相等,输出 data[2][1]"12";

b=d[2][1]−data[2][1]=50−12=38,b 与 d[3][1],d[3][2] 比较 b 与 d[3][1]相等,输出 data[3][1]"10";

b=a[3][1]−data[3][1]=38−10=28,b 与 d[4][1],d[4][2] 比较 b 与 d[4][2]相等,输出 data[4][2]"18";

b=d[4][2]−data[4][2]=28−18=10,b 与 d[5][2],d[5][3] 比较 b 与 d[5][3]相等,输出 data[5][3]"10"。

1.5 案例分析

在高校的每个同学,以自己在学校的生活学习活动为例,可以展示我们身边的数据结构。

1. 线性表:以高校的学籍管理为例

高校的学籍管理很复杂,为了简单直白的说明,假设学生记录表如表 1.4 所示,在第 2 章将详细讲述线性表的内容。

表 1.4　学生记录表

学　号	姓　名	性　别	出 生 日 期	电　话	家 庭 地 址
080001	张三	1	90/08/01	0571-78222052	12
080002	李四	2	91/06/12	0574-81200634	84
080003	王五	4	89/10/18	0577-63524516	6416
…	…	…	…	…	…

2. 队列:以劳动卫生值日为例

学校规定学生一学期要劳动值日几次,时间假设是周一到周五,在安排学生时,需要 4 个队列,系统将要劳动值日的学生插入到响应的队列中,每次从 4 个队列中分别取出 5 名学生做值日。

3. 广义表:以本科导师制度为例

假设学校实行导师制度,例如导师带研究生,还有本科生,本科生还可以向研究生们请教探讨学习中的疑难问题。该问题中的数据元素有如下形式:

老师(研究生 1(本科生 1,…,本科生 m),…,研究生 n(本科生 1,…,本科生 m))

如果老师只带本科生,则有

老师(本科生 1,…,本科生 m)

4. 树：以学校的行政结构为例

树：以学校的行政结构为例,如图 1.12 所示。

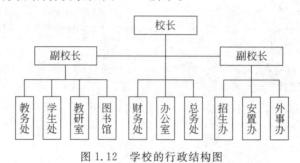

图 1.12　学校的行政结构图

5. 图：校园的布局图

6. 查找和排序

计算机科学中常用的两种数据处理技术,利用这些技术可以实现对学生成绩等学生情况的查找和排序。

1.6　小结

本章是基本知识的准备,介绍数据结构和算法等基本概念。

数据是计算机操作对象的总称,它是计算机处理的符号的集合,集合中的个体为一个数据元素。数据元素可以是不可分割的原子,也可以由若干数据项合成,因此在数据结构中讨论的基本单位是数据元素,而最小单位是数据项。

数据结构是由若干特性相同的数据元素构成的集合,且在集合上存在一种或多种关系。由关系不同可将数据结构分为 4 类：线性结构、树形结构、图形结构和集合结构。数据的存储结构是数据逻辑结构在计算机中的映像,由关系的两种映像方法可得到两类存储结构：一类是顺序存储结构,它以数据元素相对的存储位置表示关系,则存储结构中只包含数据元素本身的信息;另一类是链式存储结构,它以附加的指针信息(后继元素的存储地址)表示关系。

数据结构的操作是和数据结构本身密不可分的,二者作为一个整体可用抽象数据类型进行描述。抽象数据类型是一个数学模型以及定义在该模型上的一组操作,因此它和高级程序设计语言中的数据类型具有相同含义,而抽象数据类型的范畴更广,它不局限于现有程序设计语言中已经实现的数据类型(它们通常被称为固有数据类型),但抽象数据类型需要借用固有数据类型表示并实现。抽象数据类型的三大要素为数据对象、数据关系和基本操作,同时数据抽象和数据封装是抽象数据类型的两个重要特性。

　　算法是进行程序设计的另一不可缺少的要素。算法是对问题求解的一种描述,是为解决一个或一类问题给出的一种确定规则的描述。一个完整的算法应该具有下列 5 个要素:有穷性、确定性、可行性、有输入和有输出。一个正确的算法应对苛刻且带有刁难性质的输入数据也能得出正确的结果,并且对不正确的输入也能作出正确的反应。

　　算法的时间复杂度是比较不同算法效率的一种准则,算法时间复杂度的估算基于算法中基本操作的重复执行次数,或处于最深层循环内的语句的频度。算法空间复杂度可作为算法所需存储量的一种量度,它主要取决于算法的输入量和辅助变量所占空间,若算法的输入仅取决于问题本身而和算法无关,则算法空间复杂度的估算只需考察算法中所用辅助变量所占空间,若算法的空间复杂度为常量级,则称该算法为原地工作的算法。

　　多阶段逐步解决问题的策略:"贪心算法""递推法""递归法"和"动态规划法"。

　　多阶段过程就是按一定顺序(从前向后或从后向前等)一定的策略,逐步解决问题的方法。

　　"贪心算法"每一步根据策略得到一个结果传递到下一步,自顶向下,一步一步地做出贪心选择。

　　"动态规划法"则根据一定的决策,每一步决策出的不是一个结果,而只是使问题的规模不断缩小,如果决策比较简单,是一般的算法运算,则可找到不同规模问题间的关系,使算法演变成"递推法""递归法"算法。

　　"递推法""递归法"更注重每一步之间的关系,决策的因素较少。

　　有这样一类问题,问题中不易找到信息间的相互关系,也不能分解为独立的子问题,似乎只有把各种可能情况都考虑到,并把全部解都列出来之后,才能判定和得到最优解。

　　对于规模不大的问题,这些策略简单方便;而当问题的计算复杂度高且计算量很大时,还是应考虑"动态规划法"这个更有效的算法策略。

　　循环次数固定的问题:通过循环嵌套枚举问题中各种可能的情况,如八皇后问题能用八重循环嵌套枚举。

　　不固定的问题:靠递归回溯法来"枚举"或"遍历"各种可能情况。比如 n 皇后问题只能用"递归回溯法"通过递归实现(当然可以通过栈,而不用递归)。

讨论小课堂 1

　　1. 算法和程序的区别是什么?

　　2. 你认为应该如何评估一个数据结构或算法的有效性。

　　3. 讨论数据结构的重要性。

　　4. 举例解释说明什么是穷举法、递推法、迭代法、分治法、贪心法、动态规划算法。并总结说明它们之间的区别。

　　5. 案例分析:某高校学生的学习活动为主线,把这个我们身边的案例和书中的数据结构贯穿起来,看看涉及了哪些数据结构,请将它们一一列出来,并简单分析。

　　9 月 1 日是大学开学的日子,张三来学校报到了,老师给他一张学生基本信息表要求认真填写,学校要对学生的学籍进行统一管理,随后到教务处领到一张课表,上面有各种要上的新课和上课的地点,同时学校给本科生实现了导师制,张三选了一个责任心强的导师,老师还带了研究生,这样就可以和研究生们探讨问题。

学校还有体育俱乐部,全校的学生都要参加,所以体育俱乐部实行开放制,学生可以根据情况提前预约,张三给自己报了名并预约了时间。

转眼一学期结束了,张三期末成绩考得非常好,还拿到了学校的特等奖学金,真是令人兴奋,大学的生活真美好!

6. 请比较各种算法的优缺点,具体分析和实现 Fibonacci(斐波那契)数列和数塔问题。

习题 1

1. 抽象数据类型的定义由哪几部分组成?

2. 按数据元素之间的逻辑关系不同,数据结构有哪几类?

3. 请举出几个你熟悉的"序列"的例子。

4. 简述下列术语:数据、数据元素、数据对象、数据结构、存储结构、数据类型和抽象数据类型。

5. 数据结构和数据类型两个概念之间有区别吗?

6. 简述线性结构与非线性结构的不同点。

7. 有下列两段描述:

```
(1) void pro1()
      {
        n=2;
        while(n%2==0)
        n=n+2;printf("%d,%d\n",x,y);
        printf("%d\n",n);
      }
```

```
(2) void pro2()
      {
        y=0;
        x=5/y;
      }
```

这两段描述均不能满足算法的特征,试问它们违反了算法的哪些特征?

8. 分析并写出下面的各语句组所代表的算法的时间复杂度。

```
(1) for(i=0;i<n; i++)
      for(j=0; j<m; j++)
        A[i][j]=0;
```

```
(2) k=0;
    for(i=1; i<=n; i++) {
        for(j=i; j<=n; j++)
            k++;}
```

```
(3) i=1;
    while(i<=n)
        i=i*3;
```

(4)
```
k=0;
for(i=1; i<=n; i++) {
    for(j=i; j<=n; j++)
        for(k=j; k<=n; k++)
            x+=delta;}
```

(5)
```
for(i=0,j=n-1;i<j;i++,j--)
    {t=a[i]; a[i]=a[j]; a[i]=t;}
```

(6)
```
x=0;
for(i=1; i<n; i++)
    for(j=1; j<=n-i; j++)
        x++;
```

第2章 线 性 表

线性表是一种最基本的数据结构,它不仅有着广泛的应用,而且也是其他数据结构的基础,同时,单链表是贯穿整个课程的基本知识点。

线性表的基本特点就是数据元素有序且有限。线性表有两种存储方式:顺序结构和链表结构,数据元素的插入、删除和检索是其基本操作。

【案例引入】

约瑟夫问题。据说有个关于著名犹太历史学家约瑟夫的故事:在罗马人占领乔塔帕特后,39 个犹太人与约瑟夫及他的朋友躲到一个洞中,39 个犹太人决定宁愿死也不要被敌人抓到,于是决定了一个自杀方式,41 个人排成一个圆圈,由第 1 个人开始报数,每报数到第 3 人该人就必须自杀,然后再由下一个重新报数,直到所有人都自杀身亡为止。然而约瑟夫和他的朋友并不想遵从,约瑟夫要他的朋友先假装遵从,他将朋友与自己安排在第 16 个与第 31 个位置,于是逃过了这场死亡游戏。

17 世纪的法国数学家加斯帕在《数目的游戏问题》中讲了这样一个故事:15 个教徒和 15 个非教徒在深海上遇险,必须将一半的人投入海中,其余的人才能幸免于难,于是想了一个办法:30 个人围成一圆圈,从第一个人开始依次报数,每数到第九个人就将他扔入大海,如此循环进行直到仅余 15 个人为止。问怎样排法,才能使每次投入大海的都是非教徒。

2.1 线性表的定义及其运算

现实中存在大量线性表的实例。例如,大写英文字母表(A,B,C,D,…,X,Y,Z)可以看成一个线性表;再如一周中的七天(星期一,星期二,星期三,星期四,星期五,星期六,星期日)也可看成线性表。可以考虑,存放在 MP4 播放器中的若干个音乐歌曲的目录,实质上也属于线性表。怎样查找自己喜欢的音乐?怎样输入新的曲目?怎样删除过时曲目?这就是本节所研究的内容:线性表及其运算。

2.1.1 线性表的定义

线性表(Linear List)的定义:线性表是具有相同类型的 n 个数据元素组成的有限序列,通常记为

$$(a_1, a_2, \cdots, a_n)$$

其中,a_i 是表中元素,n 是表的长度,当 n=0 时线性表为空表。

当 n≠0 时，a_1 是第一个元素，也称为表头元素，a_n 是最后一个元素，也称为表尾元素。a_1 是 a_2 的直接前驱元素(predecessor)，a_2 是 a_3 的直接前驱元素，而 a_2 是 a_1 的直接后继元素(successor)，a_3 是 a_2 的直接后继元素。

线性表中的元素可以各式各样，但同一表中的元素类型必须相同。

需要说明的是，a_i 为序号为 i 的数据元素(i=1,2,…,n)，通常将它的数据类型抽象为 DataType，DataType 根据具体问题而定，如在学生情况信息表中，它是用户自定义的学生类型；在字符串中，它是字符型；等等。

2.1.2 线性表的抽象数据类型

线性表是一个很灵活的数据结构，不仅表现为元素类型的多样性，而且可以根据不同的场合定义不同的运算。

1. 线性表的抽象数据类型

一个线性表的抽象数据类型的描述如下：

```
ADT  Linear_list{
      数据对象：{aᵢ| aᵢ∈ ElemSet, i=1,2,…,n  n≥0;}
      数据关系：{<aᵢ, aᵢ₊₁>|,aᵢ, aᵢ₊₁∈D, i=1,2,…,n; a₁无前驱,aₙ无后继;}
      基本操作：设 L 为 Linear_list 类型的线性表
            初始化空线性表；
            求线性表表长；
            取线性表的第 i 个元素；
            在线性表的第 i 个位置插入元素 b；
            删除线性表的第 i 个元素；
            等等
      } ADT  Linear_list;
```

这里，ElemSet 代表某一数据对象，可理解为所有数据对象应具有的数据类型。ADT Linear_list 抽象数据类型不仅定义了线性表的数据对象和数据关系，即数据的逻辑结构，还介绍了线性表的各种基本操作(基本运算)。

2. 线性表的实例

在现实生活中，有许多线性表的实例，例如，现在很多的餐厅、咖啡厅和茶馆，都需要提前预约，否则有可能订不到包厢或者座位。

下面来看一个咖啡厅预约的例子：

(1) 需要准备一张大小适当的白纸。

(2) 咖啡馆登记预约情况如图 2.1 所示。

(3) 取消预约(例如，"王五"取消预约)如图 2.2 所示。

问题：怎样用线性表实现这个实例呢？

• 创建一个空的线性表(准备一张白纸)。

- 插入一个新的元素(有一个新顾客预订座位的信息)。

张三	12点	10人	张三	12点	10人
李四	13点	4人	李四	13点	4人
王五	16点	2人	王五	16点	2人
陈六	19点	3人	陈六	19点	3人
刘七	19点30	4人	刘七	19点30	4人

　　　图 2.1　咖啡馆登记预约图　　　　　　图 2.2　咖啡馆取消预约图

- 删除一个元素(划掉一个取消预订的顾客的信息)。
- 查找指定的元素(在划掉"王五"的信息之前,需要查找有关"王五"的信息是否存在)。
- 清空线性表(将纸张销毁或存档)。

对线性表的其他运算还有许多,对有序表的插入、删除、对线性表的拆分以及两个线性表的合并等。

2.2　线性表的顺序存储结构及实现

2.2.1　顺序存储结构

向量是内存中一批地址连续的存储单元。

顺序表是线性表的顺序存储表示的简称,它指的是,"用一组连续的内存单元依照线性表的逻辑顺序存放各个元素,此时计算机内部实际存在的线性表称为顺序表,又称向量",即以"存储位置相邻"表示"位序相继的两个数据元素之间的前驱和后继的关系(有序对 $<a_{i-1},a_i>$)",并以表中第一个元素的存储位置作为线性表的起始地址,称作线性表的基地址。

由于线性表的所有数据元素属于同一类型,所以每个元素在存储器中占用的空间大小相同,假设向量的第一个元素存放的地址为 $LOC(a_1)$,每个元素占用的空间大小为 L 个字节,如图 2.3 所示。则元素 a_i 的存放地址为:

$$LOC(a_i) = LOC(a_1) + L * (i-1)$$

问题:何谓顺序存储表示?(顺序存储表示指的是,以数据元素在存储器中的"相对位置"来表示数据元素之间的逻辑关系。你还记得吗?)

在程序设计语言中,一维数组在内存中占用的存储空间就是一组连续的存储区域,同时,一维数组的各个元素在内存中是按下标的顺序连续排列的,因此,用一维数组来表示顺序表的数据存储区域是再合适不过的,如图 2.4 所示。

数组的元素下标就是该元素在表中的位置。即顺序表的元素之间的位置关系与相应线性表的逻辑关系是一致的。线性表的这种机内表示称作线性表的顺序存储结构或顺序映像(sequential mapping),只要确定了存储线性表的起始位置,线性表中任一数据元素

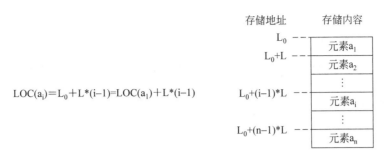

$$LOC(a_i)=L_0+L*(i-1)=LOC(a_1)+L*(i-1)$$

图 2.3　线性表的存储图

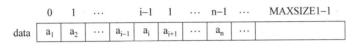

图 2.4　线性表的顺序存储示意图

都可随机存取,所以线性表的顺序存储结构是一种随机存取结构。

考虑到线性表的运算有插入、删除等运算,即表长是可变的,因此,数组的容量需设计的足够大,设用 data[MAXSIZE]来表示,其中 MAXSIZE 是一个根据实际问题定义的足够大的整数,代表数组的容量,可理解为问题的规模,根据需要可大、可小。因此需用一个变量 last 记录当前线性表中最后一个元素在数组中的位置,即 last 起一个指针的作用,始终指向线性表中最后一个元素,因此,表空时 last=-1。这种存储思想的具体描述可以是多样的。

从结构性上考虑,通常将 data 和 last 封装成一个结构作为顺序表的类型:

```
#define MAXSIZE 1000              /*数组容量*/
typedef int DataType;            /*将数组定义为整型*/
typedef struct
    {  DataType data[MAXSIZE];   /*数组域*/
       int  last;                /*线性表长域*/
    } Seqlist;                   /*结构体类型名*/
```

结构体里的 DataType 代表数据元素的类型,在此可以抽象理解它可以是整型(int)、字符型(char)和学生情况信息表中的用户自定义的学生类型等等。

这样表示的线性表如图 2.5(a)所示。表长=L.last+1,线性表中的数据元素 a_1 至 a_n 分别存放在 L.data[0]至 L.data[L.last]中。

由于后面的算法用 C 语言描述,根据 C 语言中的一些规则,有时定义一个指向 Seqlist 类型的指针更为方便:

```
Seqlist  *L;
```

L 是一个指针变量,线性表的存储空间通过 L=malloc(sizeof(Seqlist))操作来获得。

L 中存放的是顺序表的地址,这样表示的线性表如图 2.5(b)所示。表长表示为(*L).last 或 L->last+1,线性表的存储区域为 L->data,线性表中数据元素的存储空间为：

```
L->data[0]~L->data[L->last]
```

在以后的算法中多用这种方法表示，读者在读算法时注意相关数据结构的类型说明。

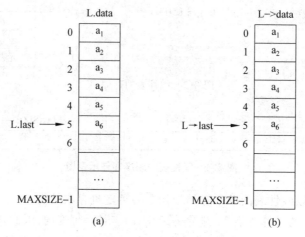

图 2.5　线性表的顺序存储示意图

2.2.2　线性表在向量中基本运算的实现

前面已经介绍了线性表的多种操作和运算，其中最基本、最重要的是插入、删除运算。本节主要对这两种运算的实现进行详细介绍，同时分析它们的时间复杂度。存储结构就是前面介绍的 Seqlist。

```
#define MAXSIZE 1000            /*数组容量*/
typedef int DataType;           /*将数组定义为整型*/
typedef struct
    { DataType data[MAXSIZE];   /*数组域*/
      int  last;                /*线性表长域*/
    } Seqlist;                  /*结构体类型名*/
```

1. 顺序表的创建

顺序表的创建即构造一个线性表，这对表是一个加工型的运算，因此，将 L 设为指针参数。算法如下：

```
void Creat_Seqlist(Seqlist * L)
{ int i,j;
    printf("\n n="); scanf("%d",&(L->last));    /*线性表的数据个数*/
    for(i=1; i<=L->last; i++)
    { printf("\n data=");
      scanf("%d",&(L->data[i-1]));              /*输入数据*/
```

```
    }
}    /* Creat_Seqlist end */
```

设调用函数为主函数,主函数对初始化函数的调用如下:

```
void main()
{   Seqlist q;
    ⋮
        Creat_Seqlist(&q);
    ⋮
}    /* main end */
```

2. 插入运算

线性表的插入是指在表的第 i 个位置上插入一个值为 x 的新元素,插入后使原表长为 n 的表:

$$(a_1, a_2, \cdots, a_{i-1}, a_i, a_{i+1}, \cdots, a_n)$$

成为表长为 n+1 的表:

$$(a_1, a_2, \cdots, a_{i-1}, x, a_i, a_{i+1}, \cdots, a_n)$$

i 的取值范围为 $1 \leqslant i \leqslant n+1$,如图 2.6 所示。

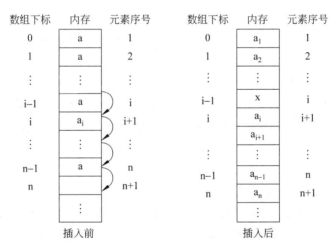

图 2.6　顺序表中的插入

顺序表上完成这一运算则通过以下步骤进行:

(1) 将 $a_i \sim a_n$ 顺序向下移动,为新元素让出位置;

(2) 将 x 置入空出的第 i 个位置;

(3) 修改 last 指针(相当于修改表长),使之仍指向最后一个元素。

算法如下:

```
int Insert_Seqlist(Seqlist * L, int i, DataType x)
{   int j; i--;
    if(L->last==MAXSIZE)          /* 可以在表的最后一个元素后面插入 */
```

```
        {printf("\n  Error??\n");return(-1);}          /*表空间已满,不能插入!*/
             /*检查插入位置的正确性*/
    if((i<0) || (i >L->last+1)) {printf("\n  Error??");return(-1);}
    else {    /*向后移动数据*/
         for(j=L->last-1; j>=i; j--)  L->data[j+1]=L->data[j];
         L->data[i]=x;          /*插入数据*/
         L->last++;             /*线性表长度加 1*/
         return(1);             /*插入成功,返回*/
    }}
```

在上述算法中,线性表长度的写法允许为:(＊L).last。在此基础上可以进一步分析线性表长度 L—>last 的大小,如果 L—>last 的值已经等于 MAXSIZE,则不允许进行任何插入操作。

由于 C 语言函数的参数仅能向被调函数传值,这个值在返回时也不会改变。因此在上面的算法中,采用指针变量 L 做形参,虽然从被调函数返回时指针 L 值不变,但是 L 地址中所代表的结构体的内容发生了变化。这就是所谓的传址调用。

假设在主函数中已经建立了线性表结构体 Q,并且要在第 5 个位置插入 98,语句如下:

```
insert(&Q, 5, 98);
```

这里必须把 Q 的地址 &Q 做实参传递给形参 v。将实参数据 5 和 98 分别传递给形参 i 和 x。

• 本算法中注意以下问题:

(1)顺序表中数据区域有 MAXSIZE 个存储单元,所以在向顺序表中做插入时先检查表空间是否满了,在表满的情况下不能再做插入,否则会产生溢出错误。

(2)要检验插入位置的有效性,这里 i 的有效范围是:$1 \leqslant i \leqslant n+1$,其中 n 为原表长。

(3)注意数据的移动方向。

• 插入算法的时间性能分析:

顺序表上的插入运算,时间主要消耗在了数据的移动上,在第 i 个位置上插入 x,从 a_i 到 a_n 都要向下移动一个位置,共需要移动 $n-i+1$ 个元素,而 i 的取值范围为:$1 \leqslant i \leqslant n+1$,即有 $n+1$ 个位置可以插入。设在第 i 个位置上作插入的概率为 P_i,则平均移动数据元素的次数:

$$E_{in} = \sum_{i=1}^{n+1} p_i(n-i+1)$$

假设在线性表的任何位置插入元素的概率 p_i 相等(暂不考虑概率不相等情况),则:

$$p_i = \frac{1}{n+1}$$

元素插入位置的可能值:

$$i = 1, 2, \cdots, n, n+1$$

相应向后移动元素次数：

$$n-i+1=n, n-1, \cdots, 1, 0$$

对 $n, n-1, \cdots, 1, 0$ 求总和，显然为 $n(n+1)/2$。所以，插入时数据元素平均移动次数为：

$$E_{in} = \sum_{i=1}^{n+1} p_i(n-i+1) = \frac{1}{n+1} \sum_{i=1}^{n+1} (n-i+1) = \frac{n}{2}$$

这说明：在顺序表上做插入操作需移动表中一半的数据元素。显然时间复杂度为 $O(n)$。

3. 删除运算

线性表的删除运算是指将表中第 i 个元素从线性表中去掉，删除后使原表长为 n 的线性表：

$$(a_1, a_2, \cdots, a_{i-1}, a_i, a_{i+1}, \cdots, a_n)$$

成为表长为 $n-1$ 的线性表：

$$(a_1, a_2, \cdots, a_{i-1}, a_{i+1}, \cdots, a_n)$$

i 的取值范围为：$1 <= i <= n$，如图 2.7 所示。

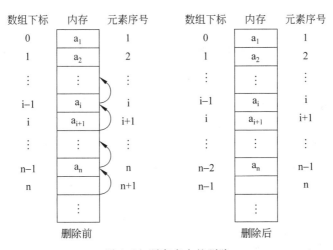

图 2.7 顺序表中的删除

顺序表上完成这一运算的步骤如下：

(1) 将 $a_{i+1} \sim a_n$ 顺序向上移动。

(2) 修改 last 指针（相当于修改表长），使之仍指向最后一个元素。

```
void Delete_Seqlist(Seqlist * L,int i)
{ int j; i--;
  if((i<0) || (i >L->last-1)) printf("\n  Not exist!");
    else
      {         /* 向前移动数据 */
          for(j=i;j<L->last-1;j++) L->data[j]=L->data[j+1];
```

```
            L->last--;        /*线性表长度减1*/
        }
    }
```

程序中线性表长度减 1 的语句可以写成：

```
L->last--;
```

· 本算法注意以下问题：

（1）删除第 i 个元素,i 的取值为 $1 \leqslant i \leqslant n$,否则第 i 个元素不存在,因此,要检查删除位置的有效性。

（2）当表空时不能做删除,因表空时 L—>last 的值为 -1,条件(i<1||i>L—>last+1)也包括了对表空的检查。

（3）删除 a_i 之后,该数据已不存在,如果需要,先取出 a_i,再做删除。

· 删除算法的时间性能分析：

与插入运算相同,其时间主要消耗在了移动表中元素上,删除第 i 个元素时,其后面的元素 $a_{i+1} \sim a_n$ 都要向上移动一个位置,共移动了 $n-i$ 个元素,所以平均移动数据元素的次数：

$$E_{de} = \sum_{i=1}^{n} p_i(n-i)$$

假设在线性表的任何位置删除元素的概率 q_i 相等（暂不考虑概率不相等情况）：

$$q_i = \frac{1}{n}$$

元素删除位置的可能值：

$$i = 1,2,\cdots,n$$

相应向前移动元素次数：

$$n-i = n-1,n-2,\cdots,0$$

对 $n-1,\cdots,1,0$ 求总和,显然为 $n(n-1)/2$。则删除时数据元素平均移动次数为：

$$E_{de} = \sum_{i=1}^{n} p_i(n-i) = \frac{1}{n}\sum_{i=1}^{n+1}(n-i) = \frac{n-1}{2}$$

这说明在顺序表上作删除运算时大约需要移动表中一半的元素,显然该算法的时间复杂度为 $O(n)$。

关于插入和删除两种运算的时间复杂度分析。从前面的两个算法来看,当在顺序存储结构的线性表中某个位置上插入或删除一个数据元素时,其时间主要耗费在数据元素的移动上。

4. 按值查找

线性表中的按值查找是指在线性表中查找与给定值 x 相等的数据元素。在顺序表中完成该运算最简单的方法是：从第一个元素 a_1 起依次和 x 比较,直到找到一个与 x 相等的数据元素,则返回它在顺序表中的存储下标；或者查遍整个表都没有找到与 x 相等的元素,返回 -1。

算法如下:

```
int Location_SeqList(SeqList * L, DataType x)
{   int i=0;
    while(i<=L->last && L->data[i]!=x)
        i++;
    if(i>L->last)  return -1;
        else return i;        /*返回的是存储位置*/
}
```

该算法的主要运算是比较。显然比较的次数与 x 在表中的位置有关,也与表长有关。当 $a_1 = x$ 时,比较一次成功。当 $a_n = x$ 时,比较 n 次成功。平均比较次数为 $(n+1)/2$,时间性能为 $O(n)$。

综上所述,线性表采用顺序存储结构在插入、删除时,需大量移动数据元素,效率较低。由于是静态存储结构,需预先定义大小确定的数组,容量有限。但是,它适于直接(随机)存取操作。

2.3 线性表的链表存储结构

由于顺序表的存储特点是用物理上的相邻实现了逻辑上的相邻,它要求用连续的存储单元顺序存储线性表中各元素,因此,对顺序表插入、删除时需要通过移动数据元素来实现,影响了运行效率。本节将讨论线性表的另一种存储结构——链表存储结构,如图 2.8 所示。由于它不要求逻辑上相邻的数据元素在物理位置上也一定相邻,它是通过"链"建立起数据元素之间的逻辑关系的,对线性表的插入、删除不需要移动数据元素,因此它没有顺序存储结构所具有的弱点。

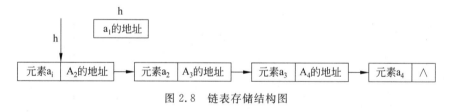

图 2.8　链表存储结构图

问题:链表是通过一组任意的存储单元来存储线性表中的数据元素的,那么怎样表示出数据元素之间的线性关系呢?

2.3.1　单链表

线性表的链表存储结构的特点是可利用内存空间中一组任意的存储单元(可以是不连续的,也可以是连续的)来存储线性表的数据元素。为建立起数据元素之间的线性关系,对每个数据元素 a_i,除了存放数据元素的自身的信息 a_i 之外,还需要和 a_i 一起存放其后继 a_{i+1} 所在的存储单元的地址,这两部分信息组成一个"结点",结点的结构如图 2.9 所示,每个元素都如此。存放数据元素信息的称为数据域,存放其后继地址的称为指针域。

因此 n 个元素的线性表通过每个结点的指针域拉成了一个"链子",称为链表。因为每个结点中只有一个指向后继的指针,所以称其为单链表。

链表是由一个个结点构成的,结点定义如下:

data	next

图 2.9　单链表结点结构

```
typedef struct node
    { datatype data;        /* 数据域 */
      struct node * next;   /* 指针域 */
    } LNode, * LinkList;
```

定义头指针变量:

```
LinkList  headl;
```

上面定义的 LNode 是结点的类型,LinkList 是指向 Lnode 类型结点的指针类型。为了增强程序的可读性,通常将标识一个链表的头指针说明为 LinkList 类型的变量,如"LinkList p;",此时每个指针变量的内容并未确定,并没有指向任何实际结点,即 h 变量中没有任何实际结点所占空间的首地址值。

当 p 有定义时,值要么为 NULL,则表示一个空表,需用语句:

```
p=NULL;
```

要么为一个结点的地址,让 p 指向一个新分配的结点,则用如下语句:

```
p=(LinkList)malloc(sizeof(Lnode));
```

则完成了申请一块 Lnode 类型的存储单元的操作,并将其地址赋值给变量 p,如图 2.10(a)所示。p 所指的结点为 * p, * p 的类型为 LNode 型,所以该结点的数据域为(* p). data 或 p—>data,指针域为(* p). next 或 p—>next。free(p)则表示释放 p 所指的结点。

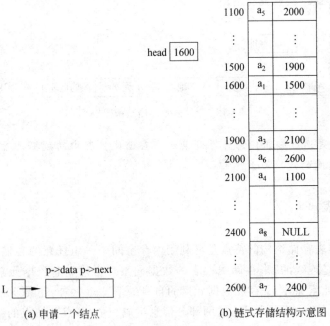

(a) 申请一个结点　　　　　　　　　(b) 链式存储结构示意图

图 2.10　链式存储结构

40

图 2.10(b)是线性表$(a_1,a_2,a_3,a_4,a_5,a_6,a_7,a_8)$对应的链式存储结构示意图。

当然必须将第一个结点的地址 1600 放到一个指针变量如 head 中,最后一个结点没有后继,其指针域必须置空,表明此表到此结束,这样就可以从第一个结点的地址开始"顺藤摸瓜",找到每个结点。

对于线性表这种存储结构,我们关心的是结点间的逻辑结构,而对每个结点的实际地址并不关心,所以通常的单链表用图 2.11 的形式而不用图 2.10(b)的形式表示。

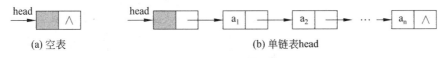

图 2.11　单链表示意图

通常用"头指针"来标识一个单链表,如单链表 head,是指某链表的第一个结点的地址放在了指针变量 head－＞next 中,头指针为 NULL,则表示一个空表,如图 2.11(a)所示。

1. 单链表的头结点

第一个结点的处理和其他结点是不同的,原因是第一个结点加入时链表为空,它没有直接前驱结点,它的地址就是整个链表的指针,需要放在链表的头指针变量中;而其他结点有直接前驱结点,其地址放入直接前驱结点的指针域。"第一个结点"的问题在很多操作中都会遇到,如在链表中插入结点时,将结点插在第一个位置和其他位置是不同的,在链表中删除结点时,删除第一个结点和其他结点的处理也是不同的,等等,为了方便操作,有时在链表的头部加入一个"头结点",头结点的类型与数据结点一致,标识链表的头指针变量 L 中存放该结点的地址,这样即使是空表,头指针变量 head 也不为空。头结点的加入使得"第一个结点"的问题不再存在,也使得"空表"和"非空表"的处理变为一致的。

头结点的加入完全是为了运算的方便,它的数据域无定义,指针域中存放的是第一个数据结点的地址,空表时为空。

附加头结点的数据域闲置不做他用,它的首地址存放在指针变量 head 之中,简称附加头结点。附加头结点的引入可以使算法实现简化、规范。下面将附加头结点均简称为头结点。对于空线性表,头结点 head 的指针域为空(NULL),即:head－＞next＝NULL,在图中用∧表示,如图 2.11(a)所示。对于非空表,线性表的第一个数据元素 a_1 放在头结点 head 的下一个结点中,该结点的首地址存于头结点 head 的指针域之中。而元素 a_1 所在结点的指针域之中存放的是元素 a_2 所在结点的首地址。以此类推,元素 a_{n-1} 所在结点的指针域中存放的是元素 a_n 所在结点的(最后一个结点)首地址。由于最后一个数据元素 a_n 没有后继,所以最后一个结点的指针域为空(NULL),也用∧表示。这样就构成了一个单链表,它包括有一个头结点和 n 个数据元素的结点,如图 2.11(b)所示。头指针 h 指向链表头结点。头指针 head 可以作为单链表的唯一已知条件。对于链表的各种操作一般须从头指针开始。

2. 指针变量的主要操作

指针变量具有多种赋值操作,熟练掌握这些基本操作有利于加深对指针和链表的理解。主要操作如图 2.12 所示。

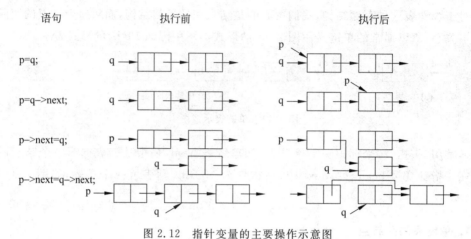

图 2.12　指针变量的主要操作示意图

2.3.2　线性链表基本运算的实现

本节将对插入和删除两种重要运算的实现进行详细讨论,同时分析它们的时间复杂度。最后介绍几个典型的常用的链表算法。

1. 建立单链表

1) 在链表的头部插入结点建立单链表

链表与顺序表不同,它是一种动态管理的存储结构,链表中的每个结点占用的存储空间不是预先分配,而是运行时系统根据需求而生成的,因此建立单链表从空表开始,每读入一个数据元素则申请一个结点,然后插在链表的头部,如图 2.13 所示。展现了线性表 (2,4,8,6,9)的链表建立过程,因为是在链表的头部插入,读入数据的顺序和线性表中的逻辑顺序是相反的。

算法如下:

```
#define DataType int
#define NULL 0
void Creat_LinkList1()
{
    LinkList s;
    int x;        /*设数据元素的类型为 int*/
    head=(LinkList) malloc(sizeof(Lnode));
    head->data=NULL;
    head->next=NULL;
```

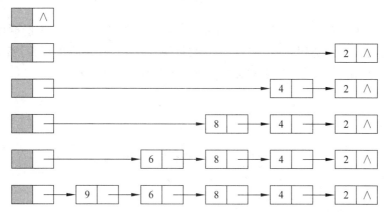

图 2.13　在头部插入建立单链表

```
    printf(" data=");scanf("%d",&x);
        while(x!=-1000)
          { s=(LinkList) malloc(sizeof(Lnode));
            s->data=x; s->next=NULL;
            s->next=head->next;
            head->next=s;
            printf("data=");scanf("%d",&x);
          }
    }
```

2) 在单链表的尾部插入结点建立单链表

头插入建立单链表简单,但读入的数据元素的顺序与生成的链表中元素的顺序是相反的,若希望次序一致,则用尾插入的方法。因为每次是将新结点插入到链表的尾部,所以需加入一个指针 r 用来始终指向链表中的尾结点,以便能够将新结点插入到链表的尾部,图 2.14 展现了在链表的尾部插入结点建立链表的过程。

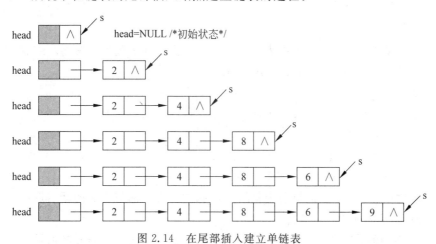

图 2.14　在尾部插入建立单链表

算法思路：

初始状态为头指针 H＝NULL，尾指针 r＝NULL；按线性表中元素的顺序依次读入数据元素，不是结束标志时，申请结点，将新结点插入到 r 所指结点的后面，然后 r 指向新结点（但第一个结点有所不同，读者注意下面算法中的有关部分）。

算法如下：

```
void Creat_LinkList2()
{ LinkList s,r=NULL;
  int x;                              /*设数据元素的类型为 int*/
  head=(LinkList) malloc(sizeof(Lnode));
  head->data=NULL;
  head->next=NULL;
  printf("  data=");scanf("%d",&x);
  while(x!=-1000)
  { s=(LinkList) malloc(sizeof(Lnode));  s->data=x;
    s->next=NULL;
    if(head->next==NULL)  head->next=s;      /*第一个结点的处理*/
    else r->next=s;                  /*其他结点的处理*/
      r=s;                           /*r 指向新的尾结点*/
    printf("  data="); scanf("%d",&x);
  }
  if(r!=NULL)  r->next=NULL;          /*对于非空表,最后结点的指针域放空指针*/
}
```

在这个算法中从第一个数据元素开始输入，然后按顺序逐一输入，最后以－1000 为结束标志。由上述算法可见，建立线性表的链式存储结构的过程是一个动态生成链表的过程，即从"空表"的初始状态起，依次建立各元素结点，并逐个插入链表，其时间复杂度为 O(n)。

2. 插入

（1）后插结点：设 p 指向单链表中某结点，s 指向待插入的值为 x 的新结点，将 *s 插入到 *p 的后面，插入示意图如图 2.15 所示。

操作如下：

① s－＞next＝p－＞next；

② p－＞next＝s；

该操作的时间复杂性为 O(1)。

注意：两个指针的操作顺序不能交换。

（2）前插结点：设 p 指向链表中某结点，s 指向待插入的值为 k 的新结点，将 *s 插入到 *p 的前面，插入示意图如图 2.16 所示。

与后插不同的是：首先要找到 *p 的前驱 *q，然后再完成在 *q 之后插入 *s，设单链表头指针为 head，操作如下：

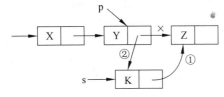

图 2.15　在 * p 之后插入 * s

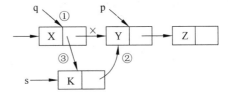

图 2.16　在 * p 之前插入 * s

```
q=head;
while(q->next!=p)  q=q->next;          /* 找 * p 的直接前驱 */
s->next=q->next;
q->next=s;
```

后插操作的时间复杂性为 O(1),前插操作因为要找 * p 的前驱,时间性能为 O(n)。

问题:有没有更好的方法实现前插操作呢?

其实我们更关心的是数据元素之间的逻辑关系,所以仍然可以将 * s 插入到 * p 的后面,然后将 p—>data 与 s—>data 交换即可,这样即满足了逻辑关系,也能使得时间复杂性为 O(1)。

(3) 在线性表中值为 x 的元素前插入一个值为 y 的数据元素。如果值为 x 的结点不存在,则将 y 插在表尾,如图 2.17 所示。

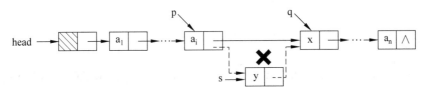

图 2.17　在 x 的元素前插入一个值为 y 的数据元素

算法思路:

① 找到 x 结点或者指针到链表尾;

② 申请、填装新结点;

③ 将新结点插入,结束。

算法如下:

```
void  Insert_LinkList(LinkList head, DataType x, DataType y)
{  /* 在值为 x 的结点前插入值为 y 的结点,表中若无 x 则 y 接在表尾 */
   LinkList p,q,s;
   s=(LinkList)malloc(sizeof(struct node));
   s->data=y; s->next=NULL;
   q=head; p=head->next;
   while(p!=NULL && p->data!=x) {q=p; p=p->next;}
   s->next=p;q->next=s;
}
```

（4）插入运算 Insert_LinkList(L,i,x)，在链表的第 i 个元素结点处插入值为 y 的元素。

算法思路：

① 找到第 i−1 个结点；若存在，则继续②，否则结束。

② 申请、填装新结点。

③ 将新结点插入，结束。

算法如下：

```
int Insert_LinkList(LinkList head, int i, datatype x)
    /* 在单链表 L 的第 i 个位置上插入值为 x 的元素 */
{ LinkList p,s; p=head;
  while((p->next!=NULL)&&(k<i-1)) {p=p->next; k++;}    /* 查找第 i-1 个结点 */
  if(p==NULL)
      { printf("参数 i 错");return 0;}                    /* 第 i-1 个不存在不能插入 */
  else {
        s=(LinkList)malloc(sizeof(struct node)); /* 申请、填装结点 */
        s->data=x;
        s->next=p->next;        /* 新结点插入在第 i-1 个结点的后面 */
        p->next=s;
        }
}
```

3. 删除

（1）删除结点：设 p 指向单链表中某结点，删除 * p。操作示意图如图 2.18 所示。

通过示意图可见，要实现对结点 * p 的删除，首先要找到 * p 的前驱结点 * q，然后完成指针的操作即可。指针的操作由下列语句实现：

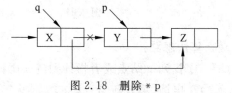

图 2.18　删除 * p

```
q->next=p->next;
free(p);
```

显然找 * p 前驱的时间复杂性为 O(n)。

若要删除 * p 的后继结点（假设存在），则可以直接完成：

```
t=p->next;
p->next=t->next;
free(t);
```

该操作的时间复杂性为 O(1)。

（2）删除单链表 h 上的第 i 个数据结点：

```
Del_LinkList(h,i)
```

算法思路：

① 找到第 i−1 个结点；若存在，则继续②，否则结束。

② 若存在第 i 个结点,则继续③,否则结束。

③ 删除第 i 个结点,结束。

算法如下:

```
void Del_LinkList(LinkList head,int i)
  /*删除单链表 head 上的第 i 个数据结点*/
{ LinkList p,s; p=head;
  while((p->next!=NULL)&&(k<i-1)) {p=p->next; k++; }     /*查找第 i-1 个结点*/
  if(p==NULL)
      { printf("第 i-1 个结点不存在");return -1; }
  else {  if(p->next==NULL)        /*i 结点不存在*/
              { printf("第 i 个结点不存在");return 0; }
          else                     /*第 i 个元素结点存在*/
             { s=p->next;          /*s 指向第 i 个结点*/
              p->next=s->next;     /*从链表中删除*/
              free(s);}            /*释放*s*/

   }
```

该算法的时间复杂度为 O(n)。

(3) 删除线性表中值为 x 的数据元素,输出"YES!";如果 x 不存在,输出"NO!",如图 2.19 所示。

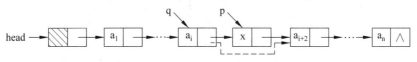

图 2.19　单链表的删除

算法思路:

① 找到 x 结点;若存在,则继续②,否则结束。

② 若存在 x 结点,则继续③,否则结束。

③ 删除 x 结点,结束。

```
void Delete_LinkList(LinkList head, DataType x)
{ LinkList p,q,s;
  p=head;
  while((p!=NULL)&&(p->data!=x)) {q=p; p= p->next; }
  if(p==NULL)printf("\n  x  不存在！");
    else  { q->next=p->next;
             printf("\n 已删除 x 结点!");
             free(q);
           }
   }
```

由上面的基本操作可得知：

（1）在单链表上插入、删除一个结点，必须知道其前驱结点。

（2）单链表不具有按序号随机访问的特点，只能从头指针开始一个个顺序进行。

链表插入和删除算法算法中没有大量移动数据元素的结点，当结点的字节数很大时移动数据元素的时间消耗就不可忽视，这里正好是节约了移动数据元素的时间。但是为了找到链表中某个结点，总是设一个指针从表头结点开始向后移动，根据移动指针的次数来估算，这几个算法的时间复杂度都是 $O(n)$。

4. 单链表的逆置

单链表的逆置方法不唯一。在此介绍的是：利用在头结点和第一个存放数据元素的结点之间不断插入后边元素结点的方法，如图 2.20 所示。

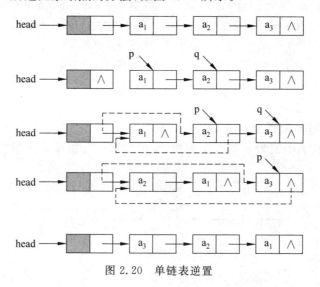

图 2.20　单链表逆置

算法如下：

```
void reverse(LinkList head)
{   p=head->next;
    head->next=NULL;
    while(p)
    {   q=p->next;
        p->next=head->next;
        head->next=p;
        p=q;
    }
}
```

该算法只是对链表中顺序扫描一遍即完成了倒置，所以时间性能为 $O(n)$。以上是针对算法的一个简单图示。上述算法不仅适用于多结点链表，也适用于空表。

2.4 循环链表和双向链表

2.4.1 循环链表

循环链表是另一种形式的链式存储结构。对于单链表而言,最后一个结点的指针域是空指针,如果将该链表头指针置入该指针域,则使得链表头尾结点相连,就构成了单循环链表,如图 2.21 所示。

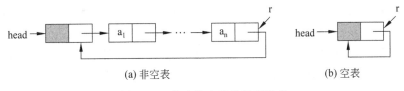

(a) 非空表　　　　　　　　　　　(b) 空表

图 2.21　带头结点的单循环链表

在单循环链表上的操作基本上与非循环链表相同,只是将原来判断指针是否为NULL 变为是否是头指针而已,没有其他较大的变化。

对于单链表只能从头结点开始遍历整个链表,而对于单循环链表则可以从表中任意结点开始遍历整个链表,不仅如此,有时对链表常做的操作是在表尾、表头进行,此时可以改变一下链表的标识方法,用头指针和用一个指向尾结点的指针 r 来标识,使得操作效率得以提高。

使用循环表的主要优点是:从表中任一结点出发均可找到表中其他结点。

在循环链表中,除了头指针处 head 外,还加了一个尾指针 r,尾指针 r 指向最后一个结点。根据最后一个结点的指针 r 又可以立即找到链表的第一个数据元素的结点,这样尾指针 r 就起到了既指头又指尾的功能。所以在实际应用中,往往使用尾指针代替头指针来进行某些操作。例如,将两个循环链表首尾相接时,此操作较为简单,其运算时间为O(1),如图 2.22 所示。

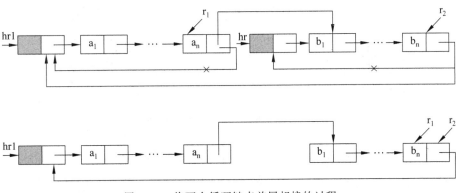

图 2.22　将两个循环链表首尾相接的过程

语句组如下：

```
{  r2->next=r1->next;
   r1->next=hr2->next;
   free(hr2); r1=r2;
}
```

2.4.2 双向链表

在单链表中，从任何一个结点都能通过指针域找到它的后继结点，但无法找出它的前驱结点，这是单链表的一个缺点。在双向链表的每一个结点除了数据字段外，还包含两个指针域，一个指针域（next）指向该结点的后继结点，另一个指针域（prior）指向它的前驱结点。双向链表有两个好处：一是可以从两个方向搜索某个结点，这不但使链表的排序操作变得比较简单，而且在数据库情况下允许用户在两个方向进行搜索；二是无论利用向前这一链还是向后这一链，都可以遍历整个链表，如果有一根链失效了，还可以利用另一根链修复整个链表，如图 2.23 所示。

prior	data	next

图 2.23 双向链表结点

双向链表结点的定义如下：

```
typedef struct  dlnode
{ datatype data;
  struct dlnode * prior, * next;
}DLNode, * DLinkList;
```

和单链表类似，双向链表通常也是用头指针标识，也可以带头结点和用循环结构表示，图 2.24 是带头结点的双向循环链表示意图。显然通过某结点的指针 p 即可以直接得到它的后继结点的指针 p－>next，也可以直接得到它的前驱结点的指针 p－>prior。这样在有些操作中需要找前驱时，则无须再用循环。从下面的插入删除运算中可以看到这一点。

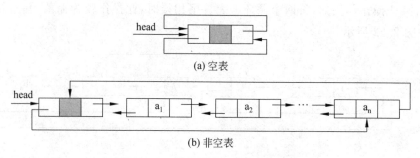

(a) 空表

(b) 非空表

图 2.24 带头结点的双循环链表

设 p 指向双向循环链表中的某一结点，即 p 中是该结点的指针，则 p－>prior－>next 表示的是 *p 结点之前驱结点的后继结点的指针，即与 p 相等；类似地，p－>next－>prior 表示的是 *p 结点之后继结点的前驱结点的指针，也与 p 相等，所以有以下等式：

$$p－>prior－>next=p=p－>next－>prior$$

双向链表中结点的插入：设 p 指向双向链表中某结点，s 指向待插入的值为 x 的新结点，将 *s 插入到 *p 的前面，插入示意图如图 2.25 所示。

操作如下：

① s—>prior＝p—>prior;

② p—>prior—>next＝s;

③ s—>next＝p;

④ p—>prior＝s;

指针操作的顺序不是唯一的，但也不是任意

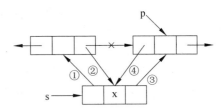

图 2.25　双向链表中的插入结点

的，操作①必须要放到操作④的前面完成，否则

*p 的前驱结点的指针就丢掉了。把每条指针操作的含义搞清楚，就不难理解了。

双向链表中结点的删除：设 p 指向双向链表中某结点，删除 *p。操作示意图如图 2.26 所示。

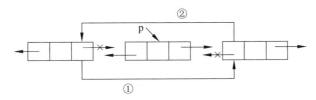

图 2.26　在双向链表中删除结点

操作如下：

① p—>prior—>next＝p—>next;

② p—>next—>prior＝p—>prior;

　　free(p);

2.4.3　顺序存储结构与链表存储结构的综合分析与比较

在本章介绍了线性表的逻辑结构及它的两种存储结构：顺序表和链表。通过对它们的讨论可知它们各有优缺点，顺序存储有三个优点：

（1）方法简单，各种高级语言中都有数组，容易实现。

（2）不用为表示结点间的逻辑关系而增加额外的存储开销。

（3）顺序表具有按元素序号随机访问的特点。

但它也有两个缺点：

（1）在顺序表中做插入删除操作时，平均移动大约表中一半的元素，因此对 n 较大的顺序表效率低。

（2）需要预先分配足够大的存储空间，估计过大，可能会导致顺序表后部大量闲置；预先分配过小，又会造成溢出。

问题：链表的优缺点恰好与顺序表相反。在实际中怎样选取存储结构呢？

通常有以下几点考虑：

1. 基于存储的考虑

顺序表的存储空间是静态分配的,在程序执行之前必须明确规定它的存储规模,也就是说事先对 MAXSIZE 要有合适的设定,过大造成浪费,过小造成溢出。可见对线性表的长度或存储规模难以估计时,不宜采用顺序表;链表不用事先估计存储规模,但链表的存储密度较低,存储密度是指一个结点中数据元素所占的存储单元和整个结点所占的存储单元之比。显然链式存储结构的存储密度是小于 1 的。

2. 基于运算的考虑

在顺序表中按序号访问 a_i 的时间性能是 O(1),而链表中按序号访问的时间性能是 O(n),所以如果经常做的运算是按序号访问数据元素,显然顺序表优于链表;而在顺序表中做插入、删除时平均移动表中一半的元素,当数据元素的信息量较大且表较长时,这一点是不应忽视的;在链表中作插入、删除,虽然也要找插入位置,但操作主要是比较操作,从这个角度考虑,显然后者优于前者。

3. 基于环境的考虑

顺序表容易实现,任何高级语言中都有数组类型,链表的操作是基于指针的,相对来讲前者简单些,也是用户考虑的一个因素。

总之,两种存储结构各有长短,选择哪一种由实际问题中的主要因素决定。通常"较稳定"的线性表选择顺序存储,而频繁做插入删除的即动态性较强的线性表宜选择链式存储。

2.5 单链表的应用

符号多项式的相加操作是线性表处理的典型用例。在数学上的一个多项式:
$$p = a_n x^n + a_{n-1} x^{n-1} + \cdots + a_1 x + a_0$$
我们称 P 为 n 项多项式,$a_i x^i$ 是多项式的项(0≤i≤n),其中 a_i 为系数,x 为变数,i 为指数,一般多项式可以使用顺序表来表示其数据结构,也可以使用链表来表示。

设有两个已知多项式:
$$A = 6x^{13} + 2x^{10} - 5x^4 + 14 \quad B = 5x^{13} + 3x^{11} + 8x^6 + 5x^4$$
将两个多项式相加得一个新的多项式 C:
$$C = 11x^{13} + 3x^{11} + 2x^{10} + 8x^6 + 14$$

2.5.1 多项式相加的链表存储结点

多项式用链表来表示其结点结构如下:

```
typedef struct poly
    {   int coef;                   /*变量的系数*/
```

```
    int exp;                 /*变量的指数*/
    struct poly  * next;   /*指到下一结点的指针*/
} Lpoly;
```

A、B 两个多项式的链表结构如图 2.27 所示。

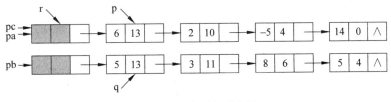

图 2.27　多项式示意图

2.5.2　多项式相加的算法实现

假设合并后的链表头指针为 pc。为了进行加法运算,设置 p、q 两个指针变量分别指向 pa、pb 两个链表的第一个数据元素结点。然后对 p、q 两个结点的指数域进行比较。指数相同的结点系数相加,链接入 pc 链表;指数不同,将指数较大的结点链接入 pc 表。现设 pc 链表头指针指向 pa(这样充分利用现有结点,节省资源),设指针变量 r 也指向 pa,当有结点连入 pc 表时 pc 指针始终不动,r 向前移动。每处理一次,相关指针 p、q、r 一般需要向尾部移动一次。

对照后面的算法和图 2.27 可看出,p、q 两个结点指数均为 13,这两个结点的系数相加后得一个系数为 11 的新项,连入 pc 链。如图 2.28 所示。当 p、q 指针向前(表尾方向)移动一个位置之后,将 p、q 所指两个结点的指数相比较,由于 q 结点的指数较大,于是将 q 结点连入 pc 链,这时 p 不移动,q、r 指针各向前移动一步,此时链表状态由图 2.28 转变为图 2.29。

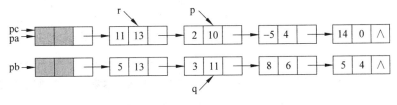

图 2.28　第一次处理后

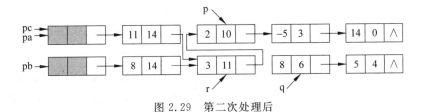

图 2.29　第二次处理后

结合图示阅读后面的算法，读者自行分析，即可得到相加后的链表。

```
Lpoly * add_poly(Lpoly * pa, Lpoly * pb)
{ p=pa->next; q=pb->next;
  r=pa;pc=pa;
  while(p!=NULL) && (q!=NULL)              /* 指数相等，系数相加 */
  { if(p->exp==q->exp)
      { x=p->coef+q->coef;
        if(x!=0) {p->coef=x; r=p;}          /* 系数和非零 */
          else r->next=p->next;             /* 系数和为零 */
          p=p->next; q=q->next;
      }
    else if(p->exp >q->exp)                  /* 指数不相等情况 */
      { r->next=p;  r=p; p=p->next;}
        else {r->next=q; r=q; q=q->next; }
  }  /* while end */
  if(p==NULL)r->next=q; else r->next=p;
  return pc;
}
```

2.6 小结

线性表是整个数据结构课程的基础，非常重要。

线性表是有限个数据元素的序列，表中除了第一个和最后一个元素外，都只有一个前驱和一个后继，线性表中的每个元素都有自己确定的位置。线性表分为顺序结构和链表结构两种形式，如表 2.1 所示。

表 2.1 顺序结构与链表结构的比较

比较	顺 序 结 构	链 表 结 构
特点	以存储的位置相邻表示两个元素之间的前驱后继关系	以指针指示后继元素
优点	可以随机存取表中的任意一个元素	便于插入和删除，系统资源能有效地被利用
缺点	每作一次插入或删除操作时，平均来说必须移动表中一半元素	不能进行随机存取
应用	常应用于主要是为了查询而很少做插入和删除操作，表长变化不大的线性表	适合编制大型软件

线性表采用顺序存储结构在插入、删除时，需大量移动数据元素，效率较低。由于是静态存储结构，需预先定义大小确定的数组，容量有限。但是，它适于直接（随机）存取操作。

线性表采用单链表结构表示线性表在插入、删除时，不必大量移动数据元素，效率较高。由于是动态存储结构,不需预先定义大小,根据需要可申请或者释放结点。但是,它不适于直接(随机)存取操作,为取得表中任意一个数据元素都必须第一个元素开始向后查询。

从存储结构的角度看,顺序存储结构相对比较容易理解。前驱程序设计语言课程中,指针比较灵活,对链表涉及较少,链表存储结构的学习相对来讲具有一定的难度。

从算法设计的角度看,重点是插入和删除算法,值得注意的是,具体问题需要具体分析。

讨论小课堂 2

1. 在一个非递减有序线性表中,插入一个值为 x 的元素,使插入后的线性表仍为非递减有序。(注意:对比顺序存储结构和链式存储结构表示。)

2. 观察下面的算法,此算法完成如下功能:在非递减有序表中删除所有值为 x 的元素。问:如何改进此算法,使得算法效率提高?

```
void Deletaz(DataType x)
{ int i=0,j;
  while(i<length&& elem[i]<x) i++;
  if(i==length) printf("x 不存在");
  else  while(elem[i]==x)
        { for(j=i;j<length;j++) elem[j]=elem[j+1];
          length--;i++}
        }
}
```

3. 试设计一个算法,将线性表中前 m 个元素和后 n 个元素进行互换,即将线性表

$$(a_1,a_2,\cdots,a_m,b_1,b_2,\cdots,b_n)$$

改变成

$$(b_1,b_2,\cdots,b_n,a_1,a_2,\cdots,a_m)$$

要求采用顺序存储结构及链式存储结构分别完成,并比较采用这两种存储结构,其算法效率哪种存储结构更好。

4. 讨论线性表的逻辑结构和存储结构的关系,以及不同存储结构的比较。

习题 2

1. 判断下列概念的正确性。

(1) 线性表在物理存储空间中也一定是连续的。

(2) 链表的物理存储结构具有同链表一样的顺序。

(3) 链表的删除算法很简单,因为当删去链表中某个结点后,计算机会自动将后继的各个单元向前移动。

2. 有如图 2.30 所示的线性表，经过 daorder 算法处理后，线性表发生了什么变化？画出处理后的线性表。

图 2.30　线性表

```
void daorder()
{ int i, j, n; ElemType x;
  n=length/2;
  for(i=0; i<n; i++)
    { j=length-i-1;
      x=elem[i]; elem[i]=elem[j]; elem[j]=x;
    }
}
```

3. 试比较顺序存储结构和链式存储结构的优缺点。

4. 试写出一个计算链表中结点个数的算法，其中指针 p 指向该链表的第一个结点。

5. 试设计实现在单链表中删去值相同的多余结点的算法。图 2.31(a) 为删除前，图 2.31(b) 为删除后。

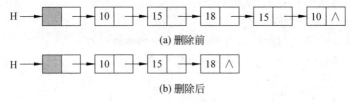

(a) 删除前

(b) 删除后

图 2.31　在单链表中删除多余结点

6. 有一个线性表 $(a_1, a_2, \cdots, a_n)$，它存储在有附加表头结点的单链表中，写一个算法，求出该线性表中值为 x 的元素的序号。如果 x 不存在，则输出序号为零。

7. 写一个算法将一单链表逆置。要求操作在原链表上进行。

8. 在一个非递减有序线性表中，插入一个值为 x 的元素，使插入后的线性表仍为非递减有序。分别用向量和单链表编写算法。

9. 写一算法将值为 B 的结点插在链表中值为 a 的结点之后。如果值为 a 的结点不存在，则插在表尾。

10. 试用循环链表为存储结构，写一个约瑟夫问题的算法。约瑟夫问题是：有 N 个人围成一圈，从第 i 个人开始从 1 报数，数到 m 时，此人就出列。下一个人重新从 1 开始报数，再数到 m 时，以一个人出列。直到所有的人全部出列。按出列的先后得到一个新的序列。例如，N=5，i=1，m=3 时新的序列应为：3，1，5，2，4。

11. 设有两个单链表 A、B，其中元素递增有序，编写算法将 A、B 归并成一个按元素值递减（允许有相同值）有序的链表 C，要求用 A、B 中的原结点形成，不能重新申请结点。

第3章 栈和队列

栈和队列是使用频率最高的数据结构。栈和队列是两种特殊的线性结构。它们都与第2章中的线性表有密切的联系(经过某种限制以后)。一方面,栈和队列的逻辑结构与线性表相同;另一方面,栈和队列的基本运算与线性表的基本运算十分类似,可以看成线性表运算的子集。因此,可将栈和队列看成两种特殊的线性表。

【案例引入】

在日常生活中经常会遇到栈或队列的实例。例如,单车道的死胡同,铁路调度等都是栈的例子。比如,可以把放在桌上的一叠书看成一个栈,并约定不能把书插入中间,或从中间把书抽出,只能从上面取书或放书。等待购物的顾客和民航机票订购中都用到队列。栈和队列还广泛应用于各种软件系统之中。

3.1 栈

3.1.1 栈的定义

栈可以看成一种"特殊的"线性表,这种线性表上的插入和删除运算限定在表的某一端进行。允许进行插入和删除的这一端称为栈顶,另一端称为栈底。处于栈顶位置的数据元素称为栈顶元素。在如图 3.1(b)所示的栈中,元素是以 $a_1,a_2,\cdots,a_n$ 的顺序进栈,因此栈底元素是 a_1,栈顶元素是 a_n。不含任何数据元素的栈称为空栈。

(a) 羊肉串

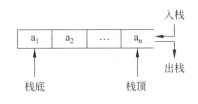

(b) 羊肉串抽象为栈

图 3.1 羊肉串和栈

可以用一个例子说明栈结构的特征。我们经常吃的羊肉串,假设是图 3.1(a)中的,铁签子可以穿上若干羊肉块。现有五小块羊肉，分别编号为①～⑤，按编号的顺序穿进铁签子上，如图 3.1(a)所示。此时若吃第④块羊肉，必须先拿掉或者吃掉第⑤块后才有可能（当然此处排除直接从中间咬的可能性）。若要吃第①块羊肉，则必须等到⑤④③②依次都退出后才行。这里，吃羊肉的原则是后穿上去的先吃到。换句话说，先穿上去的后吃到。

问题：你还能举出在我们生活中和栈相关的实例吗？

栈可以比作这里的死胡同，栈顶相当于胡同口，栈底相当于胡同的另一端，进、出胡同可看作栈的插入、删除操作，也称为进栈、出栈操作。进栈、出栈都在栈顶进行，进出都经过胡同口。这表明栈的操作原则是先进后出（First In Last Out，FILO）或称后进先出（Last In First Out，LIFO）。因此，栈又称为后进先出线性表。栈的基本操作除了进栈、出栈外，还有初始化、判空和取栈顶元素等。

3.1.2　栈的抽象数据类型

1. 栈的抽象数据类型

```
ADT  Stack{
    数据对象：D={aᵢ | aᵢ∈ElemSet,i=1,2,…,n  n≥0;}
    数据关系：R={<aᵢ, aᵢ₊₁>|,aᵢ, aᵢ₊₁∈D, i=1,2,…,n; a₁无前驱,aₙ 无后继;}
            约定 a₁端为栈底,aₙ端为栈顶。
    基本操作：
    (1) 初始化一个空栈；
    (2) 判栈空,空栈返回 True,否则返回 False；
    (3) 入栈,在栈顶插入一个元素；
    (4) 出栈,在栈顶删除一个元素；
    (5) 取栈顶元素值；
    (6) 置栈为空状态；
    (7) 求栈中数据元素的个数；
    (8) 销毁栈；
    等等
} ADT  Stack;
```

2. 下面先举一个简单例子来说明栈的应用

例 3.1　程序员在终端输入程序时，不能保证不出差错，但可以在发现敲错时及时纠正。例如，每当敲错了一个键的时候，可以补敲一个退格符'♯'，以表示前一个字符无效；如果发现当前一行有错，可以敲入一个退行符'@'，以表示'@'与前一个换行符之间的字符全部无效。例如，假设在终端上输入了这样两行字符：

```
BGE##EGIM#N
RAD(A@READ(A)
```

则实际有效的是下面两行字符：

```
BEGIN
READ(A)
```

为此,需要一个简单的输入处理程序来完成上述修改。程序中设一个栈来逐行处理从终端输入的字符串。每次从终端接收一个字符后先做如下判别:如果它既不是退格符也不是退行符,则将该字符压入栈顶;如果是退格符,则从栈顶删去一个字符;如果它是退行符,就把字符栈清为空栈。上述处理过程可用类C的算法如下。

```
void LineEdit()
{ /* 利用字符栈 S,从终端接收一行并传送至调用过程的数据区 */
  InitStack(S);                                    /* 构造空栈 S */
  ch=getchar();                                    /* 从终端接收第一个字符 */
  while(ch!=EOF)                                   /* EOF 为全文结束符 */
    { while(ch!=EOF && ch!='\n')
      {switch(ch)
        { case '#': Pop(S,ch); break;              /* 仅当栈非空时退栈 */
          case '@': InitStack(S);break;            /* 重置 S 为空栈 */
          default: Push(S,ch);                     /* 有效字符进栈,未考虑栈满的情况 */
        }
        ch=getchar();                              /* 从终端接收下一个字符 */
      }
    /* 将从栈底到栈顶的栈内字符传送至调用过程的数据区 */
    ClearStack(S);                                 /* 重置 S 为空栈 */
    if(ch!=EOF) ch=getchar();
    }
  DestroyStack(S);                                 /* 释放栈空间 */
}/* LineEdit */
```

本算法并不是C语言源代码,而是一种方法和思路的示意。栈在计算机内究竟怎样存储、怎样进栈和出栈,将在下面做详细介绍。

问题:栈和线性表有什么不同?

3.2　栈的顺序存储结构及实现

与线性表类似栈也有两种存储结构,即顺序存储和链表存储结构。本节介绍栈的顺序存储结构。栈的顺序存储结构亦称顺序栈。

3.2.1　栈的顺序存储结构

栈的顺序存储结是利用一批地址连续的存储单元依次存放自栈底到栈顶的数据元素,同时设指针 top 指向栈顶元素的当前位置。通常用一维数组来实现栈的顺栈存储,习惯上以数组小下标的一端做栈底，当 top＝0 时为空栈。在数据元素不断进栈时，栈顶指针 top 不断地加 1，当 top 达到数组的最大下标值时为栈满。栈的顺序存储结构描述为：

```
#define MAXSIZE 100
typedef int ElemType;
typedef struct { ElemType elem[MAXSIZE];
                 int top;
                 }SqStack;                /*顺序栈的类型标识符*/
SqStack  S;                              /*说明 S 是栈变量*/
```

其中 SqStack 是顺序栈的类型标识符，S 是一个栈。假设 MAXSIZE 取值为 6，图 3.2 展示了顺序栈 S 中数据元素和栈顶指针 top 的关系。为了与前面所述 top＝0 为空栈相一致，图中未画出 S. elem[0]。逻辑上可利用有效空间为 S. elem[1]，…，S. elem[5]。

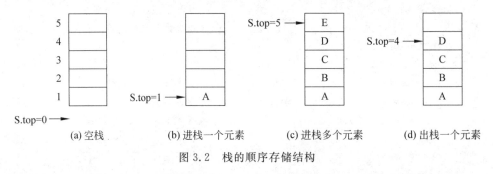

图 3.2　栈的顺序存储结构

其中图 3.2(a)是空栈状态；图 3.2(b)是进栈一个元素 A 之后的状态；图 3.2(c)是在图 3.2(b)状态基础上连续将元素 B、C、D、E 进栈之后的状态，显然已经达到栈满状态，此时不允许任何元素进栈。图 3.2(d)是在图 3.2(c)状态基础上，出栈一个元素后的栈状态。

在面向对象的程序设计中，通常将数据元素的存储和对数据的操作封装在一个类之中。在各种版本的使用 C 数据结构教材中，对于顺序存储结构描述在具体实现形式有所不同，但是本质上是相同的。

3.2.2　顺序栈的定义

栈采用的顺序存储结构，可以作为类的数据成员。栈的各种操作的处理，可以作为类的函数成员。本节介绍顺序栈的类的定义，重点讨论栈的各种操作的算法。

1. 初始化栈

```
void InitStack(SqStack * S)              /*构造一个空栈*/
{ S->top=-1;
} /* InitStack */
```

2. 进栈操作

```
void Push(SqStack * S, DataType x)        /*插入元素 x 为新的栈顶元素*/
```

```
{  if(S->top<MAXSIZE-1)
    { S->top++;
      S->elem[S->top]=x;
    }
    else printf("Overflow ! \n");                /* 栈满 */
}/* Push */
```

3. 出栈操作

```
/* 若栈不空,则删除栈顶元素,元素值由函数名返回。*/
ElemType Pop(SqStack * p)
{  if(S->top==-1)
    { printf("Underflow!\n"); return -1;}   /* 栈空,返回-1 */
    else {   x=S->elem[S->top];
             S->top--;
             return x;
         }


} / * Pop * /
```

以上算法中需注意的是在进栈时栈满的判断和出栈时栈空的判断。取栈顶元素的算法 GetTop 与出栈算法 Pop 相似,仅有一点不同,即前者不改变栈顶指针值。

顺序存储结构条件下的多栈操作也是数据结构课程所讨论的内容。在计算机系统软件中,诸如各种高级语言的编译软件都离不开栈的操作,且往往是同时使用和管理多个栈。若让多个栈共用一个向量,其管理和运算都很复杂,这里仅介绍两个栈共用一个向量的问题。两个栈共用一个向量又有不同的分配方法,如图 3.3 所示。

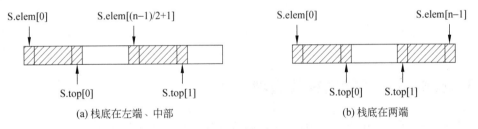

图 3.3　两栈共用同一向量示意图

图 3.3(a)的方法是将向量平均分配给两个栈(设向量有 n 个元素),它们的栈底分别在下标为 0 和下标为(n-1)/2+1 处,栈顶指针在进栈时作加 1 操作。如果其中一个栈已满,若还要进此栈,则此栈产生溢出,即使另一个栈仍有空间,也不能利用,这是它的局限性。如果让第二个栈底可以浮动,则实现的算法太麻烦。

图 3.3(b)所示的方法是两个栈底安排在向量的两端,一个在下标为 0 处,另一个在下标为 n-1 处。两个栈顶指针可以向中间浮动,左栈进栈时,栈顶指针加 1,右栈进栈时,栈顶指针减 1。显然,这种方法向量空间利用率高。对于图 3.3(b)的存储结构:

```
typedef struct
```

```
{ DataType elem[n];
  int top[2];
}DupSqStack;
```

另外，还必须预先设置：

```
int d[2],z[2];
d[0]=-1; d[1]=n;          /* 左、右栈判断栈空的条件 */
z[0]=1; z[1]=-1;          /* 左、右栈进栈时栈顶指针的增量 */
```

在进行栈操作时，需要指定栈号：$i=0$ 为左栈，$i=1$ 为右栈；判断栈满的条件为：

```
S->top[0]+1==S->top[1];
```

进栈操作的算法为：

```
void Push2(DupSqStack * S; int i; ElemType x)
{  if(S->top[0]+1==S->top[1]) printf("Stack Overflow!\n")
    else {  S->top[i]=S->top[i]+z[i];
            S->elem[S->top[i]]=x;
          }
}/* Push2 */
```

出栈操作的算法为：

```
ElemType Pop2(DupSqStack * S; int i)
{ if(S->top[i]==d[i]) {printf("Stack Underflow\n");return -1;}
  else {  x=S->elem[S->top[i]];
          S->top[i]=S->top[]-z[i];
          return x;
        }
}/* Pop2 */
```

3.3 栈的链表存储结构及实现

栈可以用单链表作为存储结构，链表中数据元素结点描述如下：

```
typedef char ElemType;
typedef struct Lsnode
  { DataType data;
    struct Lsnode * next;
  } Lsnode;                   /*结点的类型标识符 */
Lsnode * top;
```

这里的栈顶指针 top 是用于存放结点首地址的指针类型的变量。

图 3.4 展示了单链表栈的数据元素与栈顶指针 top 的关系。图 3.4(a)是含有 3 个数据元素 A、B、C 的栈，A 是栈底元素，指针型变量 top 指向栈顶元素 C 上边的头结点；

图 3.4(b)是在图 3.4(a)的基础之上出栈一个元素后的状态；图 3.4(c)是在图 3.4(b)的基础上又进栈一个元素 X 后的状态。需要指明的是，一个链表栈由栈顶指针 top 唯一确定。当 top—＞next 为 NULL 时是一个空栈。

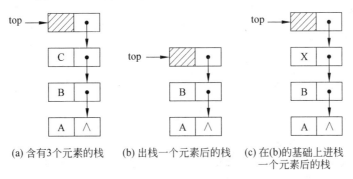

(a) 含有3个元素的栈　　(b) 出栈一个元素后的栈　　(c) 在(b)的基础上进栈
　　　　　　　　　　　　　　　　　　　　　　　　　　一个元素后的栈

图 3.4　栈的链表存储结构

如图 3.4 所示，每当进栈或出栈时栈顶指针 top 都要发生变化。由于 top 本身就是动态指针类型 Lsnode ＊ top，如果要使进栈函数返回变化后的栈顶指针，就应写成两级指针：void Push(Lsnode ＊ ＊ top)，这样会使函数变得复杂难懂。解决问题的办法就是模仿单链表，设置一个头结点不存放数据，即使是一个空栈，该头结点也仍然存在。

问题：能否将链栈中的指针方向反过来，从栈底到栈顶？

不行，如果反过来的话，删除栈顶元素时，为修改其前驱指针，需要从栈底一直找到栈顶。

1. 单链表栈的主要算法

1）初始化空栈

```
void InitStack(Lsnode * top)
{ top->next=NULL;
}
```

调用此函数之前，在主调函数中（例如 main()）说明一个指针变量后，先为它申请分配一个结点，然后调用初始化函数。例如：

```
void main()
{ Lsnode * top1;
 top1=(Lsnode *)malloc(sizeof(Lsnode));        /*这很重要*/
 InitStack(top1);
 …;
}
```

2）进栈操作

```
void Push(Lsnode * top; ElemType x)
{  p=(Lsnode *)malloc(sizeof(Lsnode));
    p->data=x;
```

```
        p->next=top->next;
        top->next=p;
}/ * Push * /
```

3）出栈操作

```
ElemType Pop(Lsnode * top)
{ if(top->next!=NULL)
    { p=top->next; top->next=p->next;
      x=p->data; free(p); return x;
    }
    else {printf("Stack null! \n");return '#';}
}/ * Pop * /
```

由上述算法可看出，栈在链表存储结构条件下进栈一个元素时一般不考虑栈满上溢出问题，而出栈时必须考虑栈空问题。

2. 多个链表栈的运算

有时需要同时使用两个以上的栈，若用一个向量来处理是极不方便的，最好采用多个单链表做存储结构。将多个链表的指针放入一个一维数组之中：

```
Lsnode * top[n];
```

让 top[0],top[1],…,top[n−1]指向 n 个不同的单链表。请注意，这里的每个链表都有附加头结点。操作时需先确定栈号 i，然后以 top[i]为栈顶指针进行栈操作极为方便。算法如下：

1）第 i 号栈进栈操作

```
void Pushn(Lsnode * top[n]; int i; ElemType x)
{   / *已知元素 x,进入第 i 个栈 * /
    p=(struct Lsnode * )malloc(sizeof(struct Lsnode));        / *申请结点 * /
    p->data=x;
    p->next=top[i]->next;
    top[i]->next=p;
}/Pushn * /
```

2）第 i 号栈出栈一个元素

```
ElemType Popn(Lsnode * top[n]; int i)
{ if(top[i]->next!=NULL)
    { p=top[i]->next; top[i]->next=p->next;
      x=p->data; free(p);
      return x;
    }
  else {printf("\n  Stack NULL!\n"); return  #'; }
}/ * Popn * /
```

在上述算法中，当指定了栈号 i(0≤i≤n−1)之后，就仅对第 i 个栈链表进行操作。例如，设 i＝3，将 x 进栈，x 元素就进入了第 3 号栈链表，同时，把 top[3]重新指向新的栈顶元素，而其他栈链表不会产生变动。

3.4　栈的应用

栈的应用十分广泛，栈在计算机系统软件中的作用十分重要。下面就表达式计算、子程序嵌套调用、递归调用和汉诺塔几个问题，讨论栈的应用。

3.4.1　表达式的计算

对表达式进行处理计算是程序设计语言编译中的一个基本问题。要把一个表达式翻译成正确求值的一个机器指令序列，或者直接对表达式求值，首先要能够正确解释表达式。例如，要对下面的算术表达式求值：

$$(5-3) \times 6 + 10/5$$

首先要了解算术四则运算的规则。即：

(1) 先乘除，后加减；

(2) 同一个优先级，先左后右；

(3) 先括号内，后括号外。

由此，这个算术表达式的计算顺序应为：

$$(5-3) \times 6 + 10/5 = 2 \times 6 + 10/5 = 12 + 10/5 = 12 + 2 = 14$$

任何一个表达式都是由操作数(operand)、运算符(operator)和界限符(delimiter)组成的。我们把运算符和界限符统称为算符，它们构成的集合命名为 OP。根据上述三条运算规则，在运算的每一步中，任意两个相继出现的算符 θ_1 和 θ_2 之间的优先关系至多是下面三种关系之一：

- $\theta_1 < \theta_2$，θ_1 的优先权低于 θ_2。
- $\theta_1 = \theta_2$，θ_1 的优先权等于 θ_2。
- $\theta_1 > \theta_2$，θ_1 的优先权高于 θ_2。

表 3.1 定义了算符之间的这种优先关系。

表 3.1　算符之间的优先关系

θ_1 ＼ θ_2	＋	－	＊	/	(	)	＃
＋	＞	＞	＜	＜	＜	＞	＞
－	＞	＞	＜	＜	＜	＞	＞
＊	＞	＞	＞	＞	＜	＞	＞
/	＞	＞	＞	＞	＜	＞	＞
(	＜	＜	＜	＜	＜	＝	
)	＞	＞	＞	＞		＞	＞
＃	＜	＜	＜	＜	＜		＝

由运算规则(3)结合表 3.1,可得＋、－、＊和/为 θ_1 时的优先性均低于'(',但高于')'。由规则(2)可知,当 $\theta_1 = \theta_2$ 时,令 $\theta_1 > \theta_2$,在表 3.1 中作为 θ_1 的'＋'大于作为 θ_2 的'＋'。

另外'♯'是表达式的结束符。为了算法简洁,在表达式的最左边也虚设一个'♯'构成整个表达式的一对括号。表 3.1 中有'('=')',这表示当左右括号相遇时,括号内的运算已经完成。同理表中'♯'='♯'表示整个表达式求值完毕。

在表 3.1 中,')'与'(','♯'与')'以及'('与'♯'之间无优先关系,这是因为表达式中不允许它们相继出现,一旦遇到这种情况,则可以认为出了语法错误。在下面的讨论中,假定所输入的表达式不会出现语法错误。

为了求解表达式,可以使用两个工作栈:一个称作 OPTR,用来存放运算符;另一个称作 OPND,用来存放操作数或运算结果。算法的基本思想是:

首先置操作数栈 OPND 为空,表达式起始符'♯'为运算符栈 OPTR 的栈底元素;

然后依次读入表达式中每一个字符,若是操作数则进 OPND 栈;若是运算符,则和OPTR 的栈顶运算符比较优先权,然后做相应的操作,直至整个表达式求值完毕(即OPTR 栈的栈顶元素和当前读入的字符均为'♯')。下列算法采用类似 C++的方式描述了这个求值过程。

```
OperandType EvaluateExpression()
{  //求解算术表达式。设 OPTR 和 OPND 分别为运算符栈和运算数栈,OP 为运算符集合
   SqStack OPTR,OPND;                     /*初始化两个空栈*/
   OPTR.Push('#');                        /*'#'进算符栈*/
   c=getchar();                           /*读入一个字符*/
   while(c!='#' || OPTR.GetTop()!='#')    /*GetTop()取栈顶元素,不出栈*/
   { if(!In(c,OP))
       { OPND.Push(c); c=getchar();}      /*c是操作数,进栈。接收下一字符*/
     else                                 /*c是算符的情况*/
      switch(Precede(OPTR.GetTop(),c)      /*比较优先权*/
      { case '<': OPTR.Push(c);c=getchar();break;    /*栈顶优先权低*/
        case '=': x=OPTR.Pop(x); c=getchar();break;  /*脱括号接收下一字符*/
        case '>': theta=OPTR.Pop();                   /*出栈一个符号 theta*/
                b=OPND.Pop(); a=OPND.Pop();           /*出栈两个操作数 a,b*/
                OPND.Push(Operate(a,theta,b));        /*计算中间结果,入栈*/
        break;
      }/*switch*/
   }
Return OPND.GetTop();         /*最终结果在 OPND 栈顶,为函数返回结果*/
```

算法中还调用了两个函数。其中 Precede 是判定运算符栈的栈顶运算符 θ_1 与读入的运算符 θ_2 之间优先关系的函数;Operate 为进行二元运算 $a\theta b$ 的函数。

例 3.2 利用算法 EvaluteExpression 对算术表达式 $3 \times (7-2)$ 求值。

在表达式两端先增加'♯'改写为:

$$\sharp 3 * (7 - 2) \sharp$$

具体操作过程如表 3.2 所示。

表 3.2　表达式求值过程

步骤	OPTR 栈	OPND 栈	输入字符	判　别　式	主　要　操　作
1	♯		3 * (7-2)♯	是数据	OPND.Push('3')
2	♯	3	* (7-2)♯	'♯'<'*'	OPTR.Push('*')
3	♯ *	3	(7-2)♯	'*'<'('	OPTR.Push('(')
4	♯ * (	3	7-2)♯	是数据	OPND.Push('7')
5	♯ * (	3 7	-2)♯	'('< '-'	OPTR.Push('-')
6	♯ * (-	3 7	2)♯	是数据	OPND.Push('2')
7	♯ * (-	3 7 2	)♯	'-'>')'	OPTR.Pop() 得 '-'
					OPND.Pop() 得 '7'
					OPND.Pop() 得 '2'
					Operate('7','-','2')
					OPND.Push('5')
8	♯ * (	3 5	)♯	'('=')'	OPTR.Pop() 消去一对括号
9	♯ *	3 5	♯	'*'>'♯'	OPTR.Pop() 得 '*'
					OPND.Pop() 得 '5'
					OPND.Pop() 得 '3'
					Operate('5','*','3')
					OPND.Push('15')
10	♯	15		'♯'='♯'	OPTR.Pop() 消去一对♯号
11	空	15			return 15

所要计算的表达式在表 3.2 的中间部位,带下画线阴影的字符是当前读入的字符。当前读入的是操作数就进入 OPND 栈。当前读入的是运算符就与 OPTR 栈顶算符进行比较,结合上述算法对照表 3.2 读者可以自行分析,分三种情况处理。最后,当读入字符为'♯'且 OPTR 栈顶元素也为'♯',不仅脱一对'♯',且将在 OPND 栈里的最终结果返回,至此算法结束。

3.4.2　子程序的嵌套调用

在各种程序设计语言中都有子程序(或称函数、过程)调用功能。一个子程序还可以调用另一子程序。图 3.5(a)展示的是由主程序开始的三层嵌套调用关系。

主函数 main 调函数 func1 时需记下返回地址 R,func1 调用 func2 需记下返回地址 S,func2 调用 func3 时需记下返回地址 T。func3 执行结束时返回到 func2 的地址 T,依次返回到 func1 的地址 S,最终返回到 main 的地址 R。在编译软件内就设立一个栈专用于存放返回地址,在嵌套调用时返回地址一一入栈,调用结束时返回地址一一出栈,如图 3.5(b)所示。这是一个典型的先进后出结构。

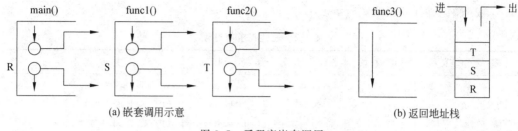

(a) 嵌套调用示意   (b) 返回地址栈

图 3.5 子程序嵌套调用

3.4.3 递归调用

一个子程序可以直接或间接地调用自身。在一层层递归调用时,其返回地址和处在每一调用层的变量数据都需一一记下并进栈。返回时,它们一一出栈并且被采用。现以求阶乘的递归方法为例分析栈在递归中的应用。这样可以加深对递归调用的理解,提高运用递归方法进行程序设计的能力。求 n!的递归方法思路是:

$$n! = \begin{cases} 1 & n = 0 \\ n \times (n-1) & n \geqslant 1 \end{cases}$$

与之相应的 C 函数框架是:

```
int fac(int n)
{ float p;
  if(n==0 || n==1)  p=1;
      else p=n * fac(n-1);
  return p;
}
```

在此函数中可理解为用 fac(n)来求 n!,那么用 fac(n-1)就可以表示求(n-1)!。图 3.6(a)展示了递归调用中执行情况。从图 3.6(a)可以看到 fac 函数共被调用 5 次,它们依次是 fac(5)、fac(4)、fac(3)、fac(2)、fac(1)。其中 fac(5)是由 main 函数调用的,其余 4 次是在各层的 fac 函数中调用的。在某一层递归调用时,并未立即得到结果,而是进一步向深度递归调用。直到最内层函数执行 n=1 或 n=0 时,fac(n)才有结果。然后再一一返回,不断得到中间结果,直到返回主程序为止,可得到 n!的最终结果。

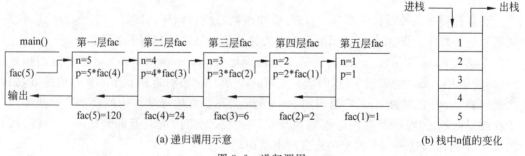

(a) 递归调用示意   (b) 栈中 n 值的变化

图 3.6 递归调用

调用时把处在不同调用层的不同 n 值入栈,返回时再一一出栈参加计算。存放不同 n 值的栈如图 3.6(b)所示。当然这里也用到了返回地址栈,在此不再重复。

栈是一个基本的重要的数据结构。它有一重要参数就是栈顶指针 top。top 为零(对于顺序结构)或为 NULL(对于链表)均表明是空栈。在进栈、出栈时,应注意栈满或栈空的判断处理。

3.5　队列

3.5.1　队列的定义及运算

队列(queue)也是一种特殊的线性表。在现实生活中队列的例子很多,例如客户到银行办理业务往往需要排队,先来的先办理,晚来的则排在队尾等待,如图 3.7(a)所示。抽象成逻辑图,如图 3.7(b)所示。另外,队列在程序设计中也经常出现,一个典型的例子就是操作系统中的作业排队。在允许多道程序运行的计算机系统中,同时有几个作业运行。如果运行的结果都需要通过通道输出,那就按请示输出的先后次序排队。每当通道传输完毕可以接受新的输出任务时,队头的作业先从队列中出来进行输出操作。凡是申请输出的作业都从队尾进入队列。

(a) 银行排队　　　　　　　(b) 进队出队

图 3.7　队列

队列与栈不同,其所有的插入均限定在表的一端进行,而所有的删除则限定在表的另一端进行。允许插入的一端称队尾(rear),允许删除的一端称队头(front)。队列的结构特点是,先进入队的数据元素先出队。假设有队列 $Q=(a_1,a_2,\cdots,a_n)$,则队列 Q 中的元素是按 $a_1,a_2,\cdots,a_n$ 的次序进队。第一个出队的应该是 a_1,第二个出队的应该是 a_2,只有在 a_{n-1} 出队后,a_n 才可以出队,详见图 3.7(b)。通常又把队列叫作先进先出(First In First Out,FIFO)表。

在日常生活中,队列的例子到处皆是,如等待购物的顾客总是按先来后到的次序排成队列,先得到服务的顾客是站在队头的先来者,而后到的人总是排在队的末尾。在软件系统中,队列也是重要的数据结构。例如在实现树(参见第 6 章)或图(参见第 7 章)的广度遍历时,必须以队列为辅助存储结构。

3.5.2　队列的抽象数据类型

（1）与栈结构相似，队列的抽象数据类型的描述如下：

```
ADT   Queue{
     数据对象：D={aᵢ| aᵢ∈ElemSet,i=1,2,…,n  n≥0;}
     数据关系：R={<aᵢ, aᵢ₊₁>|,aᵢ, aᵢ₊₁∈D, i=1,2,…,n; a₁无前驱,aₙ无后继;}
          约定 a₁端为队头，aₙ端为队尾。
     基本操作：
     (1) 初始化一个空队列；
     (2) 判队空,空队返回 True,否则返回 False；
     (3) 入队,在队尾插入一个元素；
     (4) 出队,在队头删除一个元素；
     (5) 取队头数据元素值；
     (6) 置队列为空状态；
     (7) 销毁队列；
          等等
}ADT   Linear_list;
```

（2）队列的实例。

在日常生活中经常会遇到为了维护社会正常秩序而需要排队的情境,在计算机程序设计中也经常出现类似问题。数据结构"队列"与生活中的"排队"极为相似,也是按"先到先办"的原则行事的,并且严格限定：既不允许"插队",也不允许"中途离队"。

3.6　队列的顺序存储结构及实现

队列的顺序存储结构,在计算机中常借助于一维数组来存储队列中的元素。为了指示队首和队尾的位置,尚需设置队头 front 和队尾 rear 两个指针,并约定头指针 front 总是指向队列中实际队头元素的前面一个位置,而尾指针 rear 总是指向队尾元素,如图 3.8 所示。

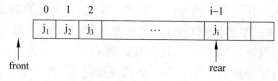

图 3.8　队列顺序存储结构

队列的顺序存储结构可描述为：

```
typedef struct
{ ElemType elem[MAXSIZE];        /*一维数组*/
  int front,rear;                /*头、尾指针*/
} SeQueue;
SeQueue Q;
```

有一个能容纳 6 个元素的队列,图 3.9 是在进出队列时头、尾指针的变化示意图。图 3.9(a)表示该队列的初始状态为空,rear=front=−1;图 3.9(b)表示有 3 个元素 a_1、a_2、a_3 相继入队列,所以尾指针 rear 从−1 变化到 2,而头指针 front 不变;图 3.9(c)表示 a_1、a_2、a_3 先后出队,头指针 front 的值从−1 变化到 2,队列成为空状态,此时 rear=front=2;图 3.9(d)表示 3 个元素 a_4、a_5、a_6 依次进入队列,尾指针 rear 从 2 变化到 5,头指针 front 不变仍然停留在位置 2。这里有一现象,在队列为空时均有:rear=front。

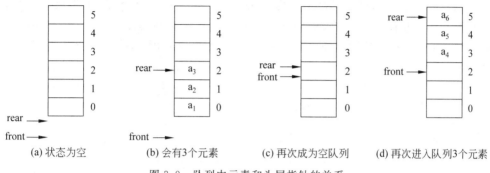

图 3.9　队列中元素和头尾指针的关系

假若还有元素 a_7 请求进入队列,由于队尾指针已经指向了队列的最后一个位置,因而插入 a_7 就会发生"溢出"。但是,这时的队列并非真正满了,事实上队列中尚有 3 个空位。也就是说,系统作为队列用的存储区还没有满,但队列却发生了溢出,把这种现象称为"假溢出"。解决"假溢出"的方法有两种:

(1)采用平移元素的方法。即一旦发生"假溢出"就把整个队列的元素平移到存储区的首部。如图 3.10 所示,将 a_4、a_5、a_6 平移到 elem[0]~elem[2],而将 a_7 插到第 3 个位置上。显然平移元素的方法效率是很低的。

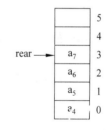

图 3.10　用平移元素的方法克服假溢出

(2)将整个队列作为循环队列来处理。可以设想 elem[0] 接在 elem[5]之后,如图 3.11(a)所示。当发生假溢出时,可以把 a_7 插入到第 0 个位置上。这样,虽然物理上队尾在队首之前,但逻辑上队首仍然在队尾前,作插入和删除运算时仍按"先进先出"的原则。

图 3.11(b)展示了元素 a_8 和 a_9 进入队列后的情形。此时队列已满,如果还要插入元素就会发生上溢。而它与图 3.11(c)所示队列为空的情形一样,均有 front==rear。这是一矛盾现象。在这种情况下,在循环队列中只凭等式 rear==front 无法判别队空还是队满。

因此,可再设置一个布尔变量来区分队空和队满。或者不设布尔变量,而把尾指针 rear 加 1 后等于头指针 front 作为队满的标志,这意味着需要损失一个空间。或者反过来说,拥有 MAXSIZE 个数组元素的数组仅能表示一个长度为 MAXSIZE−1 的循环队列。

以上两种方法都要多占存储空间,但后者循环队列比较方便。下面的讨论均是以循环队列为基础。此时判断队列为空的条件仍然是:

```
front==rear
```

问题：由于顺序存储结构是一次性地分配空间，因此在入队列的操作中首先应该判别当前队列是否已经"满"了，那么队列满的判别条件又是什么呢？

判断队列为满的条件则是：

```
(rear+1)%MAXSIZE==front
```

请注意，图 3.11(c)就是循环队列为空状态的图示。图 3.11(d)就是循环队列为满状态的图示。由于是循环队列，只要 front＝＝rear 而不论它们具体等于什么下标值，均为空队。只要(rear＋1)％MAXSIZE＝＝front 而不论它们具体等于什么下标值，均为满队。

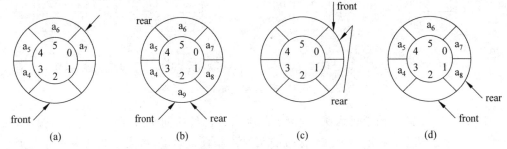

图 3.11 用循环队列的方法解决假溢出问题

在队列循环中，每插入一个新元素，就把尾指针沿顺时针方向移动，即 rear＋1。由于本身是循环队列，当 rear 达到最大下标(MAXSIZE－1)时，再加 1 它就会越界，rear 应该变为零值。所以需要将 rear 加 1 再对 MAXSIZE 取余，可得正确结果。进队操作的语句如下：

```
rear=(rear+1)%MAXSIZE;
elem[rear]=x;
```

结合图 3.11(a)，MAXSIZE＝6，假设原来 rear＝5 已达到最大下标值。为使 a_7 进队，让 rea＋1＝6 再对 6 取余得零。rear＝0，正好在 elem[0]处插入元素 a_7。

每删除一个新元素，就把头指针 front 沿顺时针方向移动一个位置，即 front＋1。同理，需要将 front 加 1 再对 MAXSIZE 取余。出队操作的语句如下：

```
front=(front+1)%MAXSIZE;
```

请特别注意，在循环队列出队或进队时，头、尾指针都要做**加 1 后取余**运算。

下面给出循环队列主要操作的算法。

(1) 将循环队列置为空的算法。

```
void SetNULL(SeQueue * Q)
    {Q->front=-1; Q->rear=-1;
    }
```

（2）判断循环队列是否为空。

```
int Empty(SeQueue Q)
{ if(Q.rear==Q.front)return(1);
  else  return(0);
}
```

（3）进队。

在循环队列中插入新的元素 x。进队操作实质上是在队列尾指针处插入一个新的队尾元素 x。进队操作首先要判断当前循环队列是否已满,如果队列已满,则输出提示信息;否则让尾指针加 1 对 MAXSIZE 取模后,x 进队,存放在尾指针所指的位置。算法如下:

```
void AddQ(SeQueue  * Q,ElemType x)
  { if((Q->rear+1)%MAXSIZE==Q->front)printf("Queue is FULL! \n")
    else { Q->rear=(Q->rear+1)%MAXSIZE;
         Q->elem[Q->rear]=x;
       }
}
```

（4）出队。

出队操作实质上是删除队列中队首元素的操作。

```
ElemType DelQ(SeQueue  * Q)
{ if(Q->front==Q->rear)
   { printf("Queue is EMPTY! \n");
     return -1;
  else { Q->front=(Q->front+1)%MAXSIZE;
       return(Q->elem[Q->front]);
     }
}
```

（5）取队列中的队首元素。

```
ElemType Front(SeQueue  * Q)
  {ElemType x;
   if(Q->front==Q->rear){ printf("Queue is EMPTY! \n");
                          return(-1);
                        }
   else  x=Q->elem[(Q->front+1)%MAXSIZE];
   return (x);
  }
```

问题：判别循环队列为“空”的条件应该是什么？ 在队列初始化的函数中,设置队头和队尾指针均为 0,那么能否由“队头指针为 0”来作为队列空的判别条件呢？

显然是不对的,由上页两个插图的例子就可见,由于队头指针和队尾指针都是“单方向"移动的,因此当队头指针"追上"队尾指针时,说明所有曾经插入队列的元素都已经出列,所以队列变空的条件应该是"两个指针指向循环队列中的同一位置"。

3.7　队列的链表存储结构及实现

队列不仅可以采用顺序存储结构,也可以采用链表存储结构。用链表表示的队列简称为链队列,如图3.12所示。

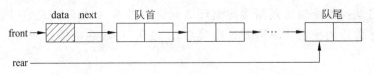

图 3.12　链队列示意图

一个链队列显然需要两个指针才能唯一确定,它们分别指示队头和队尾,分别称为头指针 front 和尾指针 rear。与线性表的单链表一样,为了操作方便起见,也给链队列添加了一个附加头结点,并令头指针指向 front 头结点,正好指向队列第一个数据结点的前一位置。由此,空的链队列的判别条件为头指针和尾指针均指向附加头结点,满足条件:

```
front==rear
```

详见图3.13(a)。链队列的进队和出队操作,属于链表的插入和删除操作的特殊情况,只是尚需修改尾指针或头指针。

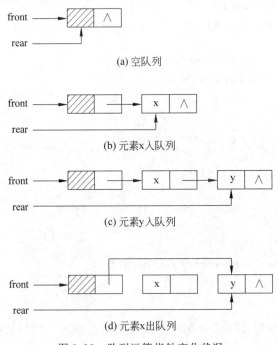

图 3.13　队列运算指针变化状况

图 3.13(b)是在(a)的基础上进队元素 x 后的情况。虽然,看上去链表有两个结点,其实是仅有一个数据元素的队列。图 3.13(c)是在(b)的基础上再进队元素 y 后的情况。图 3.13(d)是在(c)的基础上出队一个元素后的情况。出队在队头进行,队列中只剩下数据 y 的结点。除去空队情况外,头指针 front 总是指向队头元素前一位置,队尾指针 rear 总是指向队尾元素自身。

链队列结点的结构可描述为:

```
typedef  struct NodeType          /* 数据元素结点的结构 */
    {   ElemType data;
        struct NodeType * next;
    } NodeType;
typedef  struct                   /* 队列头尾指针结构体 */
    { NodeType * front, * rear;
    } LinkQueue;
```

其中 front 和 rear 分别为队列的头指针和尾指针。

下面给出实现链队列 5 种运算的具体算法。

(1) 队列初始化

```
/* 生成链队列的头结点,并令头指针和尾指针指向该结点,表示此队列为空 */
void SetNULL(LinkQueue * Q)
 { NodeType * p;
     p= (NodeType * )malloc(sizeof(NodeType));     /* 分配一头结点 */
     p->next=NULL;
     Q->front=p;  Q->rear=p;
 }
```

在主函数中应该这样处理:

```
void  main()
  { LinkQueue q1;
    SetNULL(&q1);              /* 调用初始化函数,实参是地址 */
    …;
 }
```

结果如图 3.13(a)所示。

(2) 判队列是否为空。

由于队列经过初始化之后,即使是空队也至少有一个头结点。在判断队列是否为空的函数中不会改变头尾指针,所以形参不必使用(LinkQueue * Q)。

```
int Empty(LinkQueue Q)
  { if(Q.front==Q.rear) return(1); else  return(0);
 }
```

（3）进队，在队尾结点之后插入一个元素。

```
void AddQ(LinkQueue * Q,ElemType x)
  { NodeType * p;
    p=(NodeType * )malloc(sizeof(NodeType));
    p->data=x;
    p->next=NULL;
    Q->rear->next=p;
    Q->rear=p;
  }
```

（4）出队，删除队头元素。

在链表队列中删除队头元素，首先要判断队列是否已空，图 3.13(a)就是一个空队状态。因此，判断链队列是否已空就是判断头、尾指针是否相等。如果二者相等，则表明队列已空，输出提示信息；否则删除队列首部第一个有效元素，注意，这里不是指附加队头结点，在这个结点中没有队列的有效元素。在删除队头元素时，若队列中仅有一个有效元素，就会把尾指针一同删去。因此要注意防止尾指针丢失，具体算法如下：

```
ElemType DelQ(LinkQueue * Q)
  { NodeType * p; ElemType x;
    if(Q->front==Q->rear) {printf("QUEUE IS EMPTY\n");x=-1;}
    else{ p=Q->front->next;
            Q->front->next=p->next;
            if(p->next==NULL) Q->rear=Q->front;
            x=p->data; free(p)
          }
      return x;
    }
```

问题：你是否注意到算法中那个带有下画线的语句？它是否多余？能否删去？

你一定看出问题来了吧！由于一般情况下，出队列的操作只涉及队头元素，因此不需要修改队尾指针，但当链队列中只有一个数据元素时，队头元素恰好也是队尾元素，当它被删除之后，队尾指针就"悬空"了，待下次再做入队操作时，就要产生指针的"悬空访问"的错误，因此在这种情况下必须同时修改尾指针。

（5）取队列首元素。

由于在函数中不会改变头尾指针，所以形参不必使用(LinkQueue * Q)。

```
ElemType Front(LinkQueue Q)
  { NodeType * p;
    if(Q.front==Q.rear)
        {printf("QUEUE IS EMPTY\n"); return -1;}
    else { p=Q.front->next;
          return p->data;
```

```
        }
    }
```

链式队列的优点是便于实现存储空间的共享。在同时存在多个队列的情况下,采用链式存储结构是比较理想的。

综上所述,队列的存储结构有顺序存储和链表存储,为了解决顺序存储的假溢出现象,往往用循环队列作为队列的顺序存储结构。循环队列和链表队列的队空条件均为 front＝＝rear,循环队列的队满条件为(rear＋1)％MAXSIZE＝＝front,而链队列不存在队满的问题,但指针域占用了额外的存储空间。

3.8　队列的应用

本节通过报数问题的求解过程来介绍队列的应用。

所谓报数问题,设有 n 个人站成一排,从左到右的编号分别为 1～n,从左到右报数"1,2,3,1,2,3"数到"1"和"2"的人出列,数到"3"的人立即站到队伍的最右端。报数过程反复进行,直到 n 个人都出列为止。要求给出他们的出列顺序。

例如,当 n＝10 时,初始序列为

$$1\ \ 2\ \ 3\ \ 4\ \ \ 5\ \ 6\ \ 7\ \ 8\ \ 9\ \ 10$$

则出列顺序为

$$3\ \ 6\ \ 9\ \ 2\ \ \ 7\ \ 1\ \ 8\ \ \ 5\ 10\ \ 4$$

求解报数问题所采用的算法思想是:先将 n 个人的编号进队,然后反复执行如下操作:

(1) 出队一个的元素,并将该元素进队;

(2) 再出队一个的元素,又将该元素再进队;

(3) 若队列不空,则出队一个元素,并将该元素进队,并输出显示。

直到队列为空。

具体算法如下:

```
void main()
{int i,n=10;
ElemType e,x;
LsQueue Q;
for(i=1;i<=n;i++)                          /＊构建初始序列＊/
{ x.num=i;                                 /＊置入编号＊/
  cout<<"\n  i="<<i<<" 输入姓名:";  cin>>x.name;      /＊输入姓名＊/
  Q.AddQ(x);                               /＊x 进队号＊/
}
  cout<<"\n   报数出列后队列的顺序:";
while(!Q.IsEmpty())
  {e=Q.DelQ(); Q.AddQ(e);
```

```
        x=Q.DelQ();  Q.AddQ(x);
    if(!Q.IsEmpty())
            { e=Q.DelQ();                      /*出列一个元素*/
              cout<<setw(6)<<e.num;            /*输出编号!*/
              cout<<setw(15)<<e.name<<endl;    /*输出姓名!*/
            }
}//while
cout<<"\n          再见!";
_getch();
}/*main*/
```

3.9 算法实例——Hanoi 塔问题

下面采用栈与递归实现 n 阶 Hanoi 塔问题。

假设有三个分别命名为 X、Y 和 Z 的塔座,在塔座 X 上插有 n 个直径大小各不相同、依小到大编号为 1,2,…,n 的圆盘。图 3.14 所展示的是 3 阶 Hanoi 塔初始状态。

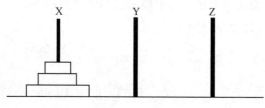

图 3.14 三阶 Hanoi 塔

现要求将 X 轴上的 n 个圆盘移至 Z 轴上并仍按同样顺序叠排,圆盘移动时必须遵循下列规则:

(1) 每次只能移动一个圆盘;

(2) 圆盘可以插在 X、Y 和 Z 中的任一塔座上;

(3) 任何时刻都不能将一个较大的圆盘压在较小的圆盘之上。

如何实现移动圆盘的操作呢? 当 n=1 时,问题比较简单,只要将编号为 1 的圆盘从塔座 X 直接移至塔座 Z 上即可;当 n>1 时,需利用塔座 Y 作辅助塔座,若能设法将压在编号为 n 的圆盘之上的 n−1 个圆盘从塔座 X(依照上述法则)移至塔座 Y 上,则可先将编号为 n 的圆盘从塔座 X 移至塔座 Z 上,然后再将塔座 Y 上的 n−1 个圆盘(依照上述法则)移至塔座 Z 上。而如何将 n−1 个圆盘从一个塔座移至另一个塔座的问题是一个和原问题具有相同特征属性的问题,只是问题的规模每次减 1 逐步缩小,因此可以用同样的方法求解。由此可得求解 n 阶 Hanoi 塔问题的函数如下:

```
void Hanoi(int n, char x, char y, char z)
 { if(n==1) move(x,1,z);      /*编号为1的圆盘从x塔座移到z塔座*/
    else {
Hanoi(n-1,x,z,y);       /*将x塔座上编号为1到n-1的圆盘移到y塔座,以z作为辅助*/
```

```
    move(x,n,z);     /*将编号为 n 的圆盘从 x 塔座移到 z 塔座*/
    Hanoi(n-1,y,x,z);
                     /*将 y 塔座上编号为 1 至 n-1 的圆盘移到 z 塔座,以 x 作为辅助*/
  }
}/* Hanoi */
```

这是一个递归函数,在函数的执行过程中需多次进行自我调用。假设 n＝3,现用语句 Hanoi(3,a,b,c)来详细展示递归调用的过程。

三阶 Hanoi 塔问题需移动圆盘七次才能完成。第①～⑦次塔座与圆盘的移动状态,如图 3.15 所示。

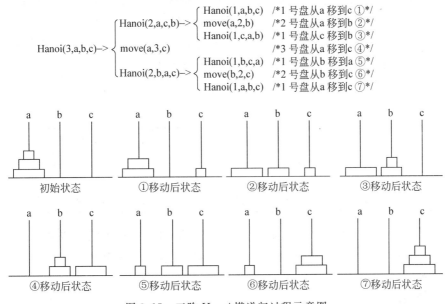

图 3.15　三阶 Hanoi 塔递归过程示意图

通过三阶 Hanoi 塔问题的图示,清晰展现了圆盘移动的整个过程。当 n 取值比较大圆盘数量比较多的时候,就无法再通过画图来展示圆盘移动过程。递归函数 Hanoi()看起来简明扼要,它却对任意 n 值(n＝1,n＝10,或 n 更大)都可解决 Hanoi 塔问题,由此可见递归函数的优越性。在本算法中并未显式地使用栈结构,但是具有递归功能的程序设计语言和软件系统,在其内部确使用了栈结构。

3.10　小结

本章研究栈和队列。栈数据结构是通过对线性表的插入和删除操作进行限制而得到的,即插入和删除操作都必须在表的同一端完成。因此,栈是一个后进先出的线性表。

栈的顺序存储结构称为顺序栈,顺序栈本质上是顺序表的简化,通常把数组中下标为 0 的一端作为栈底,同时附设指针 top 指示栈顶元素在数组中的位置。

实现顺序栈基本操作的算法的时间复杂度均为 O(1)。

栈的链式存储结构称为链栈,通常用单链表表示,链栈的插入和删除操作只须处理栈顶(即开始结点)的情况,其时间复杂度均为 O(1)。

队列也是一种特殊的线性结构。队列的插入和删除操作分别在线性表的两端进行。因此,队列是一个先进先出的线性表。

顺序队列会出现假溢出问题,解决的办法是用首尾相接的顺序存储结构,称为循环队列。在循环队列中,凡是涉及队头或队尾指针的修改都要将其对 MAXSIZE 求模。

在循环队列中,队空的判定条件是:队头指针＝队尾指针;在浪费一个存储单元的情况下,队满的判定条件是:(rear＋1)％MAXSIZE＝front。

队列的链式存储结构称为链队列。链队列通常附设头结点,并设置队头指针指向头结点,即指向第一个数据结点的前一位置。队列的尾指针指向终端结点。

链队列的基本操作的实现本质上也是单链表操作的简化,插入只考虑在链队列的尾部进行,删除只考虑在链队列的头部进行,其时间复杂度均为 O(1)。

表 3.3 是循环队列和链表队列的特征比较。

表 3.3　循环队列和链表队列的比较

比 较 项 目	循 环 队 列	链表队列(非循环)
头、尾指针类型	int　front,　rear	quenode　＊front,＊rear
判队列空条件	front＝＝rear	front＝＝rear
判队列满条件	(rear＋1)％MAXSIZE＝＝front	不需判断

本章的重点是栈和队列的基本概念,以及在不同存储结构前提下的进栈、出栈、进队、出队算法。在此基础上逐步培养学生在实际中应用栈和队列的能力。

讨论小课堂 3

1. 如果输入序列为 1 2 3 4 5 6,试问能否通过栈结构得到以下两个序列:4 3 5 6 1 2 和 1 3 5 4 2 6;请说明为什么不能实现或如何才能得到。

2. 设输入序列为 2,3,4,5,6,利用一个栈能得到序列 2,5,3,4,6 吗? 栈可以用单链表实现吗?

3. 简述顺序存储队列的"假溢出"现象的避免方法及怎样判定队列满和空的条件。

4. 假设有如图 3.16 所示的列车调度系统,约定两侧铁道均为单向行驶,入口处有 N 节硬席或软席车厢(程序中可分别用 H 和 S 表示)等待调度,试编写算法,输出对这 N 节车厢进行调度的操作序列,要求所有的软席车厢被调整到硬席车厢之前。

5. 对于一个具有 N 个单元(N＞＞2)的循环队列,若从进入第一个元素开始每隔 T1 个时间单位进入下一个元素,同时从进入第一个元素开始,每隔 T2(T2＞T1)

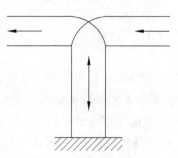

图 3.16　列车调度系统

个时间单位处理完一个元素并令其出队,试编写一个算法,求出在第几个元素进队时将发生溢出。

习题 3

1. 假定有编号为 A、B、C、D 的 4 辆列车,自右向左顺序开进一个栈式结构的站台,如图 3.17 所示。可以通过栈来编组然后开出站台。请写出列车开出站台的顺序有几种?写出每一种可能的序列。如果有 n 辆列车进行编组呢?如何编程?

注:每一辆列车由站台向左开出时,均可进栈、出栈开出站台,但不允许出栈后回退。

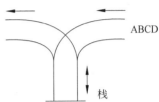

图 3.17 火车编组栈

2. 已知栈采用链式存储结构,初始时为空,试画出 a、b、c、d 这 4 个元素依次进栈以后栈的状态,然后再画出此时的栈顶元素出栈后的状态。

3. 写出链表栈的取栈顶元素和置栈空的算法。

4. 写出计算表达式 3+4/25 * 8−6 时,操作数栈和运算符栈的变化情况表。

5. 对于给定的十进制正整数 N,转换成对应的八进制正整数。

(1) 写出递归算法。

(2) 写出非递归算法。

6. 已知 n 为大于等于零的整数,试写出计算下列递归函数 f(n) 的递归和非递归算法。

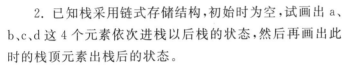

$$f(n) = \begin{cases} n+1, & n=0 \\ n \times f(n/2), & n \neq 0 \end{cases}$$

7. 假设如本章习题 1 所述火车调度站的入口处有 n 节硬席或软席车厢(分别以 H 和 S 表示)等待调度。试编写算法,输出对这 n 节车厢进行调度的操作(即入栈或出栈操作)序列,以使所有的软席车厢都被调整到硬席车厢之前。

8. 规定:无论是循环队列还是链表队列,队头指针总是指向队头元素的前一位置,队尾指针指向队尾元素。

(1) 试画出有 2 个元素 A、B 的循环队列图,及将这 2 个元素出队后队列的状态图。

注:假设 MAXSIZE=6,front=5,完成本题要求的图示。若 rear=5,情况如何?

(2) 试画出有 2 个元素 C、D 的链表队列图,及将这 2 个元素出队后链表队列的状态图。

9. 对于一个具有 m 个单元的循环队列,写出求队列中元素个数的公式。

10. 对于一个具有 n 个单元(n≫2)的循环队列,若从进入第一个元素开始,每隔 t1 个时间单位进入下一个元素,同时从进入第一个元素开始,每隔 t2(t2≥t1)个时间单位处理完一个元素并令其出队,试编写一个算法,求出在第几个元素进队时将发生溢出。

11. 假设以带头结点的循环链表表示队列,并且只设一个指针指向队尾元素结点(注意不设头指针),试编写出相应的置空队列,入队列和出队列的算法。

12. 二项式$(a+b)^i$展开后,其系数构成杨辉三角形。利用队列写出打印杨辉三角形前 n 行的程序。即逐行打印二项展开式$(a+b)^i$的系数。图 3.18 是指数 i 从 1~6 的$(a+b)^i$的展开式系数所构成的杨辉三角形。

```
                    1                    i=0
                  1   1                  i=1
                1   2   1                  2
              1   3   3   1                3
            1   4   6   4   1              4
          1   5  10  10   5   1            5
        1   6  15  20  15   6   1          6
```

图 3.18 杨辉三角形

第4章 串

前两章主要介绍了线性结构。本章将讨论串的概念,串是一种特殊的表,其中每个数据元素仅由一个字符组成。从数据的逻辑结构来看,串也可属于线性结构。串的运算有时不以单个字符为单位,而是以子串为基本单位。因此本章将串作为一种特殊数据结构专门加以介绍。

【案例引入】

人们常用计算机做各种各样的文档,如工作计划、政策法规、工作总结、书信、小说、论文等。我们经常会对词汇或短语的进行修改、插入和删除等操作。还有人们经常在网上搜索和查找自己所需的信息,当输入关键词汇后网站能够很快地提供大量相关信息,这个过程也是字符串的查找匹配过程。因此,在计算机上处理的非数值对象基本上是字符串数据。随着计算机技术的发展,串在文字编辑、符号处理等许多领域得到了广泛应用。

4.1 串的基本概念

4.1.1 串的定义

串又称字符串。是一种特殊的线性表,表中的元素是单个字符。串(string)是由 $n(n \geqslant 0)$ 个字符组成的有限序列。一般记作:

$$S = "c_1 c_2 \cdots c_n" \quad (n \geqslant 0)$$

其中,S 是串名,双引号引起来的字符序列是**串值**,$c_i(i=1,2,\cdots,n)$ 是取自某个特定字符集的字符,它可以是字母、数字或其他字符。串中字符的个数 n 称为**串的长度**。若 n=0,则把这个串称为空串,即双引号中无任何内容。一个串中也可能由许多空格组成,称为空格串。串中任意个连续字符组成的子序列称为该串的**子串**,包含子串的串就称为**主串**。字符在串中的位序称为该字符在串中的**位置**,子串在主串中的位置是子串的第一个字符在主串中出现的位置。

问题:空串和空格串有什么区别?

假设 A,B,C,D,E,F 为如下 6 个串:

```
A="speak English"
B="string"
C="speak"
D="ing"
E="        "                    /*空格串*/
```

```
            F=""                          /＊空串＊/
```

则它们的长度分别是 13、6、5、3、5、0；并且

　　C 是 A 的子串；

　　D 是 B 的子串；

　　C 在 A 中的位置是 1；

　　D 在 B 中的位置是 4。

　　当两个串的长度相等，且对应位置的字符相同时，称这两个串相等。

　　串与其他数据一样，也有两种串量可供使用：一种是串常量，一种是串变量。串常量具有固定串值，而串变量的内容串值是可以改变的，同样，必须用标识符命名串变量。例如，在 C++ 语言中字符串可以定义为：

```
char  * ch1, ch2[20];
ch1="Hello! ";
strcpy(ch2, "Good!");
```

这里的 ch1 和 ch2 就是串变量名。它们的串值（内容）分别是：Hello! 和 Good!。

4.1.2　串的抽象数据类型

　　字符串的抽象数据类型 ADT 描述如下：

```
ADT Sring{
    数据对象：D={aᵢ|  aᵢ∈CharSet,i=1,2,…,n  n≥0；}
    数据关系：R={<aᵢ, aᵢ₊₁>| aᵢ, aᵢ₊₁∈D, i=1,2,…,n}
    基本操作：1. 串赋值操作；
             2. 串复制操作；
             3. 判别串是否为空操作；
             4. 串比较操作；
             5. 求串的长度操作；
             6. 串的连接操作；
             7. 求子串操作；
             8. 求子串位置操作；
             9. 串的替换操作；
            10. 串插入操作；
            11. 串删除操作；
            12. 串清空操作；
} ADT  String;
```

　　对于串的基本操作集可以有不同的定义方法，读者在使用高级程序设计语言中的串类型时，应以该语言的参考手册为准。在上述抽象数据类型定义的 12 种操作中，串赋值 StrAssign、串复制 Strcopy、串比较 StrCompare、求串长 StrLength、串连接 StrConcat 以及求子串 SubString 等 6 种操作构成串类型的最小操作子集。即：这些操作不可能利用其他串操作来实现，反之，其他串操作（除串清除 StrClear 和串销毁 StrDestroy 外）可在

这个最小操作子集上实现。

　　例如,可利用判等、求串长和求子串等操作实现定位函数 StrIndex(S,T,pos) 和串的置换操作 StrReplace(S,T,V)。

　　定位函数算法如下:

```
int StrIndex(String S,String T,int pos){
/*T为非空串。若主串 S 中第 pos 个字符之后存在与*/
/*T相等的子串,则返回第一个这样的子串在 S 中的*/
/*位置,否则返回 0*/
if(pos>0) {
    n=StrLength(S); m=StrLength(T); i=pos;
    while(i<=n-m+1) {
        SubString(sub, S, i, m);
        if(StrCompare(sub,T) !=0) ++i;
        else return i;
    }
}
return 0;                            /*S 中不存在与 T 相等的子串*/
}
```

　　串的置换操作算法如下:

```
void StrReplace(String  S, String T, String V)
  {
    /*以串 V 替代串 S 中出现的所有和串 T 相同的子串*/
    n=StrLength(S); m=StrLength(T); pos=1;
    StrAssign(news, NullStr);            /*初始化 news 串为空串*/
    i=1;
    while(pos<=n-m+1 && i)
    {
      i=Index(S, T, pos);                /*从 pos 指示位置起查找串 T*/
      if(i!=0) {
        SubString(sub, S, pos, i-pos);   /*不置换子串*/
        StrConcat(news, news, sub);      /*连接 S 串中不被置换部分*/
        StrConcat(news,news, V);         /*连接 V 串*/
        pos=i+m;                         /*pos 移至继续查询的起始位置*/
      }
    }
    SubString(sub, S, pos, n-pos+1);     /*剩余串*/
    StrConcat(S, news, sub);             /*连接剩余子串并将新的串赋给 S*/
  }
```

　　问题:与线性表的基本操作相比,串的基本操作有什么特点?

4.2　串的存储与基本操作的实现

　　串的存储方式取决于对串所进行的操作,如果串的操作仅仅是输入或输出一个字符序列,则只要根据字符的排列次序顺序存入存储器即可,这就是**串值**的存储。一个字符序列还可以赋给一个**串变量**，从而可对串变量进行各种运算，这时作为变量的内容，就要通过变量名进行访问。串被看成是一种由单个字符依次排列而成的特殊的线性表。因此，线性表所使用的存储结构基本上都可以应用到串上，这里所说的串是指串值。下面介绍串的几种常用存储结构。

4.2.1　定长顺序串

这种存储方法也称为静态存储。类似于线性表的顺序存储结构，用一组地址连续的存储单元存储串值的字符序列。即用数组表示串，实际上是把串作为特殊的表来表示，特殊性在于表中的元素类型为字符型。按照事先定义的大小，为每个串变量分配一个固定长度的存储区，用 C 可描述为：

```
/ * ------------------定长顺序串 ---------------- * /
#define MAXSTRLEN 255                    / * 用户自己定义的最大串长 * /
typedef struct{
char   ch[MAXSTRLEN+1];
}SString;
```

串的实际长度可在预定的范围内随意设定，超过预定义长度的串值则被舍去，称之为"截断"。不同的程序设计语言对字符串长度的处理有所不同。例如，Pascal 语言中的串类型，串长度存放在下标为零的数组元素中。又如，在 C 语言中是以串值之后的不记入串长的'\0'为串的结束标志，串的长度并未显式表示。

采用定长顺序存储方式时，进行串的连接操作和插入等操作，极有可能出现连接后的字符串或插入后的字符串的长度超过预定义的长度 MAXSTRLEN，此时会将多出的部分用"截断"的方法处理。这样，就得不到正确的结果。这就要求事先将串的最大长度定得大一些，但是又会出现浪费空间的问题。

要克服这个缺点，使用不限定串长的最大长度的方法，即动态分配串值的存储空间。

4.2.2　堆串

串的堆分配存储表示即串的动态分配存储空间。这种存储表示的特点是：仍以一组地址连续的存储单元存放字符序列，但是它们的存储空间是在程序执行过程中动态分配而得。即每个串的存储首地址在算法执行过程中是动态分配的。系统提供一个连续的大容量的称为"堆"的自由存储区，作为所有串值的存储空间。当建立一个新串时，就在这个存储空间中为新串分配一个连续的存储空间。

在 C 语言中，已经有一个称为堆的存储空间，动态分配用 malloc()和 free()函数来完成。利用 malloc 为每一个新产生的串分配一块实际串长所需的空间。若分配成功，则返回一个指向起始地址的指针，作为串的始址。当串被删除时，用 free 来释放串所占用的空间。存储串值的空间相当于动态一维数组。

```
/*-----------------------------堆串------------------------------*/
typedef struct
    {char * ch;                    /*串数组*/
     int length;                   /*串长*/
    }HString;
HString s1;
s1.ch=(char *)malloc(length);      /*动态分配length个存储空间,让ch指向首地址*/
…;                                 /*串的运算处理*/
free(s1.ch);                       /*串的空间释放*/
```

由于堆分配存储结构的特点,因此在串处理的应用程序中常被选用。

4.2.3 块链串

同线性表一样,串也可以采用链表来实现。使用串的定长顺序表示,在实现插入和删除运算时要移动大量的元素,时间复杂度大,对串的长度要事先声明。链式串则正好相反,在插入和删除运算时可以直接进行,时间复杂度小,并且对串的长度没有严格的限制,不需要事先声明。但会增加一些指针的存储空间,且结点结构比较复杂。

链表存储是把可利用的存储空间分成一系列大小相同的结点。每个结点含有两个域:data域和next域。data域用来存放字符或字符串;next域用来存放指向下一个结点(首地址)的指针。data域的大小是指data域中可以存放字符的个数,next域的大小则取决于寻址的范围。

设链表中每个结点只存放一个字符,则可使用如下说明:

```
/*--------------------结点大小为1的块链表示--------------------*/
    typedef struct
    {  char   data;               /*存放字符*/
        list1 * next;             /*指向下一个结点的指针*/
    } list1;
list1  * point;                   /*point为结构类型的指针,指向第一结点*/
```

根据上述说明,字符串"string"的链表存储可用图4.1表示。

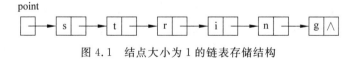

图4.1 结点大小为1的链表存储结构

如果链表中每个结点可存放4个字符,则结点结构为:

```
/*--------------------结点大小为4的块链表示--------------------*/
typedef struct
{ list4 * next;
   char   data[4];               /*在一个结点中可放4个字符*/
```

```
} list4;
list4  * point;
```

当结点大小大于 1 时，因为串长不一定是结点大小的整数倍，所以链表中的最后一个结点不一定全被串值占满。此时通常补上"♯"或其他的非串值字符。

根据上述说明，字符串"string"的链表存储可用图 4.2 表示。

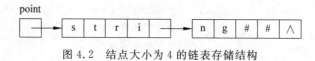

图 4.2 结点大小为 4 的链表存储结构

以上是对串值的几种重要存储结构的简要介绍。

4.2.4 串操作的实现

前面已介绍了串的几种存储表示。其中堆串是串处理的软件中常被选用的方法。下面就在堆分配存储前提下，对串运算的实现进行介绍。

1. 串的赋值函数

串赋值操作是将一个字符串常量 tval 赋值给串 S。
算法如下：

```
int StrAssign(HString  * S,char * tval)          /* 将字符串 tval 的值赋值给串 S * /
{
    int len,i=0;
    if(S->ch!=NULL)  free(S->ch);
    while(tval[i]!='\0')   i++;
    len=i;                                       /* 把串 tval 的长度赋值给 len * /
    if(len){
        S->ch=(char * )malloc(len);
        if(S->ch==NULL)  return(0);
        for(i=0;i<len;i++)  S->ch[i]=tval[i]; /* 把串 tval 赋值给 S * /
    }
    else S->ch=NULL;
    S->length=len;
    return(1);
}
```

2. 串的插入函数

串的插入是指在当前主串的 pos 位置插入一个子串 T。这和线性表的插入明显不同，线性表在指定位置仅插入一个数据元素，而串插入在指定位置插入若干个连续字符。具体实现方法为：将原串中从插入位置 pos 开始以及后面的字符逐次向后移动相应位置，具体移动长度是插入子串的长度 T. length。将从 pos 到 pos＋T. length−1 的存储空间腾出来,以便装入子串 T。原字符串的长度变为 length+S. length。

算法如下:

```
void StrInsert(HString * S, int pos, HString T)
{   /*若1≤pos≤StrLength(S)+1,则改变串S,在串S的第 pos 个 */
    /*字符之前插入串 T, */
if(pos<1||pos>S->length+1)
    {printf("\n 位置错误!");return;}        /*插入位置不合法 */
    char S1[S->length];                     /*S1 作为辅助串空间用于暂存 S.ch */
    if(T.length)
    {                                       /*T 非空,则为 S 重新分配空间并插入 T */
    p=S->ch; i=0;
        while(i<S->length)
        S1[i++]= * (p+i);                   /*暂存串 S */
        S->ch=new char[S->length+T.length];    /* 为 S 重新分配串值存储空间 */
        for(i=0, k=0; i<pos-1; i++)
            S->ch[k++]=S1[i];               /*保留插入位置之前的子串 */
          j=0;
        while(j<T.length)
          S->ch[k++]=T.ch[j++];            /*插入 T */
            while(i<S->length)
            S->ch[k++]=S1[i++];            /*复制插入位置之后的子串 */
            S->length+=T.length;            /*置串 S 的长度 */
    } /* if */
} /* StrInsert */
```

3. 串的删除函数

串的删除,指把当前主串的第 pos 位置开始的 len 个字符删除。实现方法为:将当前串从 pos+len 位置到字符串尾部的字符依次向前移动 len 个位置,原字符串的长度变为 length−len。

算法如下:

```
void  StrDelete(HString * S,int pos,int len)
{
if(pos<1||pos>S->length) printf("\n 位置错误!");
else { if(pos+len>S->length) S->length=pos-1;    /* 删除的长度超出主串,截尾 */
    else { for(int i=pos+len-1;i<S->length; i++)
            S->ch[i-len]=S->ch[i];   /*字符逐个向前移动,跳过 len 个 */
            S->length=S->length-len;/* 设置删除后的新串长 */
          }
        }
}
```

问题:如何在链串中进行插入和删除运算?

4. 串的清空函数

该函数是将串清为空串，并释放占用的内存空间。

算法如下：

```
int  StrClear(HString * S)
    {   if(S->ch){free(S->ch);S->ch=NULL;}
        S->length=0;
        return(1);
    }
```

5. 串的复制函数

该函数是将一个字符串的值复制到另一个串中。

算法如下：

```
int  StrCopy(HString * S, HString T)
{   if(S->ch)  free(S->ch);                        /*先清空 S*/
    S->ch=(char *)malloc(T.length);
    if(S->ch==NULL)  return(0);
    for(int i=0;i<T.length;i++)S->ch[i]=T.ch[i];    /*把串 T 赋值给 S*/
    S->length=T.length;
    return(1);
}
```

6. 串的比较函数

该函数是比较两个字符串 S 和 T，当两个串相等时返回 0；S＜T 时返回 −1；S＞T 时返回 1。

算法如下：

```
int  StrCompare(HString S, HString T)
{
    for(int i=0;i<T.length&&i<S.length;i++)
    if(S.ch[i]!=T.ch[i])  return(S.ch[i]=T.ch[i]);
    return(S.length=T.length);
}
```

7. 串的连接函数

该函数是将一个字符串连接到另一个字符串的后面。

算法如下：

```
int  StrConcat(HString * S, HString T)
{
    char * temp;temp=(char *)malloc(S->length);
```

```
        if(temp==NULL)  return(0);
        for(int i=0;i<S->length;i++)  temp[i]=S->ch[i];
                                        /*先把串 S 放入临时串 temp 中*/
        free(S->ch);
        S->ch=(char*)malloc(S->length+T.length); /*为 S 分配新的空间*/
        for(int i=0;i<S->length;i++)  S->ch[i]=temp[i];
            for(int j=0;j<T.length;j++)  S->ch[i+j]=T.ch[j];
        return(1);
    }
```

8. 求子串函数

该函数是将某字符串中一连续的字符序列复制到另一个串中。

算法如下:

```
void SubString(HString  *Sub, HString  S, int pos, int len)
{
    if(Sub->ch)  free(Sub->ch);
    if(pos<1||pos>S.length||len<0||len>S.length-pos+1)

    {Sub->ch=NULL;Sub->length=0; }
     /*初始条件:串 S 存在,1≤pos≤StrLength(S) 且 0≤len≤StrLength(S)-pos+1*/
    else{
        Sub->ch=(char*)malloc(len);
        if(Sub->ch==NULL)  return(0);
        for(int i=1;i<len;i++)Sub->ch[i]=S.ch[pos-1+i];
            Sub->length=len;

    }
```

4.3 串的模式匹配

当今世界人们几乎离不开网络,人们常在网上搜索和查找自己所需要的信息。用户在某搜索引擎(知名网站)输入自己所需查找的关键字,就是一个字符串。网络的自动搜索过程,就用到了字符串匹配技术。本节介绍的串的模式匹配算法,实质上仅是串的精确搜索和查找。网站搜索技术远不止这些,有些技术还在研究探索之中。

子串的定位通常称为串的模式匹配。设有两个字符串 S 和 T,设 S 为主串,也称正文串。设 T 为子串也称为模式。在主串 S 中查找与子串 T(模式)相匹配(相同)的子串,如果匹配成功,确定模式串 T 的第一个字符在主串 S 中出现的位置。称查找模式 T 在主串 S 中的匹配位置的运算为模式匹配。在主串 S 中搜索的起始位置(pos)的有多种不同情况,可以要求从主串的开头开始搜索,此时 pos=1;也可以取 pos 为其他值,设 pos=6,则从主串 S 的第 6 个字符开始匹配搜索。模式匹配算法要求预先指定搜索的起始位置 pos。算法从主串 S 的第 pos 个字符开始查找一个与模式串 T 相同的子串,若在串 S 中找到一个与 T 相同的子串,则函数返回模式串 T 的第一个字符在串 S 中出现的位置;若在主串 S 中从 pos 位置开始没有找到一个与模式串 T 相同的子串,则函数返回 0。

4.3.1　朴素模式匹配算法

朴素模式匹配算法的主要思想是:从主串 S 的第 pos 个字符起和模式 T 的第一个字符进行比较,若相等则继续比较 S 和 T 的后续字符;否则从主串 S 的第 pos+1 个字符起再重新和模式 T 的第一个字符进行比较。以此类推,直至模式 T 和主串 S 的一个子串完全相等,则称匹配成功,否则称匹配失败。在下面的算法中,仍然采用堆串作串的存储结构。

算法如下:

```
int StrIndex(HString  S, int pos,HString  T)
{ if(S.length==0||T.length==0)  return(0);
  int i=pos-1,j=0;
  while(i<S.length&&j<T.length)
  if(S.ch[i]==T.ch[j]){i++;j++;}
    else{i=i-j+1;j=0;}                        /*指针后移*/
  if(j>=T.length)  return(i-j+1);            /*存在返回第一次出现的位置*/
    else return(0);
}
```

朴素模式匹配算法比较简单,易于理解,但效率不高。主要原因是由于主串 S 指针 i 回溯消耗了大量的时间。假设主串长度为 n=S.length,子串长度为 m=T.length,该算法在最好情况下的时间复杂度为 O(n+m)。最坏情况下的时间复杂度将达到 O(n*m)。

假设主串以 S="ababcabcacbab" 为例,模式以 T="abcac" 为例。且初始位置从 0 开始计算。朴素模式匹配算法具体匹配过程如图 4.3 所示。

该算法思路直观简明。就是当匹配失败时,主串的指针 i 总是回溯到 i−j+1 位置,模式串的指针总是恢复到首字符位置 j=0。因此,时间复杂度比较大。能否提高算法的效率呢?

规律:每次匹配失败后模式都向右移动一个位置重新进行比较。

4.3.2　模式匹配的 KMP 算法

此算法是 D.E. Knuth、J.H. Morris 和 V.R. Pratt 同时发现的,因此称为 KMP 算法。它是朴素算法的改进算法。假设主串长度为 n,子串长度为 m,此算法可以在 O(n+m)的时间数量级上完成串的模式匹配操作。其改进在于:每当一趟匹配过程中出现字符比较不等时,**不用回溯 i 指针**,而是利用已得到的"部分匹配"的结果将模式 T 向右"滑动"尽可能远的一段距离后,继续进行比较。

现仍以前面的主串 S 和模式串 T 为例。经过第一趟比较,在 i=2,j=2 时匹配失败,

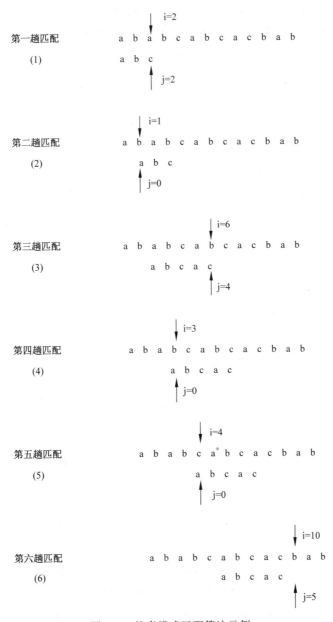

图 4.3　朴素模式匹配算法示例

如图 4.3(1)所示。此时,按照朴素模式匹配算法,一般会考虑从 $i=1$(上一趟主串从 $i=0$ 开始)和 $j=0$ 重新开始比较。但是,第二趟却是从 $i=2$,$j=0$ 开始比较,如图 4.4(2)所示。这是因为采用了 KMP 改进算法。

在图 4.4(2)中,当比较到 $i=6$,$j=4$ 时,匹配失败。一般会考虑从 $i=3$(上一趟主串从 $i=2$ 开始)和 $j=0$ 重新开始比较。然而从图 4.4(2)中已知主串 $i=3,4,5$ 的字符分别为 b、c 和 a,与模式串已经部分匹配。由图可知,若再从 $i=3$ 和 $j=0$ 开始比较,或从 $i=4$ 和 $j=0$ 开始,或从 $i=5$ 和 $j=0$ 开始比较都是不必要的。如果 i 指针不回溯,只要将模式 T

向右滑动 3 个字符的位置,从 i=6 和 j=1 开始继续进行字符比较是可以的,如图 4.4(3)
所示。在整个匹配过程中,由于指针 i 不必回溯,大大提高了匹配的效率。

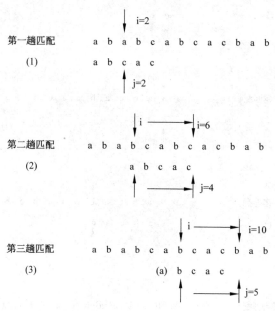

图 4.4　KMP 算法的匹配过程

现在讨论一般情况。假设主串为 $S=\text{"}s_0 s_1 s_2 \cdots s_{n-1}\text{"}$,模式串为 $T=\text{"}t_0 t_1 t_2 \cdots t_{m-1}\text{"}$,
当 $s_i \neq t_j$ $(0 \leqslant i \leqslant n-1, 0 \leqslant j \leqslant m-1)$ 时存在:

$$t_0 \quad t_1 \quad t_2 \quad \cdots \quad t_{j-1} = s_{i-j} \quad s_{i-j+1} \quad s_{i-j+2} \quad \cdots \quad s_{i-1} \tag{4-1}$$

按照朴素模式匹配算法,一定要从模式 T 的首字符 t_0 和正文主串 S 的字符 s_{i-j+1} 开
始依次进行比较,即:

$$
\begin{array}{ccccccccc}
s_0 & s_1 & s_2 & \cdots & s_{i-j} & s_{i-j+1} & s_{i-j+2} & \cdots & s_i & s_{i+1} \\
 & & & & & \uparrow & \uparrow & \uparrow & \uparrow \\
 & & & & & t_0 & t_1 & \cdots & t_{j-1} & t_j
\end{array}
$$

按照 KMP 模式匹配算法,当 $s_i \neq t_j$ 时,如果存在着一个整数 $k(0<k<j)$,使得在模式
T 串中开头 k 个字符,依次与 t_j 之前的 k 个字符相同,即:

$$
\begin{array}{ccccccccc}
t_0 & t_1 & \cdots & t_{k-1} & \cdots & t_{j-k} & t_{j-k+1} & \cdots & t_{j-1} \\
 & & & \| & & \| & \| & & \| \\
 & & & & & t_0 & t_2 & \cdots & t_{k-1}
\end{array} \tag{4-2}
$$

那么,由式(4-1)和式(4-2)可得:

$$
\begin{array}{cccccccccc}
s_0 & s_1 & s_2 & \cdots & s_{i-j} & s_{i-j+1} & \cdots & s_{i-k} & \cdots & s_{i-1} & s_i \\
 & & & & \| & \| & & \| & & \| \\
 & & & & t_0 & t_1 & \cdots & t_{j-k} & \cdots & t_{j-1} & t_j \\
 & & & & & & & \| & & \| \\
 & & & & & & & t_0 & \cdots & t_{k-1}
\end{array}
$$

因此,只要从模式 T 的 t_k 开始,与正文 S 中的 s_i 开始依次继续进行比较,就可以减去前面的 k 次比较(t_0 到 t_{k-1})。如果满足式(4-2)的 k 有多个,那么一定要取最大的 k,否则可能会错过匹配成功的机会。

例如,对于下列正文 S 和模式 T 进行匹配。

$$S: a\ a\ a\ a\ a\ b\ c\ d\ e$$
$$T: a\ a\ a\ b\ c$$

在执行匹配时出现了如下的状态:

$$\downarrow i=3$$
$$S: a\quad a\quad a\quad a\quad b\quad c\quad d\quad e$$
$$\parallel\quad \parallel\quad \parallel\quad \neq$$
$$T: a\quad a\quad a\quad b\quad c$$
$$\uparrow j=3$$

因 $s_3 \neq t_3$,此时满足式(4-1)。因为此时 j＝3,所以 k 可取 1,2。

如果取 k＝1,T 的前 1 个和与 t_3 之前的 1 个字符相等。那么在执行匹配时,出现如下的比较序列:

$$\downarrow i=3$$
$$S: a\quad a\quad a\quad a\quad b\quad c\quad d\quad e$$
$$\parallel\quad \neq$$
$$T:\qquad\quad a\quad a\quad a\quad b\quad c$$
$$\uparrow j=1=k$$

这时,新的 j＝1 导致模式向后滑动太多。可能错过匹配成功的机会。

如果取 k＝2,T 的前 2 个和与 t_3 之前的 2 个字符相等。那么在执行匹配时,出现如下的比较序列:

$$\downarrow i=3$$
$$S: a\quad a\quad a\quad a\quad b\quad c\quad d\quad e$$
$$\parallel\quad \parallel\quad \parallel$$
$$T:\quad\; a\quad a\quad a\quad b\quad c$$
$$\uparrow j=2=k$$

新的 j＝k＝2 比较大,使得模式 T 向后滑动较少。在这里,从第 k 个字符 t_j 与 s_i (也就是 t_2 与 s_3)开始依次连续比较,得到一个成功的匹配。选择较大的 k 值可以减少模式 T 的比较次数,提高效率。

由上述分析可知,在执行匹配比较的过程中,一旦出现 $t_j \neq s_i$ 时,必须找到满足式(4-2)的最大 k,称这样的 k 为 t_k 的失败链接值。可以发现,寻找模式 T 中各个字符的失败链接值与正文 S 无关,只依赖于模式串 T 本身。因此,在进行匹配之前,可以预先为模式 T 的每个字符找出满足式(4-2)的失败链接值。

综上所述,可以看出,k 的取值与目标串 S 并没有关系,只与模式串 T 本身的构成有关,即从模式串 T 本身就可以求出 k 值。

若令 next[j]＝k,则 next[j]表明当模式串中第 j＋1 个字符 t_j 与目标串中相应字符 s_i

"失配"时,在模式串中需重新和目标串中字符 s_i 进行比较的字符位置。

模式串的 next[] 函数的定义如下:

$$next[j] = \begin{cases} \max\{k \mid 0 < k < j,且\ t_0 t_1 \cdots t_{k-1} = t_{j-k} \cdots t_{j-1}\}, & 此集合非空时 \\ 0, & 其他情况 \\ -1, & j = 0 \end{cases}$$

问题: $t_0 t_1 \cdots t_{k-1} = t_{j-k} \cdots t_{j-1}$ 说明了什么?

结合前面例子,模式串 T="aaabc",它的 next 函数值如下:

j	0	1	2	3	4
模式串	a	a	a	b	c
next[j]	−1	0	1	2	0

当匹配失败时 i=3 和 j=3,由上表可知下一个 j 应该是 2。正好与前面例子吻合。

再看一例,对于模式串 T="abaabcac",它的 next 函数值如下:

j	0	1	2	3	4	5	6	7
模式串	a	b	a	a	b	c	a	c
next[j]	−1	0	0	1	1	2	0	1

在求得模式串的 next 函数后,匹配可以如下进行:假设 S 是正文目标串,T 是模式串,并设 i 和 j 分别指示目标和模式正待比较的字符,令 i 的初值是 pos,j 的初值为 0。在匹配过程中,若 $s_i == t_j$,则 i 和 j 分别增 1;否则 i 不变,j 退回到 next[j] 的位置(即模式串右滑)。比较 s_i 和 t_j,若相等,则 i 和 j 分别增 1;否则 i 不变,j 退回到 next[j] 的位置(即模式串继续右滑),再比较 s_i 和 t_j,以此类推。

j 退回到 next[j] 的过程中会遇到下列两种情况:

一种情况是 j 退到某个 next 值(next[next[…next[j]]])时有 $s_i == t_j$,则 i 和 j 分别增 1 后继续匹配;

另一种情况是 j 退回到 −1(即模式串的第一个字符失配)此时令 i 和 j 分别增 1,即下一次比较从 $s_i + 1$ 和 t_0 开始。

当 j 循环到 T. length 时,循环结束匹配成功。或者,i 循环到了正文 S 的尾部 S. length,匹配失败。

简言之,就是利用已经得到的部分匹配结果将模式串右滑一段距离在继续进行下一趟的匹配,而无须回溯正文串的指针 i。

算法如下:

```
int KMPStrIndex(HString  S, int pos,HString  T)
{ int next[T.length+1]i,j;
  pos--;                          /* 转换为 C 语言数组的下标 */
  Getnext(T,next);                /* 调用另一函数,计算 next[] 数据值 */
  i=pos;   j=0;
```

```
    while(i<S.length && j<T.length)
      if(j==-1||S.ch[i]==T.ch[j])
            { i++; j++; }          /* 对应字符相同或 j=-1,两个指针各后移一个位置 */
          else j=next[j];          /* i 不变 j 后退 */
      if(j==T.length) return(i-T.length+1);
                                   /* 匹配成功返回第一个匹配字符在主串中的位置 */
          else return(0);          /* 不成功,返回 0 */
}
```

此算法中为了求 next[j],用到一个辅助函数 Getnext(),具体见下面算法。

求出的时间复杂度由 while 循环的次数决定。由于 KMP 算法无回溯,即主串 S 的指针 i 只会由小变大,不会反向变化。若主串长度为 n,因此最多的比较次数为 O(n)。

算法如下:

```
void Getnext(HString T,int next[])
{ int j=0,k=-1;
  next[0]=-1;
  while(j<T.length)              /* j 循环 */
    if(k==-1||T.ch[j]==T.ch[k])
          { j++; k++;
            next[j]=k;
          }
        else  k=next[k];
}
```

此算法的时间复杂度由 while 的循环次数决定,而 while 的循环次数由 T.length 的值决定。由于 k 的值或者为 -1,或者为上一次的值加 1,因此,k 的最大值不大于 j 的最大值。而 j 的最大值为是 m=T.length。因此,这个算法的时间复杂度为 O(m)。

综合两个算法,可以得出整个 KMP 算法的时间复杂度为 O(n+m)。在大多数情况下,这个时间复杂度比简单的匹配算法的 O(n*m)要小得多。

4.4 串的应用举例:文本编辑

文本编辑是字符串处理的最常见的应用之一。它广泛地应用于源程序与文稿的编辑加工。一个源程序或一篇文稿都可以看成是有限字符序列,称之为文本。文本编辑的实质就是利用串的基本运算,完成对文本的添加、删除和修改等操作。

例如,有下面一个源程序:

```
main()↙
{ int i,j,k;↙
  scanf("%d,%d",&i,&j);↙
  k=(i+j)/2;↙
  printf("%d\n",k);↙
  }↙
```

可以把这个程序看成一个文本。每一行看成一个子串。按顺序存储方式存入计算机内，如表4.1所示。其中✓为回车换行符。

表4.1 文本格式示例

200	m	a	i	n	(	)	✓		{		i	n	t		i	,	j	,	k	;	✓
222	s	c	a	n	f	(	"	%	d	,	%	d	"	,	&	i	,	&	j	)	;	✓
244		k	=	(	i	+	j	)	/	2	;	✓		p	r	i	n	t	f	(	"	%
266	d	\	n	"	;	✓		}	✓												

在输入程序的同时，由文本编辑程序自动建立一个行表，即建立各子串的存储映像。

每输入一行，看作将一个新的字符串加入到文本中。串值存放于文本工作区，而行号、串值的存储起始地址和该串的长度登记到行表中，由于使用了行表，因此新的一行可存放到文本工作区中。行表中的每一个信息，必须按行号递增的顺序排列，如表4.2所示。

表4.2 文本的行表及信息排列

行 号	起始地址	长 度	行 号	起始地址	长 度
100	200	8	130	245	12
110	208	14	140	257	18
120	222	23	150	275	3

文本的编辑通常有以下若干种操作。

1. 插入

插入一行时，一方面需要在文本末尾的空闲工作区写入该行的串值，另一方面要在行表中建立该行的信息。为了维持行表由小到大的顺序，保证能迅速查找行号，一般要移动行表中的有关信息，以便插入新的行号。例如，若插入行为125，则行表从130开始的各行信息都必须往下平移一行。

2. 删除

删除一行时，因为对文本的访问是通过行表实现的，因此只要在行表中删除该行的行号，就等于从文本中抹去了这一行。例如，要删除120行，则行表中从130开始的各行信息都必须往上平移一行，以覆盖掉行号120以及相应的信息。

3. 修改

修改文本时，应指明修改哪一行和哪些字符。编辑程序通过行表查到修改行的起始地址，从而在文本存储区里检索到待修改的字符位置，然后进行修改。通常有三种可能的情况：

（1）新串的字符个数与原串的字符个数相等，这时不必移动字符串，只要更改文本中的字符即可。

（2）新串的字符个数比原串的字符个数少，这时也不必移动字符串，只要修改行表中的长度值和文本中的字符即可。

（3）新串的字符个数比原串的字符个数多，这时应先检查本行与下一行之间是否有足够大的空间，可能在本行与下一行之间有一行或若干行被删除了，但删除时并没有回收这些空间，若有这种情况，则扩充此行，修改行表中的长度值和文本中的字符；若无这种情况，则需重新分配空间，并修改行表中的起始地址和长度值。

4.5　小结

串是一种最常用的重要的数据结构。字符串在程序设计中经常使用，应熟练掌握串的基本概念和几种常用 C 语言串函数（strlen()、strcpy()、strcmp() 等）的使用。

串是零个或多个字符组成的有限序列。只含空格的串称为空格串，长度为零的串称为空串。串的比较是通过组成串的字符之间的比较来进行的，而字符之间的大小关系是字符编码之间的大小关系。

通过本章学习，了解串在内存中有顺序存储和链式存储两种结构。在大多数程序设计语言中，串的存储和基本操作的实现都采用顺序存储，4.2.2 节的堆分配存储就是顺序存储表示。

要求熟练掌握串的基本运算的算法实现。如求子串、串插入、删除等。

给定主串 S 和模式 T，在主串 S 中寻找模式 T 的过程称为模式匹配。要求基本掌握朴素模式匹配算法，并且在实际中加以应用。了解 KMP 算法是改进的串匹配算法。了解两种模式匹配算法的不同的时间复杂度。

讨论小课堂 4

重点掌握串的匹配运算及应用，可结合实际的题目进行讨论来加深对串的一些运算的理解和掌握。

（1）输入一个字符串，内有数字和非数字字符，如：ak123x456 17960?302gef4563，将其中连续的数字作为一个整体，依次存放到一数组 a 中，例如，123 放入 a[0]，456 放入 a[1]，……。编程统计其共有多少个整数，并输出这些数。

（2）以顺序存储结构表示串，设计算法。求串 S 中出现的第一个最长重复子串及其位置并分析算法的时间复杂度。例如，若 S="abceebccadddddaaadd!"，则最长重复子串为"ddddd"，位置是 9。

习题 4

1. 填空。

(1) 在计算机软件系统中,有两种处理字符串长度的方法:第一种是采用_____,第二种是_____。

(2) 两个字符串相等的充要条件是_____和_____。

(3) 串是指_____的序列;空串是指_____的串;空格串是指_____的串。

(4) 设 s="I_AM_A_TEACHER",其长度是_____。

2. 空串和空格串有何区别?字符串中的空格符有何意义?空串在串的处理中有何作用?

3. 设计一算法,将两个字符串连接起来,要求不能利用 strcat()函数。

4. 设计一算法,将字符串 S 中从 pos 位置开始共 num 个字符构成的子串用字符串 X 来代替(X 的长度可以不同于 num)。

5. 试设计一个算法,测试一个串 t 的值是否为回文(即从左面读起与从右面读起内容一样)。

6. 编写一个算法,统计在输入字符串中各个不同字母出现的频度。

7. 设 s="00001000010100001",t="0001",说明其在朴素模式匹配算法中的匹配过程。

8. 设计一个算法 Replace(t,w,x),将字符串 t 中所有子串 w 用另一个字符串 x 来替换。字符串 w 和 x 的长度可以不同。

第5章 数组和广义表

数组是最常用的数据结构之一。在早期的高级语言中,数组是唯一可供使用的组合类型。前几章讨论的线性结构中的数据都是非结构的原子类型,元素的值是不可再分解的。而本章讨论的数组可以看成线性表在下述含义上的扩展:表中的数据元素本身也是一种数据结构。

稀疏矩阵是一种特殊的二维数组,因其存储上的特点,被广泛使用。

广义表也是一种复杂的数据结构,它是线性结构和树形结构的拓广,广泛应用于人工智能等领域。

【案例引入】

老鼠走迷宫是实验心理学中的一个古典问题,也是一种智力游戏。在该实验中,把一只老鼠从一个无顶大盒子的门放入,在盒中设置了许多墙,对行进方向形成了多处阻挡。盒子仅有一个出口,在出口处放置一块奶酪,吸引老鼠在迷宫中寻找道路以到达出口。对同一只老鼠重复进行上述实验,一直到老鼠从入口到出口,而不走错一步。老鼠经多次实验终于得到它学习走迷宫的路线。问能否设计一个计算机程序对任意设定的迷宫,求出一条从入口到出口的通路,或得出没有通路的结论?

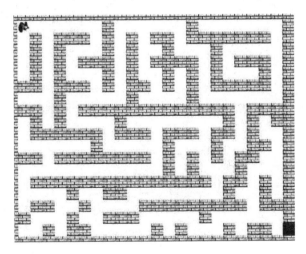

这个案例涉及数据结构中的数组知识,可以利用二维数组表示迷宫,采用一步一试探并加回溯的方法。

5.1 数组

5.1.1 数组的基本概念

数组是由下标和值组成的序对的集合。在数组中，一旦给定下标，都存在一个与其相对应的值，这个值称为数组元素。也可以说，数组中的每个数据元素都对应于一组下标 $(j_1, j_2, \cdots, j_n)$，每个下标的取值范围是 $0 \leqslant j_i \leqslant b_i - 1$，$b_i$ 称为第 i 维的长度 $(i = 1, 2, \cdots, n)$。显然，当 $n = 1$ 时，n 维数组就退化为定长的线性表；反之，n 维数组也可以看成线性表的推广。

5.1.2 二维数组

我们可以把二维数组看成一个定长线性表：它的每个数据元素也是一个定长线性表。例如，图 5.1(a) 所示是一个二维数组，以 m 行 n 列的矩阵形式表示。它可以看成是一个线性表

$$A = (a_1, a_2, \cdots, a_p) \quad (p = m \text{ 或 } n)$$

其中，每个数据元素 a_j 是一个列向量形式的线性表达式（如图 5.1(b) 所示）：

$$a_j = (a_{1j}, a_{2j}, \cdots, a_{mj}) \quad 1 \leqslant j \leqslant n$$

或者每个数据元素 a_i 是一个行向量形式的线性表达式（如图 5.1(c) 所示）：

$$a_i = (a_{i1}, a_{i2}, \cdots, a_{in}) \quad 1 \leqslant i \leqslant m$$

$$A_{m*n} = \begin{bmatrix} a_{11} & a_{12} & a_{13} & \cdots & a_{1n} \\ a_{21} & a_{22} & a_{23} & \cdots & a_{2n} \\ a_{31} & a_{32} & a_{33} & \cdots & a_{3n} \\ \vdots & \vdots & \vdots & & \vdots \\ a_{m1} & a_{m2} & a_{m3} & \cdots & a_{mn} \end{bmatrix} \qquad A_{m*n} = \begin{bmatrix} \begin{pmatrix} a_{11} \\ a_{21} \\ a_{31} \\ \vdots \\ a_{m1} \end{pmatrix} \begin{pmatrix} a_{12} \\ a_{22} \\ a_{32} \\ \vdots \\ a_{m2} \end{pmatrix} \begin{pmatrix} a_{13} \\ a_{23} \\ a_{33} \\ \vdots \\ a_{m3} \end{pmatrix} \cdots \begin{pmatrix} a_{1n} \\ a_{2n} \\ a_{3n} \\ \vdots \\ a_{mn} \end{pmatrix} \end{bmatrix}$$

(a) 矩阵形式表示   (b) 列向量形式

$$A_{m*n} = \begin{pmatrix} (a_{11} & a_{12} & a_{13} & \cdots & a_{1n}) \\ (a_{21} & a_{22} & a_{23} & \cdots & a_{2n}) \\ & & \vdots & & \\ (a_{m1} & a_{m2} & a_{m3} & \cdots & a_{mn}) \end{pmatrix}$$

(c) 行向量形式

图 5.1 二维数组图例

数组一般不做插入和删除操作，也就是说，数组建立以后，元素个数和元素间的关系就不再发生变化。由于这个特点，使得对数组的操作不像对线性表的操作那样可以在表中任意位置插入或删除元素。因此，对于数组的操作一般只有两个：取数组元素的值和修改数组元素的值。

5.1.3 数组的顺序存储方式

对于一个数组,一旦确定了维数和各维的长度,该数组中元素的个数就是固定的。一般不做插入和删除操作,不涉及移动元素的操作,因此数组宜采用顺序存储。

由于存储单元是一维的结构,而数组是多维的结构,因此用一组连续存储单元存放数组的数据元素有次序问题。例如图 5.1(a)所示的二维数组,可以看成图 5.1(b)所示的一维数组,也可以看成如图 5.1(c)所示的一维数组。对应地,对二维数组可以有两种顺序存储方式:

(1)以列为主序的存储方式,即按列优先,逐列顺序存储,又称为列优先顺序。

(2)以行为主序的存储方式,即按行优先,逐行顺序存储,又称为行优先顺序。

例如,A 数组是一个 5 行 4 列的二维数组,对应的两种存储方式如图 5.2 所示。

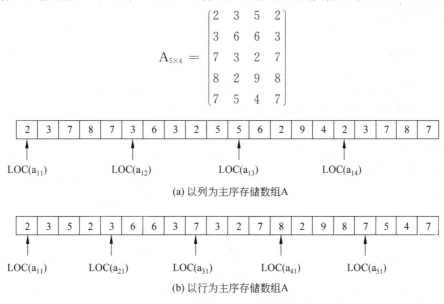

(a) 以列为主序存储数组A

(b) 以行为主序存储数组A

图 5.2　二维数组的两种存储方式

以上存储规则可以推广到 n 维数组:以行为主序的存储可以规定为最右的下标优先,从右向左;以列为主序的存储可以规定为最左的下标优先,从左向右。

对于数组,一旦规定了它的维数和各维的长度,便可以为它分配存储空间。反之,只要给出数组存放的起始地址、数组的行号和列号数,以及每个数组元素所占用的存储单元,便可以求得给定下标的数组元素存储位置的起始地址。

下面给出以行为主序的存储结构的定位公式。

假设每个数据元素占 L 个存储单元,则二维数组 A 中任一元素 a_{ij} 的存储位置可以由下式确定:

$$LOC(a_{ij}) = LOC(a_{11}) + [(i-1) \times n + (j-1)] \times d$$

其中,

LOC(a_{ij})是 a_{ij} 的存储位置；

LOC(a_{11})是 a_{11} 的存储位置，即二维数组 A 的起始存储位置，也称为基地址。

5.2　矩阵的压缩存储

矩阵(matrix)即二维数组，是很多科学计算和工程计算问题中常用的数学对象。在数据结构中，我们感兴趣的不是矩阵本身，而是如何存储矩阵的元，使矩阵的各种运算能有效地进行。通常，用高级语言编制程序时，都是用二维数组来存储矩阵元。然而，在数值分析中经常出现阶数很高的矩阵，同时在矩阵中有许多值相同的元素或是零元素。为了节省存储空间，可以对这类矩阵进行压缩存储。所谓压缩存储，是指为多个值相同的元只分配一个存储空间，且对零元不分配空间。

5.2.1　特殊矩阵

1. 对称矩阵

对称矩阵的特点是：在一个 n 阶方阵 B 中，有 $a_{ij}＝a_{ji}$，如图 5.3 所示。

由于对称矩阵中的元素是关于主对角线对称的，因此，只需要存储下三角(或上三角)部分即可。这样，原来需要 $n×n$ 个存储单元，现在只需要 $n×(n＋1)/2$ 个存储单元，节约了大概一半的存储单元。

$$B=\begin{bmatrix} 3 & 1 & 2 & 1 & 8 \\ 1 & 6 & 9 & 7 & 9 \\ 2 & 9 & 2 & 6 & 2 \\ 1 & 7 & 6 & 5 & 9 \\ 8 & 9 & 2 & 9 & 1 \end{bmatrix}$$

图 5.3　一个 5 阶对称矩阵

我们可以将 $n×(n＋1)/2$ 个元素按行存储到一个一维数组 $S[n(n+1)/2]$ 中。

(1) 对于下三角中的元素 $a_{ij}(i≥j)$ 存储到 $S[k]$ 中，如图 5.4 所示。

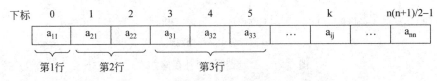

图 5.4　对称矩阵压缩存储下三角示意图

在一维数组 S 中的下标 k 与 i、j 的关系如式(5-1)：

$$k＝i×(i＋1)/2＋j \tag{5-1}$$

(2) 对于上三角中的元素 $a_{ij}(i<j)$ 存储到 $S[k]$ 中，如图 5.5 所示。

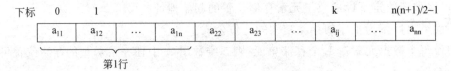

图 5.5　对称矩阵压缩存储上三角示意图

在一维数组 S 中的下标 k 与 i、j 的关系如式(5-2)：

$$k = j \times (j+1)/2 + i \qquad (5\text{-}2)$$

2. 三角矩阵

三角矩阵的特点是：在一个 n 阶方阵中，下三角(不包括对角线)中的元素均为常数 c 的 n 阶矩阵，或者上三角(不包括对角线)中的元素均为常数 c，前者称为上三角矩阵，后者称为下三角矩阵，如图 5.6 所示。

$$\begin{bmatrix} 3 & c & c & c & c \\ 1 & 6 & c & c & c \\ 2 & 9 & 2 & c & c \\ 1 & 7 & 6 & 5 & c \\ 8 & 9 & 2 & 9 & 1 \end{bmatrix} \qquad \begin{bmatrix} 3 & 1 & 2 & 1 & 8 \\ c & 6 & 9 & 7 & 9 \\ c & c & 2 & 6 & 2 \\ c & c & c & 5 & 9 \\ c & c & c & c & 1 \end{bmatrix}$$

(a) 下三角矩阵　　　　　　　　(b) 上三角矩阵

图 5.6　一个 5 阶三角矩阵

三角矩阵按主对角线进行划分，其压缩存储与对称矩阵类似，不同之处仅在于除了存储主对角线一边三角中的元素以外，还要存储对角线另一边三角的常数 c。因为是同一个常数，所以只要存储一个即可。原来需要存储 $n \times n$ 个存储单元，现在只需要 $n \times (n+1)/2 + 1$ 个单元。

由于下三角(或上三角)中共有 $n \times (n+1)/2$ 个元素，因此可以将这些元素按行及常数 c 存储到一个一维数组 $S[n \times (n+1)/2 + 1]$ 中。

问题：上三角矩阵按列优先存储上三角部分可行吗？

(1) 对于下三角中的元素 a_{ij} 存储到 $S[k]$ 中，如图 5.7 所示。

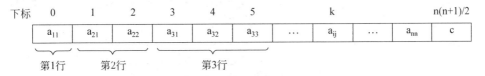

图 5.7　三角矩压缩存储下三角示意图

在一维数组 S 中的下标 k 与 i、j 的关系如式(5-3)：

$$k = \begin{cases} i \times (i+1)/2 + j, & i \geqslant j \\ n \times (n+1)/2, & i < j \end{cases} \qquad (5\text{-}3)$$

注意：下三角矩阵主对角线上方的元素都是常数。

(2) 对于上三角中的元素 a_{ij} 存储到 $S[k]$ 中，如图 5.8 所示。

在一维数组 S 中的下标 k 与 i、j 的关系如式(5-4)。

$$k = \begin{cases} i \times (2n-i+1)/2 + j - i, & i \leqslant j \\ n \times (n+1)/2, & i > j \end{cases} \qquad (5\text{-}4)$$

注意：上三角矩阵主对角线下方的元素都是常数。

下标 0   1   k   n(n+1)/2

| a_{11} | a_{12} | ... | a_{1n} | a_{22} | ... | a_{2n} | ... | a_{ij} | ... | a_{nn} | c |

第1行   第2行

图5.8　三角矩阵压缩存储上三角示意图

3. 对角矩阵

对角矩阵的特点是：在一个 n 阶方阵中，所有非零元素都集中在以主对角线为中心的带状区域中，即除了主对角线上和主对角线相邻两侧的若干条对角线上元素外，其他所有的元素均为零，这类矩阵也称为带状矩阵。带状区域包含主对角线和直接在主对角线上、下方各 b 条对角线上的元素，b 称为矩阵半带宽，(2b+1) 称为矩阵的带宽。

图5.9　一个三对角矩阵

问题：如图 5.9 所示三对角矩阵的带宽是多少？

对角矩阵压缩存储的方法是按行（或列）的序列或者对角线序列将非零元素存储到一维数组中。

1）按行序列存储

由于 n 阶的 w 对角矩阵（w 是占有非零元素的对角线个数，也称为带宽）以主对角线为中心的带状区域中共有 $[(w×n)-(w^2-1)/4]$ 个非零元素，因此可以将这些元素按行存储到一个一维数组 $S[(w×n)-(w^2-1)/4]$ 中。

设 b=(w-1)/2（也称为半带宽），对于 w 对角矩阵中的非零元素 a_{ij}，前面所有行的非零元素个数为 $[(2b+1)×i-b×(b+1)/2]$，第 i 行所在列前面的非零元素个数为 $(j-i+b)$，总的非零元素的个数为二者之和。图 5.9 中的三对角矩阵存储到 $S[k]$ 中的情况如图 5.10 所示。

| 3 | 2 | 1 | 6 | 8 | 9 | 2 | 6 | 6 | 5 | 3 | 9 | 1 |

图5.10　三对角矩阵按行序列压缩存储的示意图

在一维数组 S 中的下标 k 与 i、j 的关系如式(5-5)：

$$k = 2×b×i+j-b×(b-1)/2 \qquad (5-5)$$

2）按对角线顺序存储

先将一个 n 阶的 w 对角矩阵转换成一个 n 行 w 列 n×w 矩阵，在该矩阵中共有 $(w×n-(w^2-1)/4)$ 个非零元素及 $(w^2-1)/4$ 个零元素，再将这些元素按行存储到一个一维数组 $S[n×w]$ 中。

对于一个 n 阶的 w 对角矩阵中的非零元素 a_{ij}，转换为一个 n 行 w 列 n×w 矩阵中的元素 a_{ts}，映射关系如式(5-6)所示；该 n×w 矩阵中的元素 a_{ts} 在一维数组 S 中的下标 k 与 t、s 的关系如式(5-7)所示。

$$\begin{cases} i×(i+1)/2+j \\ n×(n+1)/2 \end{cases} \qquad (5-6)$$

$$k = w \times t + s \tag{5-7}$$

三对角矩阵按对角线顺序压缩存储的示意图如图 5.11 所示。

0	3	2	1	6	8	9	2	6	6	5	3	9	1	0

图 5.11　三对角矩阵按对角线顺序压缩存储的示意图

5.2.2　稀疏矩阵

稀疏矩阵是零元素居多的矩阵,在科学和工程计算中有着十分重要的应用。如一个矩阵中有许多元素为 0,则称该矩阵为稀疏矩阵。在稀疏矩阵和稠密矩阵之间并没有一个精确的界限。假设 m 行 n 列的矩阵含 t 个非零元素,一般称 $\delta = t/mn$ 为稀疏因子。一般认为 $\delta \leqslant 0.05$ 的矩阵为稀疏矩阵。

如何进行稀疏矩阵的压缩存储呢?

按照压缩存储的概念,只存储稀疏矩阵的非零元素。因此,除了存储非零元素的值以外,还必须同时记下它所在行和列的位置 (i,j)。反之,一个三元组 (i,j,a_{ij}) 可唯一确定矩阵的一个非零元素。由此,稀疏矩阵可由表示非零元素的三元组及其行列数唯一确定。

例如,下列三元组表:

$(1,3,11),(1,6,13),(2,1,12),(2,7,14),(3,2,-4),(3,6,-8),(6,2,-9)$

加上 $(6,7)$ 这一对行、列值便可作为图 5.12 中矩阵 M 的另一种描述。而由上述三元组表的不同表示方法可引出稀疏矩阵不同的压缩存储方法。

$$M = \begin{bmatrix} 0 & 0 & 11 & 0 & 0 & 13 & 0 \\ 12 & 0 & 0 & 0 & 0 & 0 & 14 \\ 0 & -4 & 0 & 0 & 0 & -8 & 0 \\ 0 & 0 & 0 & 0 & 0 & 0 & 0 \\ 0 & 0 & 0 & 0 & 0 & 0 & 0 \\ 0 & -9 & 0 & 0 & 0 & 0 & 0 \end{bmatrix} \qquad N = \begin{bmatrix} 0 & 12 & 0 & 0 & 0 & 0 \\ 0 & 0 & -4 & 0 & 0 & -9 \\ 11 & 0 & 0 & 0 & 0 & 0 \\ 0 & 0 & 0 & 0 & 0 & 0 \\ 0 & 0 & 0 & 0 & 0 & 0 \\ 13 & 0 & -8 & 0 & 0 & 0 \\ 0 & 14 & 0 & 0 & 0 & 0 \end{bmatrix}$$

图 5.12　稀疏矩阵 M 和 N

1. 三元组顺序表

假设以顺序存储结构来表示三元组表,可得稀疏矩阵的一种压缩存储方式,我们称之为**三元组顺序表**。

问题：三元组顺序表和顺序表有什么区别？

```
/*稀疏矩阵的三元组顺序表存储表示*/
#define MAXSIZE    999            /*稀疏矩阵非零元素的最大个数*/
typedef  struct
   { int i,j;                      /*非零元素的行号和列号*/
     DataType  v;                  /*非零元素的值*/
```

```
    }Triple;
typedef  struct                      /*三元组顺序存储结构定义*/
    { int mu,nu,tu;                  /*稀疏矩阵的行数、列数和非零元素个数*/
      Triple  data[MAXSIZE+1];       /*三元组表,data[0]不用*/
    }Matrix;
```

转置运算是一种最简单的矩阵运算。对于一个 $m\times n$ 的矩阵 M,它的转置矩阵 N 是一个 $n\times m$ 的矩阵,且 $N(i,j)=M(j,i)$,$1\leqslant j\leqslant m$。

显然,一个稀疏矩阵的转置矩阵仍然是稀疏矩阵。假设 a 和 b 是 Matrix 型的变量,分别表示矩阵 M 和 N。

那么,如何由 a 得到 b 呢?从分析 a 和 b 之间的差异可见,只要做到:

(1) 将矩阵的行、列值相互交换;

(2) 将每个三元组中的 i 和 j 相互调换;

(3) 重排三元组之间的次序便可实现矩阵的转置。

前两条是容易做到的,关键是如何实现第三条,即如何使 b.data 中的三元组是以 N 的行(M 的列)为主序依次排列的,如图 5.13 所示。

a.data三元组

1	3	11
1	6	13
2	1	12
2	7	14
3	2	–4
3	6	–8
6	2	–9

b.data三元组

1	2	12
2	3	–4
2	6	–9
3	1	11
6	1	13
6	3	–8
7	2	14

图 5.13 稀疏矩阵 M 和 N 的三元组表

可以有两种处理方法:

(1) 按照 b.data 中三元组的次序依次在 a.data 中找到相应的三元组进行转置。换句话说,按照矩阵 M 的列序来进行转置。为了找到 M 的每一列中所有的非零元素,需要对其三元组表 a.data 从第一行起整个扫描一遍,由于 a.data 是以 M 的行序为主序来存放每个非零元素的,由此得到的恰好是 b.data 应有的顺序。其具体算法描述如下。

```
/*稀疏矩阵的转置*/
Status TransposeSMatrix(Matrix  H, Matrix  &N)
{
    N.mu=M.nu;N.nu=M.mu;N.tu=M.tu;
    if(N.tu)
    {
       q=1;
       for(col=1;col<=M.nu;++col)
       for(p=1;p<=M.tu;++p)
          if(M.data[p].j==col)
```

```
        {
            N.data[q].i=M.data[p].j;
            N.data[q].j=M.data[p].i;
            N.data[q].v=M.data[p].v;
            q++;
        }
    }
    return  OK;
}
```

（2）按照 a.data 中三元组的次序进行转置，并将转置后的三元组置入 b 中恰当的位置。如果能预先确定矩阵 M 中每一列（也就是 N 中每一行）的第一个非零元素在 b.data 中应有的位置，那么在对 a.data 中的三元组依次作转置时，便可直接放到 b.data 中恰当的位置上去。为了确定这些位置，在转置前，应先求得 M 的每一列中非零元素的个数，进而求得每一列的第一个非零元素在 b.data 中应有的位置。

为实现上述算法，需要设置两个一维数组 num 和 cpot。num[col]表示矩阵 M 中第 col 列的非零元素个数；cpot[col]表示 M 中第 col 列的第一个非零元素在 N 的三元组表中的存储位置。对于如图 5.12 所示的稀疏矩阵 M，其 num 和 cpot 的值如表 5.1 所示。

$$\begin{cases} cpot[1]=1 \\ cpot[col]=cpot[col-1]+num[col-1] \quad (2{\leqslant}col{\leqslant}a.nu) \end{cases}$$

表 5.1　稀疏矩阵 M 的 num 和 cpot 值

Col	1	2	3	4	5	6	7
num[col]	1	2	1	0	0	2	1
cpot[col]	1	2	4	5	5	5	7

这种转置方法称为快速转置，其算法如下所示。

```
Status  FastTrans(Matrix M,Matrix &N)
{
    N.mu=M.nu;N.nu=M.mu;N.tu=M.tu;
    if(N.tu)
    {
        for(col=1;col<=M.nu;++col)
            num[col]=0;
        for(t=1;t<=M.tu;++t)
            ++num[M.data[t].j];
        cpot[1]=1;
        for(col=2;col<=M.nu;++col)    cpot[col]=cpot[col-1]+num[col-1];
        for(p=1;p<=M.tu;++p)
            {
                col=M.data[p].i;q=cpot[col];
                N.data[q].i=M.data[p].j;
```

```
            N.data[q].j=M.data[p].i;
            N.data[q].v=M.data[p].v;
            ++cpot[col];
        }
        return  OK;
    }
}
```

本算法比第一种多用了两个辅助向量。从时间上看,算法中有 4 个并列的单循环,其循环次数分别是 nu 和 tu,因而总的时间复杂度为 O(nu+tu)。当非零元素的个数 t 的数量级接近 mu×nu 时,算法的时间复杂度为 O(mu×nu)。

三元组顺序表又称为有序的双下标法,它的特点是:非零元素在表中按行序有序存储,因此便于进行依行顺序处理的矩阵运算。然而,若需按行号存取某一行的非零元素,则需要从头开始进行查找。

2. 十字链表

在进行矩阵加法、减法和乘法等运算时,由于矩阵中非零元素的位置或个数在操作中经常发生变化,这必将引起数据的大量移动,这时,采用链式存储结构表示稀疏矩阵更为恰当,通常使用十字链表存储稀疏矩阵。

十字链表存储稀疏矩阵的基本思想是:将每个非零元素对应的三元组存储为一个链表结点,结点由 5 个域组成,除了表示非零元素所在的行、列和值的三元组(i,j,v)外,还需要增加两个链域:行指针域 right(用于指向本行下一个非零元素)和列指针域 down(用于指向本列下一个非零元素),其结构如图 5.14 所示。

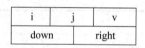

图 5.14　十字链表的结点结构

稀疏矩阵中每一行的非零元素按其列号从小到大的顺序由 right 域链成一个单行链表,每一列中的非零元素按其行号从小到大的顺序由 down 域也链成一个单列链表,即每个非零元素 a_{ij} 既是第 i 行单链表中的一个结点,又是第 j 列单链表中的一个结点。

问题:十字链表为什么要带头结点?

如图 5.15 所示为一个稀疏矩阵的十字链表示意图。

十字链表的类型定义:

```
typedef struct OLNode{
        int i,j;
        int value;
        struct OLNode * right, * down;
        }OLNode;
typedef struct{
        OLNode * rhead[], * chead[];
        int mu,nu,tu;               /* 稀疏矩阵行数、列数和非零元素个数 */
        }CrossList;
```

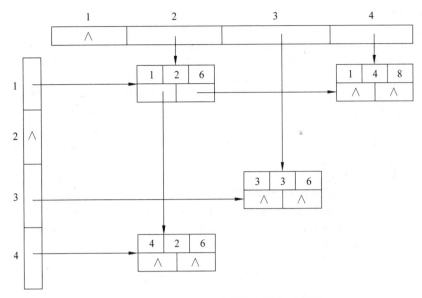

图 5.15　一个稀疏矩阵的十字链表示意图

下面以稀疏矩阵的加法为例说明十字链表的运算。

由矩阵的加法规则可知，只有 A 和 B 行列对应相等，二者才能相加。C 中的非零元素 c_{ij} 只可能有 3 种情况：①$a_{ij}+b_{ij}$；②$a_{ij}(b_{ij}=0)$；③$b_{ij}(a_{ij}=0)$。因此当 B 加到 A 上时，对 A 十字链表的当前结点来说，对应下列 4 种情况：

① 改变结点的值($a_{ij}+b_{ij}\neq0$)；

② 不变($b_{ij}=0$)；

③ 插入一个新结点($a_{ij}=0$)；

④ 删除一个结点($a_{ij}+b_{ij}=0$)。

整个运算从矩阵的第一行起逐行进行。对每一行都从行表的头指针出发，分别找到 A 和 B 在该行中的第一个非零元素结点后开始比较，然后按 4 种不同情况分别处理。

设 pa 和 pb 分别指向 A 和 B 的十字链表中行号相同的两个结点，4 种情况如下：

① 若 pa->j> pb->j 或 pa==NULL，则需要在矩阵 A 的十字链表中插入一个 pb 所指结点。

② 若 pa->j < pb->j 且 pa≠NULL，则只需要将 pa 指针向右推进一步，并继续进行比较。

③ 若 pa->j=pb->j 且 pa->v+pb->v≠0，则只要用 $a_{ij}+b_{ij}$ 的值改写 pa 所指结点的值域即可。

④ 若 pa->j=pb->j 且 pa->v+pb->v==0，则需要在矩阵 A 的十字链表中删除 pa 所指结点，需改变该行链表中前驱结点的 right 域，以及该列链表中前驱结点的 down 域。算法如下：

```
Status AddMatrix(crosslist &A,crosslist B)
  { /*稀疏矩阵 A=A+B,采用十字链表存储表示*/
```

```
    OLnode *p,* q,* pa,* pb,* pre;
     if(A.mu!=B.mu||A.nu!=B.nu)        return NULL;
   if(!(hl=(Olink*) malloc((n+1) * sizeof(Olink))))        exit(OVERFLOW);
    /*为数组 hl 分配空间,用于指向 A 的每一列链表,初值和列链表的头指针相同*/
    for(i=1;i==A.nu;++i) hl[i]=A.chead[i]; /*hl 初始化*/
        for(i=1;i==A.mu;++i) {                    /*对矩阵的每一行逐行处理*/
        pa=A.rhead[i];                        /*pa 指向 A 矩阵中第 i 行表头结点*/
        pb=B.rhead[i];                        /*pb 指向 B 矩阵中第 i 行表头结点*/
        pre=NULL;                            /*pre 指向 pa 所指结点的前驱结点*/
        while(pb!=NULL){
          if(pa==NULL)||(pa->j>pb->i){                /*情况①*/
            /*A 中本行的非零元已处理完,将 pb 所指结点插入 A 中*/
            if(!(p=(OLNode*)malloc(sizeof(OLNode)))) exit(OVERFLOW);
            p->i=pb->i;p->j=pb->j;p->e=pb->v;        /*复制 pb 所指结点*/
            if(pre==NULL)    A.rhead[p->i]=p;
            else pre->right=p; p->right=pa; pre=p; /*完成行插入*/
            if(A.chead[p->j]==NULL) {A.chead[p->j]=p;p->down=NULL;}
                /*列表为空,直接插入*/
            else {p->down=hl[p->j]->down; hl[p->j]->down=p;}    /*完成列插入*/
            hl[p->j]=p;                        /*完成列插入*/
          }
        if(pa!=NULL)&&(pa->j<pb->i) {pre=pa;pa=pa->right;}  /*情况②*/
        if(pa->j==pb->j){
                        pa->v+=pb->v;                /*情况③*/
          if(pa->v=0)                        /*情况④,删除该结点*/
              if(pre==NULL)    A.rhead[pa->i]=pa->right;
              else pre->right=pa->right; p=pa; pa=pa->right;    /*完成行删除*/
          if(A.chead[p->j]==p)    A.chead[p->j]=hl[p->j]=p->down;
          else hl[p->j]->down=p->down;            /*完成列删除*/
          free(p);
            }
      pb=pb->right;                        /*继续处理 B 中下一个非零元素*/
      }//while
    }//for
  return OK;
}
```

整个运算过程在于对 A 和 B 的十字链表逐行扫描,其循环次数主要取决于 A 和 B 矩阵中非零元的个数 ta 和 tb,由此,算法时间复杂度为 O(ta+tb)。

问题:十字链表的乘法运算是如何进行的?

5.3　广义表

5.3.1　广义表的定义

顾名思义,广义表是线性表的推广,也有人称其为列表。广泛地用于人工智能等领域

的表处理语言——LIST 语言,把广义表作为基本的数据结构,就连程序也可以表示为一系列的广义表。广义表一般记作

$$LS = (a_1, a_2, \cdots, a_n)$$

式中,LS 是广义表 $(a_1, a_2, \cdots, a_n)$ 的名称,n 是它的长度。在线性表的定义中,a_i 只限于是单个元素,而在广义表的定义中,a_i 可以是单个元素,也可以是广义表,分别称为广义表 LS 的原子和子表。习惯上,用大写字母表示广义表的名称,用小写字母表示原子。

广义表的深度定义为广义表中括号的重数,是广义表的一种度量。若 $a_i (i=1,2,\cdots,n)$ 或为原子或为 LS 的子表,则求 LS 的深度可分解为 n 个子问题,每个子问题为求 a_i 的深度,若 a_i 为原子,则定义其深度为 0,若 a_i 为广义表,则和上述一样处理,而 LS 的深度为各 $a_i (i=1,2,\cdots,n)$ 的深度的最大值加 1。空表也是广义表,并由定义可知其深度为 1。

显然,广义表的定义是一个递归的定义,因为在描述广义表时又用到了广义表的概念。下面列举一些例子。

A=( )	A 是一个空表,它的长度为零。
B=(v)	列表 B 只有一个原子 v,B 的长度为 1。
C=(a,(b,c,d))	列表 C 的长度为 2,两个元素分别为原子 a 和列表 (b,c,d)。
D=(A,B,C)	列表 D 的长度为 3,三个元素都是列表。显然,将子表的值代入后,则有 D=(( ),(v),(a,(b,c,d)))。
E=(a,E)	这是一个递归的表,它的长度为 2,相当于一个无限的列表 E=(a,(a,(a, …)))。

问题:广义表 E 的深度是多少?

从上述广义表的定义和例子可以得到广义表的下列重要性质:

(1) 广义表是一种多层次的数据结构。广义表的元素可以是单元素,也可以是子表,而子表的元素还可以是子表。

(2) 广义表可以是递归的表。广义表的定义并没有限制元素的递归,即广义表也可以是其自身的子表。例如表 E 就是一个递归的表。

(3) 广义表可以为其他表所共享。例如,表 A、表 B、表 C 是表 D 的共享子表。在 D 中可以不必列出子表的值,而用子表的名称来引用。

(4) 广义表的层次可以用广义表的深度来衡量。

当广义表 LS 非空时,称第一个元素 **a_1** 为 LS 的**表头**(**head**),称其余元素组成的表 (**$a_2, \cdots, a_n$**)是 LS 的**表尾**(**tail**)。例如,head(B)=v,head(C)=a,tail(B)=( ),tail(C)= ((b,c,d))。

5.3.2 广义表的存储结构

由于广义表 $(a_1, a_2, \cdots, a_n)$ 中的数据元素可以具有不同的结构(或是原子,或是广义表),因此很难用顺序存储结构表示,通常采用链式存储结构,每个数据元素可用一个结点表示。

广义表的链式存储结构有两种形式：广义表的头尾链表存储表示和广义表的扩展线性链表存储表示。

1. 广义表的头尾链表存储表示

在这种结构中，需要两种结构的结点。

（1）表结点：用来表示广义表。由 3 个域组成，即标志域、指示表头的指针域和指示表尾的指针域，如图 5.16(a)所示。

（2）原子结点：用来表示原子。由 2 个域组成，即标志域和值域，如图 5.16(b)所示。

标志域	头指针域	尾指针域　　　　　标志域	值域

(a) 表结点　　　　　　　　　　　(b) 原子结点

图 5.16　广义表的头尾链表存储表示中的表结点和原子结点

其形式定义说明如下：

```
typedef  enum {ATOM,LIST}Datatag;   /*ATOM=0:单元素, LIST==1:子表 */
typedef  struct  GLNode
{ Datatag     tag;                  /*用于区分元素结点和表结点 */
   union                            /*原子结点和表结点的联合部分 */
   { Datatype  atom;                /*data 是元素结点的值域,Datatype 由用户定义 */
    struct{ struct  GLNode  * hp, * tp;}ptr;
               /* ptr 是表结点的指针域,ptr.hp 和 ptr.tt 分别指向表头和表尾 */
   };
} * Glist;
```

对于 5.3.1 节所列举的广义表 A、B、C、D,若采用头尾表示法的存储方式,其存储结构如图 5.17 所示。

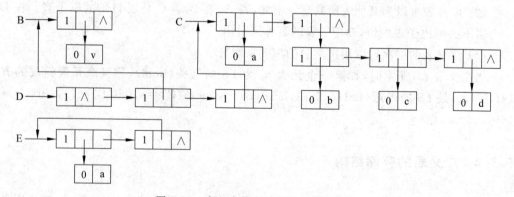

图 5.17　广义表的头尾表示法存储结构

2. 广义表的扩展线性链表存储表示

在这种结构中,需要两种结构的结点。

(1) 表结点:用来表示广义表。由 3 个域组成,即标志域、指示表头的指针域和指示下一个元素结点的指针域,如图 5.18(a)所示。

(a) 表结点　　　　　　　　　　　(b) 原子结点

图 5.18　广义表的扩展线性链表存储表示中的表结点和原子结点

(2) 原子结点:用以表示原子。由 3 个域组成,即标志域、值域、指示下一个元素结点的指针域,如图 5.18(b)所示。

其形式定义说明如下:

```
typedef   enum {ATOM,LIST}Datatag;   /*ATOM=0:单元素,LIST==1:子表*/
typedef   struct  GLENode
{ Datatag      tag;                   /*用于区分元素结点和表结点*/
  union                               /*原子结点和表结点的联合部分*/
  { Datatype  data;                   /*元素结点的值域*/
    struct   GLENode  * hp;};
    struct GLENode   * tp             /*指向下一个结点*/
} * EGlist;                           /*广义表类型*/
```

对于 5.3.1 节所列举的广义表 A、B、C、D,若采用扩展线性链表存储方式,其存储结构如图 5.19 所示。

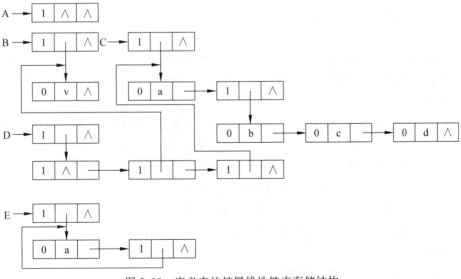

图 5.19　广义表的扩展线性链表存储结构

5.4 案例分析

5.4.1 概述和方法

"魔术方块"是一个古老的问题，它是在一个 $n\times n$ 的矩阵中填入 $1\sim n^2$ 的数字，n 为奇数，使得每一行、每一列、每条对角线、横线及直线累加的和都相等，例如图 5.20 即为 3×3 和 5×5 的魔术方块。

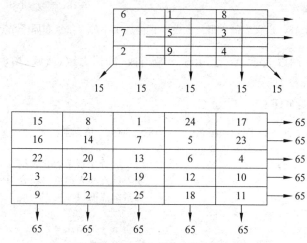

图 5.20 3×3 和 5×5 的魔术方块

因为 $1+2+3+\cdots+9=45$，如果以分 3 行来看，每行要一样，设为 x 则 $3x=45\rightarrow x=15$，同理可知每列、每对角线都是 15。又因为 5 是 $1,2,\cdots,9$ 中的中间数，将 5 放到矩阵的正中央，则其他两个数字相加一定要为 10，组合方式有 $(1,9)$、$(2,8)$、$(3,7)$、$(4,6)$，试着将这 4 对数据安排到矩阵中。

解魔术方块问题的方法很多，上述的解法是利用观察的方法，但对于 5×5 的魔术方块则不易观察数字安排的位置。H. Coxeter 提出产生魔术方块的规则如下，而且这一规则可用程序来实现。

（1）由 1 开始填数据，放在第 0 列的中间位置，如果是 $n\times n$ 的魔术方块，则声明数组 A 为此魔术方块，下标编号由 $0\sim n-1$，所以中间位置为 $(n-1)/2$。

（2）将魔术方块想象成上下左右相接，往左上角填入下一个数字，则有下列情况：

- 位置超出上方范围，则用最底层相对应的位置。
- 位置超出左边范围，则用最右边相对应的位置。
- 如果找到的数据已放入数据，则位置调为下一行、同一列位置，且放入下一个数字。
- 如果找到的位置未放入数据，则放入下一个数字。

下面以 3×3 魔术方块的产生方式为例进行说明。

（1）因 (n−1)/2=(3−1)/2=1，所以 M[0][1]=1。

	0	1	2
0		1	
1			
2			

（2）(0,1) 位置往左上的位置为 (−1,0)，−1 超出范围，调整位置为 (2,0)，放入 2。

	1	
2		

（3）(2,0) 位置往左上的位置为 (1,−1)，−1 超出范围，调整位置为 (1,2)，放入 3。

	1	
		3
2		

（4）(1,2) 位置往左上的位置为 (0,1)，目前已有数据，调整位置为往下，新位置为 (2,2)，放入 4。

	1	
		3
2		4

（5）(2,2) 位置往左上的位置为 (1,1)，放入 5。

	1	
	5	3
2		4

（6）(1,1) 位置往左上的位置为 (0,0)，放入 6。

6	1	
	5	3
2		4

（7）(0,0) 往左上的位置为 (−1,−1)，−1 超出范围，调整位置为 (2,2)，但 (2,2) 已有数据，所以往下，新位置为 (1,0)，放入 7。

6	1	
7	5	3
2		4

（8）(1,0) 往左上的位置为 (0,−1)，−1 超出范围，调整范围为 (0,2)，放入 8。

6	1	8
7	5	3
2		4

（9）（0,2）往左上的位置为（−1,1），−1超出范围，调整范围为（2,1），放入9。

6	1	8
7	5	3
2	9	4

5.4.2　算法和程序

由5.4.1节介绍的步骤和运行流程推演得知，某一位置（i,j）的左上角位置是（i−1，j−1），如果（i−1）小于0，会调整为（i−1+n）；如果 j−1 小于 0，会调整为（j−1+n）。如果 i−1 未超出范围，则（i−1+n）％n 所得的余数还是 i−1。

所以（i,j）左上角的位置可以用下列表达式求得：

$$p = (i-1+n)\%n$$
$$g = (j-1+n)\%n$$

将魔术方块的规则转化成算法如下：

```
/*算法名称：魔术方块算法*/
/*输入：一个正方形数组M和维度n,n必须为奇数*/
/*输出：魔术方块*/
void square(int *M,int n)
{
    int p,q,k;
    p=0;
    q=(n-1)/2;
    M[0][q]=1;
    for(k=2;k<=n*n;k++)
    {
        p=(p-1+n)%n;
        q=(q-1+n)%n;
        if(M[p][q]>0)
        {
            p=(p+1)%n;
            M[p][q]=k;
        }
        else
        {
            M[p][q]=k;
        }
    }
}
```

square 算法由一个循环所构成，其执行了 n^2-1 次，故时间复杂度为 $O(n^2)$，而 n×n

的魔术方块至少要填入 n^2 个数字,至少需要 $\Omega(n^2)$ 的时间,所以 square 算法已是解这个问题的最佳算法,其时间复杂度可表示为 $\theta(n^2)$。

魔术方块的程序实现如下:

```cpp
/* 程序名称: example.cpp */
/* 算法名称: 魔术方块算法 */
/* 输入: 一个整数数组 */
#include "stdio.h"
#define  n   3
void square(int * M);
void main(void)
{
    int M[n][n]={0};
    int i,j;
    square(&M[0][0]);
    for(i=0;i<n;i++)
    {
        for(j=0;j<n;j++)
            printf("M[%d][%d]=%2d",i,j,M[i][j]);
        printf("\n");
    }
}
void square(int * M)
{
    int p,q,k;
    p=0;
    q=(n-1)/2;
    M[0][q]=1;
    for(k=2;k<=n*n;k++)
    {
        p=(p-1+n)%n;
        q=(q-1+n)%n;
        if(M[p][q]>0)
        {
            p=(p+1)%n;
            M[p][q]=k;
        }
        else
        {
            M[p][q]=k;
        }
    }
}
```

5.5 小结

本章首先介绍了数组和线性表的关系。一维数组的各元素之间符合线性关系;但对于多维数组来说,从不同的角度可以有不同的看法。如果把 n(n>1) 维数组看成是一个一维数组,其每个元素是 n-1 维数组的话,那么多维数组仍旧停留在线性表的范围。对于数组来说,由于其一旦定义之后,各元素间的结构基本不会发生变化,所以通常其核心操作就是元素的定位。将多维数组映射到一维的物理存储结构上,有两种方式:一种是"以行为主序进行",另一种是"以列为主序进行"。

由于数学当中矩阵的结构与二维数组的逻辑结构一致,所以对于普通的矩阵一般采用二维数组进行存储。但是当矩阵的元素具有很强的特征时(如对称矩阵),往往可以采取一定的方法和策略,使得元素的存储空间减少。尤其是对于含有大量零元素的稀疏矩阵来说,还可以用三元组顺序表和十字链表进行压缩存储。基于这两种存储方式,给出了矩阵典型操作的具体实现方法。

如果把线性关系中元素类型一致的限制打破,使得元素既可以是原子型数据,又可以是线性表。这时,就在原有的线性关系上加上了层次关系。广义表就是这样一种兼具线性关系与层次关系的复杂结构。由于广义表数据元素的复杂性,其存储方式采用头尾链表和扩展线性链表两种方法。

讨论小课堂 5

1. 设 m×n 阶稀疏矩阵 A 有 t 个非零元素,其三元组表表示为 LTMA[1..(t+1), 1..3],试问:非零元素的个数 t 达到什么程度时用 LTMA 表示 A 才有意义?

2. 特殊矩阵和稀疏矩阵哪一种压缩存储后失去随机存取的功能?为什么?

3. 已知 A 为稀疏矩阵,试从空间和时间角度比较采用二维数组和三元组顺序表两种不同的存储结构,完成求矩阵元素之和,并分析运算的优缺点。

4. 栈、队列、数组、广义表各自是不是线性表?是的话其特殊性是什么?不是的话区别何在?

5. 数组不适合作为任何二叉树的存储结构吗?

6. 对长度为无穷大的广义表,由于存储空间的限制,不能在计算机中实现吗?

7. 诸如迷宫、八皇后、棋盘等课题使用什么数据结构是比较好的选择?为什么?

习题 5

1. 三维数组 A[1..10,-2..6,2..8] 以行优先的顺序进行存储,设第一个元素的首地址为 100,每个元素的长度为 3,试求元素 A[5,0,7] 的存储地址。

2. 求下列广义表操作的结果:

(1) Head(p,h,w);

(2) Tail(b,k,p,h)

(3) Head(Tail(Head(Tail(Tail((a,b,(c,d),(e,(f,g),(h,j)))))))）

3. 利用广义表的 head 和 tail 操作写出上题的函数表达式,把原子 banana 分别从下列广义表中分离出来。

(1) L＝(((apple))),((pear)),(banana),orange);

(2) L＝(apple,(pear,(banana),orange));

4. 若矩阵 C 中的某一个元素 c_{ij} 是第 i 行中的最小值,同时也是第 j 列中的最大值,则称该元素是矩阵 C 的一个鞍点。请写出一个可确定此鞍点位置的算法(如果这个鞍点存在),并给出算法的复杂度。

5. 试求广义表 L＝(a,(a,b),c,d,((i,j),k)) 的长度与深度。

6. 二维数组 A 的每个元素是由 6 个字符组成的串,行下标的范围是[0,8],列下标的范围是[0,9],试问:

(1) 存放二维数组 A 至少需要多少个字节?

(2) 二维数组 A 的第 8 列和第 5 行共占用多少个字节?

(3) 如果 A 按照行优先方式存储,则元素 A[8][5] 的起始地址与当 A 按列优先方式存储时的哪个元素的起始地址一致?

7. 假设稀疏矩阵 A 采用三元组表示,编写一个函数计算其转置矩阵 B,要求 B 也用三元组表示。

8. 设矩阵 A 为

$$\begin{bmatrix} 2 & 0 & 0 & 4 \\ 0 & 0 & 3 & 0 \\ 0 & 3 & 0 & 0 \\ 4 & 0 & 0 & 0 \end{bmatrix}$$

(1) 若将 A 看作对称矩阵,画出对其进行压缩存储的存储表示,并讨论如何存取 A 中元素 $a_{ij}(0 \leqslant i,j < 4)$。

(2) 若将 A 看作稀疏矩阵,画出 A 的十字链表存储结构。

9. 设计一个实现矩阵相乘的程序。

10. 有数组 A[4][4],把 1～16 个整数分别按顺序放入 A[0][0],…,A[0][3],A[1][0],…,A[1][3],A[2][0],…,A[2][3],A[3][0],…,A[3][3] 中,编写一个函数获得数据并求出两条对角线元素的乘积。

11. 对于二维数组 A[m][n],其中 m≤80,n≤80,先读入 m 和 n,然后读该数组的全部元素,对如下三种情况分别编写相应函数:

(1) 求数组 A 靠边元素之和;

(2) 求从 A[0][0] 开始的互不相邻的各元素之和;

(3) 当 m＝n 时,分别求两条对角线上的元素之和,否则打印出 m!＝n 的信息。

第6章 树与二叉树

数据结构的逻辑结构分为线性结构与非线性结构,前面几章都在讨论线性结构。本章的树结构是非常重要的一种非线性数据结构,它具有严格的层次特征。在树结构中,它不同于线性结构中任意一个元素最多只有一个后继的关系,树中每个元素都可以有多个后继;与线性结构相同的是每个元素最多只有一个前驱。

【案例引入】

家谱(或称族谱)是一种以表谱形式,记载一个以血缘关系为主体的家族世系繁衍和重要人物事迹的特殊图书体裁。其记录形式大多采用树状结构,最上层为家族祖先,第二层为其子辈,第三层为其孙辈……如图 6.1 所示为《红楼梦》中贾家家谱。

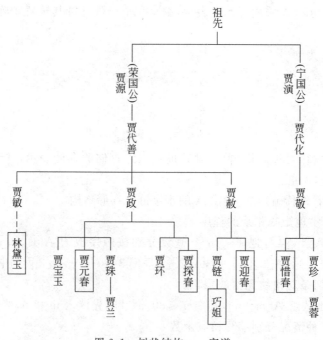

图 6.1 树状结构——家谱

现实生活中的家谱较图 6.1 人数更多,更为复杂,那么,如何快速查找家族中的某一个人,如何将家谱中的众多人物不重复地罗列出来呢?这就需要本章所介绍的内容了,利用树的特点及有关树的相关算法可以完成所需操作。

6.1 树的概念及术语

6.1.1 树的定义

树(tree)的一种定义方式是递归的方法。其定义如下：

一棵树是由一个或多个结点的集合 T，若这个集合是空集，称为空树；若不是空集，则：

(1) 有一个特定的称为**根**(root)的结点，此结点无前驱结点；

(2) 根结点以外的其他结点可分为 m(m>0)个互不相交的有限集合 T_1，T_2，T_3，…，T_m，其中每个集合本身又是一棵树，称为根的子树(subtree)。

树中的结点与线性表中的元素类似，它可以属于任何一种类型。在用图来表示树时，我们常用一个圆圈表示一个结点，并在圆圈中标一个字母，或一个字符串，或一个数作为该结点的名字。例如，图 6.1 的家谱，我们可以抽象成如图 6.2 所示的树。

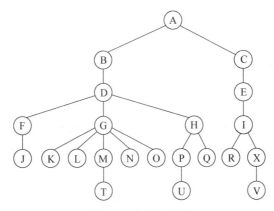

图 6.2 家谱的树图

树的递归定义刻画了树的固有特性，即一棵树是由若干棵子树构成的。在如图 6.1 所示的例子中，贾家的根为"祖先"，以其为根组成一个家庭(即一棵树)；其余元素被分成以"贾源"和"贾演"为根的两个互不相交的子集(即两棵子树)。"贾源"有唯一的后继"贾代善"，以"贾代善"为根的子集又被分开成 3 个互不相交的子集(即 3 棵子树)，……直到"贾兰""巧姐""贾蓉"，可以认为是仅有一个根结点的子树。

下面利用家谱的例子，来了解有关树的部分术语。

结点：代表树中的一个数据元素，如图 6.1 中每个人都是一个结点，它不仅有数据本身，还有指向其孩子的若干分支。

孩子结点：某结点的各子树的根，称为这个结点的孩子结点。如"贾代善"是"贾源"的孩子；"贾敏""贾政""贾赦"是"贾代善"的孩子结点。

双亲结点：这是一个与孩子结点相反的概念。如图 6.1 中，"贾代善"是"贾敏""贾政""贾赦"的双亲结点。

兄弟结点：有相同双亲的孩子称为兄弟结点。如图 6.1 中，"贾敏""贾政""贾赦"是兄弟结点。

祖先结点：从根结点到该结点的双亲结点，都是此结点的祖先结点，如图 6.1 中，"贾赦"的祖先结点有"祖先""贾源"和"贾代善"。

子孙结点：是与祖先结点相反的概念。如"贾代善"的子孙结点有"贾敏""贾政""贾赦"。

结点的度：指该结点的子树的个数。如"贾代善"的度是 3。

叶子结点：度为 0 的结点，也称为终端结点。如"贾兰""巧姐""贾蓉"为叶子结点。

分支结点：度不为 0 的结点，也称为非终端结点。

树的层数：树的根所在结点的层数为 1，其他结点的层数等于它的双亲结点的层数加 1。如在图 6.1 中，"贾珍"所在的层数是 5。

树的深度：树中结点的最大层数称为树的深度（也称高度），如图 6.1 所示家谱树的深度为 6。

森林：零棵或有限棵互不相交的树的集合称为森林。如果将图 6.1 中的"祖先"去掉，那么所看到的就是由两棵构成的森林。

有序树和无序树：如果树中结点的各子树从左到右是有次序的（即位置不能互换），那么这样的树称为有序树；否则是无序树。

6.1.2 树的抽象数据类型

树的应用十分广泛，在不同的实际应用中，树的操作不尽相同。现从抽象数据类型的角度进行定义。抽象数据类型包含了对树的数据对象和数据关系的抽象描述，还包括了对树操作的介绍。

```
ADT Tree{
    数据对象：D={具有相同特性的数据元素的有限集合}
    数据关系：R={H}；
            若 D=∅ 为空，则 R=∅，Tree 为空树；
            若 D 仅有一个数据元素，则 R=∅；
            否则 R={H}详细描述如下：
            1. D 中存在唯一的称之为根的结点 root，它在关系 H 下无前驱；
            2. 若 D-{root}≠∅，则存在对根以外剩余元素集 D-{root}的一个划分 D1，
               D2，…，Dm(m>0)，并且对任意 j≠k(1≤j≤m,1≤k≤m)有 Dj∩Dk=∅（互不
               相交）。且对任意 i(1≤i≤m)唯一存在数据元素 xi∈Di 有二元关系<root,
               xi>∈H。这里描述的关系是从总根结点 root 到其各个子树根结点 xi 的边。
            3. 对应于 D-{root}的划分，关系集 H-{<root,x1>,<root,x2>,…,<root,
               xm>}也有唯一的划分 H1,H2,…,Hm(m>0)，并且对任意并且对任意 j≠k(1
               ≤j≤m,1≤k≤m)有 Dj∩Dk=∅。对任意 i(1≤i≤m)，Hi 是 Di 上的二元关
               系，则(Di,{Hi})是一棵树，且是 root 的子树。
    基本操作：
        1. 初始化一棵空树；
        2. 销毁一棵已存在的树；
```

3．求树的根结点；

4．求结点的双亲结点；

5．求树的深度；

6．前序遍历树；

7．中序遍历树；

8．后序遍历树；

9．层序遍历树；

等等。

}**ADT** Tree;

6.1.3 树的表示方式

树结构的表示，除了以上介绍的树形表示法外，还有文氏图表示法、凹入表示法和广义表表示法，如图6.3所示。这4种表示方法完全等价，本书采用的是树形表示法。

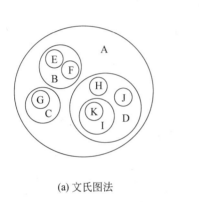

(a) 文氏图法

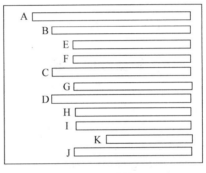

(b) 凹入法

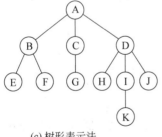

(c) 树形表示法

(A(B(E, F), C(G), D(H, I(K), J)))

(d) 广义表表示法

图6.3 二叉树的表示

6.2 二叉树

6.2.1 二叉树的定义

二叉树(Binary Tree)是一棵每个结点都不能多于两个儿子的树。

图 6.4 显示一棵由一个根和两棵子树组成的二叉树。这两棵子树有左右之分，我们称之为左子树、右子树，左、右子树均可为空，当其不空时，子树又是一棵二叉树。二叉树的定义仍然是一个递归的概念。

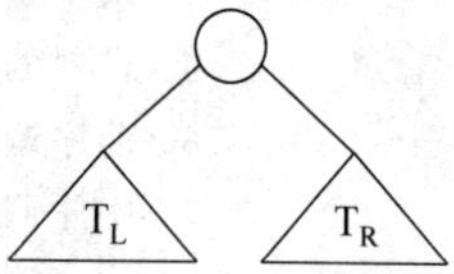

二叉树具有 5 种基本形态，如图 6.5 所示。图 6.5(a) 所示为空树，图 6.5(b) 为仅有一个结点的二叉树，图 6.5(c) 为仅有左子树而右子树为空的二叉树，图 6.5(d) 为仅有右子树而左子树为空的二叉树，图 6.5(e) 为左、右子树都不空的二叉树。

图 6.4　一般的二叉树

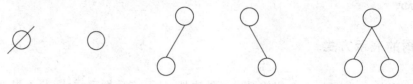

(a) 空树　　(b) 仅有一个结点　(c) 仅有左子树　(d) 仅有右子树　(e) 左、右子树都不空

图 6.5　二叉树的 5 种基本形态

注意：二叉树的左右子树是严格区分，且不能任意颠倒的。

6.2.2　二叉树的抽象数据类型

ADT Binary Tree{

　　数据对象：　D ={具有相同特性的数据元素的有限集合}

　　数据关系：R={H}；

　　　　　　　若 D=∅ 为空，则 R=∅，Binary Tree 为空二树；

　　　　　　　否则 D≠∅，则 R=∅，　H 详细描述如下：

　　　　　　　1. D 中存在唯一的称之为根的结点 root，它在关系 H 下无前驱；

　　　　　　　2. 若 D-{root}≠∅，则存在 D-{root}={D_l,Dr}，有 D_l∩Dr=∅（互不相交）；

　　　　　　　3. 若 D_l≠∅，则 D_l 存在唯一数据元素 x_l，有二元关系<root,x_l>∈H，且存在 D_l 的关系 H_l∈H；

　　　　　　　若 Dr≠∅，则 Dr 存在唯一数据元素 x_r，有二元关系<root,x_r>∈H，且存在 Dr 的关系 Hr∈H；

　　　　　　　H={<root,x_l>,<root,x_r>,H_l, Hr}

　　　　　　　4. (D_l,{H_l}) 和 (Dr,{Hr}) 都是二叉树，分别是根 root 的左子树和右子树。

　　基本操作：初始化一棵空二叉树；

　　　　　　　建立一棵二叉树；

　　　　　　　在二叉树中插入结点；

　　　　　　　在二叉树中删除结点；

　　　　　　　在二叉树中查找结点；

　　　　　　　二叉树的先序遍历；

　　　　　　　二叉树的中序遍历；

　　　　　　　二叉树的后序遍历；

　　　　　　　二叉树的按层遍历；

　　　　　　　销毁二叉树；

等等。

} **ADT** Binary Tree;

6.2.3　二叉树的重要性质

性质 1　二叉树第 $i(i \geqslant 1)$ 层上至多有 2^{i-1} 个结点。

证明：根据图 6.4(a)可知,根结点在二叉树的第一层上,这层结点数最多为 1 个,即 2^0 个;显然第二层上最多有 2 个结点,即 2^1 个……假设第 $i-1$ 层的结点最多有 2^{i-2} 个,且每个结点最多有两个孩子;那么第 i 层上结点最多有 $2 * 2^{i-2} = 2^{i-1}$ 个。性质 1 证明完毕。

性质 2　深度为 $k(k \geqslant 1)$ 的二叉树至多有 $2^k - 1$ 个结点。

证明：由性质 1 可知各层结点最多数目之和为：$2^0 + 2^1 + 2^2 + \cdots + 2^{k-1}$;由二进制换算关系可知：$2^0 + 2^1 + 2^2 + \cdots + 2^{k-1} = 2^k - 1$;因此二叉树树中结点的最大数目为 $2^k - 1$。性质 2 证明完毕。

性质 3　在任意二叉树数中,若叶子结点(即度为零的结点)个数为 n_0,度为 1 的结点个数为 n_1,度为 2 的结点个数为 n_2,那么 $n_0 = n_2 + 1$。

证明：设 n 代表二叉树结点的总数,那么

$$n = n_0 + n_1 + n_2 \tag{6-1}$$

由于有 n 个结点的二叉树总边数为 $n-1$ 条,于是得

$$n - 1 = 0 * n_0 + 1 * n_1 + 2 * n_2 \tag{6-2}$$

将式(6-1)代入式(6-2)得：$n_0 = n_2 + 1$。性质 3 证明完毕。

两种特殊形态的二叉树。

- **满二叉树**。深度为 k 并且含有 $2^k - 1$ 个结点的二叉树,如图 6.6 所示。对满二叉树的结点可以从根结点开始自上向下,自左至右顺序编号,图 6.7 中每个结点上的数字即是该结点的编号。
- **完全二叉树**。深度为 k,含有 n 个结点的二叉树,当且仅当每个结点的编号与相应满二叉树结点顺序编号从 1 到 n 相对应时,则称此二叉树为完全二叉树,如图 6.7 所示。

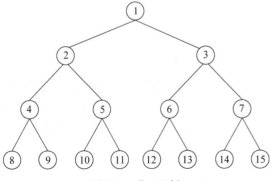

图 6.6　满二叉树

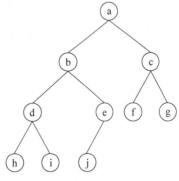

图 6.7　完全二叉树

性质 4 具有 n 个结点的完全二叉树树深为$\lfloor \log_2 n \rfloor + 1$（其中$\lfloor x \rfloor$表示不大于 x 的最大整数）。

证明：假设某完全二叉树的结点总数是 n，它的值应该大于树深为 $k-1$ 的满二叉树结点数 $2^{k-1}-1$，小于等于树深为 k 的满二叉树结点数 2^k-1。

$$2^{k-1} - 1 < n \leqslant 2^k - 1$$

由于该不等式各项均为整数，当对两端两项各加 1 时不等式发生变化得：

$$2^{k-1} \leqslant n < 2^k$$

再对其取对数得：

$$k - 1 \leqslant \log_2 n < k$$

如果对 $\log_2 n$ 取整，显然等于 $k-1$，所以得：

$$k = \lfloor \log_2 n \rfloor + 1$$

性质 4 证明完毕。

性质 5 若对有 n 个结点的完全二叉树进行顺序编号（$1 \leqslant i \leqslant n$），那么：对于编号为 $i(i \geqslant 1)$ 结点：

当 $i=1$ 时，该结点为根，它无双亲结点；

当 $i>1$ 时，该结点的双亲结点编号为 $\lfloor i/2 \rfloor$；

若 $2i \leqslant n$，它有编号为 $2i$ 的左孩子，否则没有左孩子；

若 $2i+1 \leqslant n$，则它有编号为 $2i+1$ 的右孩子，否则没有右孩子。

对照图 6.6 读者可看到由性质 5 所描述的结点与编号的对应关系。

6.2.4 二叉树的存储结构

在此之前我们介绍了二叉树，并了解了二叉树的形态，我们称之为树的逻辑结构。现在考虑如何将二叉树存储到计算机中。这就是存储结构。下面介绍两种存储结构。

1. 顺序存储结构

将二叉树的所有元素放在一维数组之中。这是最简单的顺序存储结构。

```
#define MAXLEN 20
typedef char DataType;
DataType bt[MAXLEN];
```

其中，bt 是一维数组，每个数组元素存储树的一个结点的数据信息。假定让 0 号位置（即 bt[0]）空置不用，从 1 位置开始存储二叉树的所有元素。按照完全二叉树中编号自上而下、从左至右的顺序将每个元素存入数组中。如图 6.7 中的完全二叉树存入到数组中，可以很容易地看到第 i 个结点及其双亲 $\lfloor i/2 \rfloor$ 和左、右孩子结点 $2i$、$2i+1$ 的存储位置。例如：

A	B	C	D	E	F	G	H	I	J				
1	2	3	4	5	6	7	8	9	10				

若二叉树为一棵单边树如图 6.8 所示,要如何存储?虽然此二叉树只有 4 个结点,但对于任何一棵二叉树来说,都有插入新的结点的可能。依然要保留其存储空间。即

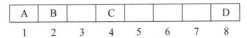

可见,对于 4 个结点的单边树,要开辟 8 个存储空间来存储。若有一棵深度为 k 的二叉单边树,那么至少有 2^k 个存储空间,则有 $2^k - k$ 个空间为空,这样有许多空间浪费了。这种存储结构适合用于存储完全二叉树、满二叉树。一般的二叉树较少采用这种存储结构。

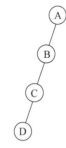

图 6.8 单边树

2. 链表存储结构

二叉树的链表结构,常见的有两种:二叉链表和三叉链表。由二叉树的定义可知,二叉树的结点由一个数据元素和分别指向其左、右子树的指针组成,如图 6.9(a)所示。

根据结点的定义,二叉链表的每个结点有一个数据域和两个指针

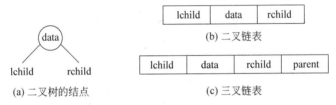

图 6.9 二叉树的结点及其存储结构

域,一个指向其左孩子,一个指向其右孩子,见图 6.9(b)。其结点结构描述如下:

```
struct node
{ Datatype data;          /* 数据域 */
  node * lchild;          /* 指向其左孩子的指针域 */
  node * rchild;          /* 指向其右孩子的指针域 */
                          /* 指向其双亲的指针域 */
}
```

当已知某个结点之后,用二叉链表可以很容易地找到该结点的子孙结点,但是其双亲结点不易找到。为此,可使用三叉链表。它比二叉链表多了一个指向其双亲的指针域,如图 6.9(c)所示。其结点描述如下:

```
struct node3
{ Datatype data;          /* 数据域 */
  node3 * lchild;         /* 指向其左孩子的指针域 */
  node3 * rchild;         /* 指向其右孩子的指针域 */
  node3 * parent;         /* 指向其双亲的指针域 */
}
```

图 6.10 给出一棵二叉树及其二叉链表和三叉链表。

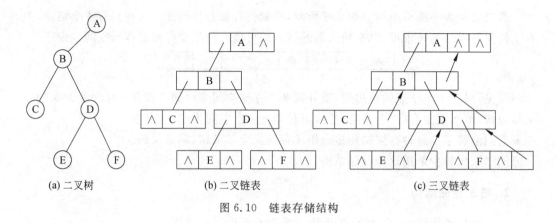

(a) 二叉树　　　　　　　(b) 二叉链表　　　　　　(c) 三叉链表

图 6.10　链表存储结构

问题：如何将二叉树中的元素输出呢？是否与线性表相同？

6.3　二叉树的遍历

所谓遍历，是指按一定的次序将每个元素都访问一遍，且只能访问一次。这里访问是指对结点进行各种操作的简称，包括输出、查找、修改等操作。在线性结构中，我们没有提出遍历的概念及说法，因为线性结构相较而言比较简单，元素之间只存在有前后的次序问题，访问操作只限定在输出操作上，即按从前到后的顺序逐个输出。

遍历二叉树是指以一定的次序访问二叉树中的每个结点，并且每个结点仅被访问一次。假设遍历二叉树时访问结点的操作就是输出结点数据域的值，那么遍历的结果得到一个线性序列。遍历二叉树的过程实质是把二叉树的结点进行线性排列的过程。对于二叉树结构来讲，元素之间的关系不再是简单的先后关系，每个结点都可以有两棵子树（后继）。如何遍历呢？

注意：在理解和认识遍历算法时，务必分辨清楚"访问"与"遍历"是两个不同的概念，"访问"操作是针对一个结点，"遍历"操作是针对一棵树进行的。

回顾二叉树的递归定义，二叉树的是由 3 个单元组成的：根结点（T）、左子树（L）、右子树（R）。若能依次遍历这三个部分，就是遍历了整个二叉树。按从左至右的习惯，可以有 3 种遍历方案，即根－左子树－右子树（TLR）；左子树－根－右子树（LTR）；左子树－右子树－根（LRT），分别称为先序遍历、中序遍历、后序遍历。

在介绍常用的 3 种遍历算法之前，首先介绍一下遍历的具体方法。例如，有一棵二叉树它有 4 个结点。为了便于理解遍历的思想，暂且为每个没有子树的结点均补充上相应的空子树，用 ∅ 来表示，见图 6.11。设想有一条搜索路线（用虚线表示），它从根结点的左侧开始，自上而下、自左至右搜索，最后由根结点的右侧向上出去。不难看出，若考虑到空子树，恰好搜索线途经每个

图 6.11　二叉树的遍历路线

有效的树结点都是 3 次。把搜索线第一次经过就访问的结点列出,它们是 A、B、C、D,这就是先序遍历的结果。那么搜索线第二次经过才访问的则是中序遍历,其结果是 B、A、D、C。搜索线第三次经过才访问的就是后序遍历,结果是 B、D、C、A。

结点描述如下:

```
typedef struct node
   { DataType data;
     struct node   * lch, * rch;            / * 指向左、右孩子的指针 * /
   }Bnode;
```

注意:遍历算法的前提是,二叉树采用二叉链表的存储结构。

6.3.1 先序遍历

先序遍历二叉树递归定义为:

若二叉树根空,则返回;否则:

(1) 访问根结点;

(2) 先序遍历左子树;

(3) 先序遍历右子树。

先序遍历递归算法如下:

```
void fstorder(Bnode * p)
{ if(p!=NULL)
    {   printf("%6c",p->data);     / * 访问根结点 * /
        fstorder(p->lch);          / * 对左子树按先序遍历进行 * /
        fstorder(p->rch);          / * 对右子树按先序遍历进行 * /
    }
}
```

图 6.11 中树深度为 3,递归调用的深度为 4 层。这就是在遇到空的子树时,它也调用了一次 fstorder 函数,只不过是因为子树的根为空,则立即向一级调用者返回而已。

对某根结点访问之后,便对其左子树进行操作,因其左子树本身是一棵二叉树,再对其进行先序遍历,即进入下一层递归调用。当返回本层调用时,仍以本层根结点为基础对其右子树进行先序遍历。当再从下一层递归调用(即先序遍历右子树)再次返回本层时,接着就从本层调用返回到前一层调用。以此类推,最终返回主调程序。

在图 6.12 中,标出了先序遍历递归调用的执行过程。

6.3.2 中序遍历

先序遍历二叉树递归定义为:

若二叉树根空,则返回;否则:

(1) 访问根结点;

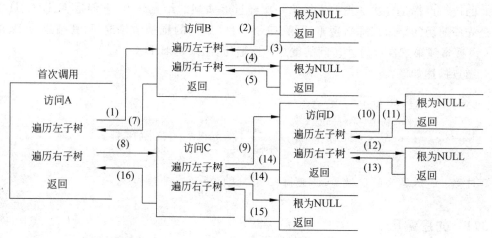

图 6.12　二叉树的先序递归执行过程

（2）先序遍历左子树；

（3）先序遍历右子树。

先序遍历递归算法如下：

```
void middleorder(Bnode * p)
{ if(p!=NULL)
    { middleorder(p->lch);          /*对左子树按中序遍历进行*/
      printf("%6c",p->data);        /*访问根结点*/
      middleorder(p->rch);          /*对右子树按中序遍历进行*/
    }
}
```

6.3.3　后根遍历

后根遍历可以递归的定义为：

如果根不空，则

（1）按后根次序遍历左子树；

（2）按后根次序遍历右子树；

（3）访问根结点。

否则返回。

后根遍历递归算法如下：

```
void lastorder(Bnode * p)
{ if(p!=NULL)
    {   lastorder(p->lch);          /*对左子树按后序遍历进行*/
        lastorder(p->rch);          /*对右子树按后序遍历进行*/
        printf("%6c",p->data);      /*访问根结点*/
    }
}
```

问题：你能独立完成二叉树的中序遍历与后序遍历的递归示意图吗？

6.3.4 按层遍历

除前面讨论的 3 种遍历方法外,还有按层遍历二叉树的方法。按层遍历引入了队列作为辅助工具。算法思想为：

(1) 将二叉树根入队列；

(2) 将队头元素出队列,并判断此元素是否有左右孩子,若有,则将它的左右孩子入列,否则转(3)；

(3) 重复步骤(2),直到队列为空。

```
viod levelorder(Bnode * p)
{ Bnode * q[20];
  front=rear=0;                          /* 队头与队尾指针 */
  if(p!=NULL) { rear++; q[rear]=p; }     /* 根结点不空,进队 */
  while(front!=rear)
     { front++;  p=q[front]; printf("%6c",p->data);  /* 出队并访问该队头元素 */
         if(p->lch!=NULL) { rear++; q[rear]=p->lch;} /* 若左孩子不空,进队 */
         if(p->rch!=NULL) { rear++; q[rear]=p->rch;} /* 若右孩子不空,进队 */
     }
}
```

6.3.5 非递归遍历算法

递归算法简明精练,但效率较低。因为系统需要维护一个工作栈以保证递归函数的正确执行。在实际应用中往往会用到非递归方法。在某些高级语言中,没有提供递归调用的语句及功能。为了提高程序设计的能力,有必要进行由递归方法到非递归方法的基本训练。

非递归算法的关键问题在于如何实现由系统完成的递归工作栈。此时,可人为地设置栈来仿照系统工作栈的工作过程。

1. 先序遍历的非递归算法

由前面 6.3.1 节中对递归方法执行的分析可以看出,每进行一次深层次调用都需保留当前调用层上的一些信息,主要是指向根结点的指针。

在先序遍历的非递归算法中,设置一个栈 S 来存放所经过的根结点的指针。为了在访问完某个结点及其左子树后,方便地找到此结点的右子树。所以,在访问完某个结点后,将该结点的指针保存在栈中。其过程为：

(1) 设置一个空栈。

(2) 若二叉树不空,则访问根结点,并将其指针入栈,然后遍历它的左子树。

(3) 左子树遍历结束后,若栈不空,则将栈顶元素出栈,遍历栈顶元素的右子树。直至栈空为止。

先序遍历非递归算法如下：

```
void fstorder(Bnode * p)
{   top=-1;                                        /*空栈*/
    while(p!=NULL&&top!=-1)
    { while(p!=NULL)
      { printf("%6c",p->data);
        top++;
        s[top]=p;
        p=p->lch;
      }
      if(top=-1)
        { top--;
          p=s[top];
          p=p->rch;
        }
    }
}
```

2. 中序遍历的非递归算法

从前面分析中序及先序遍历的过程可以看出，中序遍历与前序遍历不同之处在于第一次遇到根结点时，并不访问，而是去遍历其左子树，当左子树遍历结束后，才访问根结点，那么，在中序的非递归算法当中，可将根指针先入栈，当其左子树遍历完毕后，再从栈中弹出并访问它，如图 6.13 所示。即将先序非递归算法中的 printf("%6c",p—>data) 移动到 p＝s[top]语句之后即可。

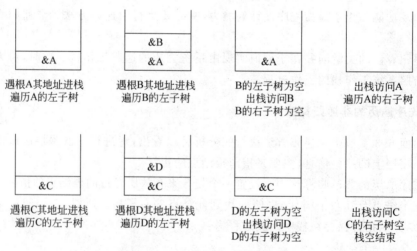

图 6.13　二叉树的中序非递归栈

其遍历算法如下：

```
void middleorder(Bnode * p)
{   top=-1;                    /*空栈*/
    while(p!=NULL&&top!=-1)
    { while(p!=NULL)
      { top++;
        s[top]=p;
        p=p->lch;
      }
    if(top=-1)
      {top--;
       p=s[top];
       printf("%6c",p->data);
       p=p->rch;
      }
    }
}
```

3. 后序遍历非递归算法

在后序遍历中，二叉树的根结点需要其左右子树都遍历结束后才访问，其非递归算法较复杂。除之前所需的栈，另需一个辅助栈 s2 用来记录经过某根结点的次数。两个栈的类型为 Bnode　* s[10]和 int s2[20]。

```
void lastorder(Bnode * p)
{ q=p;   top=0;    bool=1;
  printf("\n 后根遍历：\n")
  do { while(q!=NULL)
       { top++; s[top]=q;
         s2[top]=1;
         q=q->lch;
       }
     if(top==0)   bool=0;
     else{ if(s2[top]==1)
             { s2[top]=2;                 /*第二次经过,不出栈*/
               q=s[top]; q=q->rch;
             }
           else { q=s[top];               /*第三次经过,出栈并且访问结点*/
                  s2[top]=0;top--;
                  printf("%6c",q->data);
                  q=NULL;
                }
         }
    }while(bool);
```

```
    printf("\n");
}
```

此算法因使用了两个栈,它的空间占用是中根遍历非递归算法的两倍,k 为树深时,空间需要量仍记作 O(k)。算法中访问每个结点 n 次,记作 O(n);伴随遍历每结点都要涉及两次入栈和两次出栈操作,也记作 O(n);所以总的时间复杂度仍为 O(n)。

问题:对二叉树进行遍历,假定已知了此二叉树,但二叉树是如何建立起来的呢?

6.3.6 二叉树的建立

下面介绍两种创建二叉树的方法。

1. 利用二叉树的性质 5

根据二叉树的性质 5,对任意二叉树,先将其补全为满二叉树,并对每个结点进行编号,再去掉所有补上结点,得到每个结点的编号,如图 6.14(a)所示。

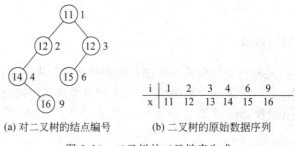

i	1	2	3	4	6	9
x	11	12	13	14	15	16

(a) 对二叉树的结点编号   (b) 二叉树的原始数据序列

图 6.14 二叉树的二叉链表生成

由于此树并非完全二叉树,所以结点的编号并不连续。算法中使用一个辅助向量 s 用于存放树结点的指针(即地址),如 s[i]中应该存放编号为 i 的结点的地址指针。此例原始数据序列如图 6.14(b)所示,照此一一输入即可生成二叉链表。其生成过程如下:

- 当结点编号 i＝1 时,所产生的结点为根结点,同时将指向该结点的指针存入 s[1]。
- 当结点编号 i＞1 时,产生一个新的结点之后,也要将指向该结点的指针存入 s[i]。由性质 5 可知:j＝i/2 为它的双亲结点编号。
- 如果 i 为偶数,则它是双亲结点的左孩子,即让 s[j]－＞lch ＝ s[i]。
- 如果 i 为奇数,则它是双亲结点的右孩子,即让 s[j]－＞rch ＝ s[i]。

就是这样将新输入的结点逐一与其双亲结点相连,生成二叉树。

结点存储结构如前所描述为 Bnode,辅助向量:Bnode ＊ s[20]。

二叉树生成算法如下:

```
Bnode  * creat()
  { Bnode * t=NULL;
    printf("\n i,x=");scanf("%d%d",&i,&x);
    while(i!=0)&&(x!=0)
      { q=(struct node * )malloc(sizeof(struct node));  /*产生一个结点*/
```

```
    q->data=x; q->lch=NULL; q->rch=NULL;
    s[i]=q;
    if(i==1) t=q;                              /* q 为树根结点 */
      else { j=i/2;                            /* j 为双亲结点编号 */
             if((i%2)==0) s[j]->lch=q; else s[j]->rch=q;
           }
    printf("\n i,x=");scanf("%d%d",&i,&x);
    }
  return t;
}
```

本算法循环的结束条件是输入的两个数据都为零,即 i、x 都为零时不再分配新结点而跳出循环体,算法结束。如果输入的第 1 组数据就是两个零,该函数不执行循环体将返回空指针值 NULL。

2. 递归建立二叉树

我们按先序递归遍历的思想来建立二叉树。其建立思想如下:

(1) 建立二叉树的根结点;

(2) 先序建立二叉树的左子树;

(3) 先序建立二叉树的右子树。

算法描述如下:

```
Bnode * creat()
{ Bnode * p;
  scanf(%d, &x);                              /* 输入结点的数据域 */
  if(x==0) p=NULL;
  else{p=(Bnode * )malloc(sizeof(Bnode));
      p->data=x;                              /* 建立根结点 */
      p->lch=creat();                         /* 建立左子树 */
      p->rch=creat();                         /* 建立右子树 */
      }
  return p;
}
```

同样地,也可按中序遍历和后序遍历的思想建立二叉树。这部分内容读者可以自行写出,此处不再赘述。

问题: 二叉树遍历可以在哪里用得上呢?

6.3.7 二叉树遍历的应用举例

利用二叉树遍历算法的思路,若访问结点的操作不局限于输出结点的数据域的值,而将访问扩展到结点的判别、计数等等操作。可以解决关于二叉树其他实际问题。本节主要利用二叉树的递归遍历来实现。

1. 统计二叉树的叶子结点的数量

叶子结点是指那些没有左子树，也没有右子树的结点。那么，先设置一个计数器 m，记录叶子结点的数量，那么，可以在遍历的过程中，判断结点是否为叶子结点，是，则计数量 m 加 1，这样，直到遍历结束，就可以得到叶子结点的数量。

以先序遍历方法统计叶子结点的数量，其算法如下：

```
void numofleaf(Bnode * p, int &m)
{ if(p!=NULL)
     {if(p->lch==NULL&&p->rch==NULL)          /* 叶子结点左、右子树为空 */
         m++;
      numofleaf(p->lch,m);
      numofleaf(p->rch,m);
     }
}
```

这里，m 作为引用型形参，每一次递归调用时，都可以实时记录叶子结点的个数。相应的主调函数示意如下：

```
main()
  { Bnode * t;
    t=creat();                                /* 建立二叉树 t */
    m=0;                                       /* 全局变量 m 置初值 */
    numofleaf(t,m);                            /* 求树 t 叶子结点的个数 m */
    printf("\n m=%4d",m);                      /* 输出结果 */
  }
```

2. 求二叉树的树深

在 6.1 节中，我们介绍了树深。我们除了计算二叉树结点所处的最大层次数之外，树的深度也可以这样得到：设二叉树根所在结点的深度为 1，比较其左子树和右子树的深度，取其深度的最大值 N，那么树的深度为 N 加 1。可以利用二叉树的先序、中序或后序遍历的思路来完成，其算法思想如下：

```
int fstdepth(Bnode * p)
{ if(p==NULL) return 0;
  else
     { int  dl=fstdepth(p->lch);              /* 左子树的深度 */
       int  dr=fstdepth(p->rch);              /* 右子树的深度 */
       return 1+(dl>dr?dl:dr);                /* 树的深度 */
     }
}
```

相应主调函数如下：

```
main()
{ Bnode * t;
  t=creat();
  h=fstdepth(t);
  printf("树深度为=%d",h);
}
```

6.4 二叉树与树、森林的转换

在 6.3 节中,我们着重介绍了二叉树,而本章的主题内容是树与二叉树,那么,树与二叉树之间有什么联系呢?

6.4.1 树与二叉树的转换

1. 树转换成二叉树

其方法为:

(1) 加线——在树中所有相邻的兄弟之间加一条线段。

(2) 抹线——对树中的每个结点,只保留它与第一个孩子结点之间的连线,删去它与其他孩子结点的连线。

(3) 调整——以每一个结点为轴心,将其右侧所有结点按顺时针转动 45 度,使之成为一棵二叉树。

其转换过程如图 6.15 所示。

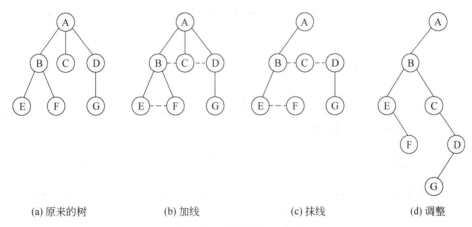

(a) 原来的树 (b) 加线 (c) 抹线 (d) 调整

图 6.15 树转换成二叉树

从图中的转换可以看出,在二叉树中,左分支上的各结点在原来的树中是父子关系,而右分支上各结点在原来的树中是兄弟关系。

注意:由于树的根结点没有右兄弟,所以转换后,二叉树根结点的右子树一定为空。

2. 二叉树转换成树

上述树与二叉树的转换是可逆的，将二叉树转换为树的方法依然是3步，具体如下：

（1）加线——若某结点是其双亲结点的左孩子，则把该孩子的右孩子、右孩子的右孩子……都与该结点用线连起来。

（2）抹线——删去二叉树中所有双亲结点与右孩子结点的连线。

（3）调整——把虚线改为实线，把结点按层次排列。

图6.16给出了二叉树转换为一般树的过程。

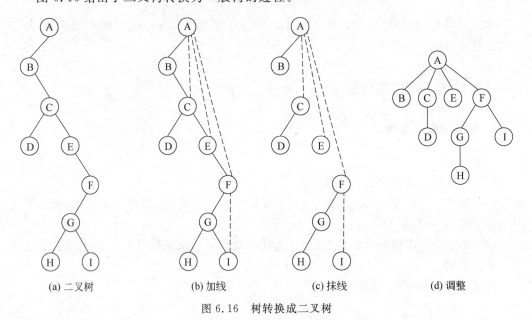

(a) 二叉树　　　　　　(b) 加线　　　　　　(c) 抹线　　　　　　(d) 调整

图 6.16　树转换成二叉树

6.4.2　森林与二叉树的转换

森林是树的集合。既然树可以与二叉树互相转换，那么森林是否可以与二叉树进行转换呢？若可以，该如何操作呢？

1. 森林转换为二叉树

由6.4.1节可知，当一棵树转换为二叉树时，此二叉树是没有右子树的。现在就来利用这个空的右子树的位置。转换方法如下：

（1）转换——将森林中的每棵子树转换成二叉树，可以给每个二叉树进行编号为第1,2,3,…,n棵二叉树。

（2）加线——在所有的二叉树的根结点之间加一条连线，即依次将第i+1棵二叉树作为第i棵二叉树的右子树。

图6.17是将一个森林转换成一棵二叉树的例子。

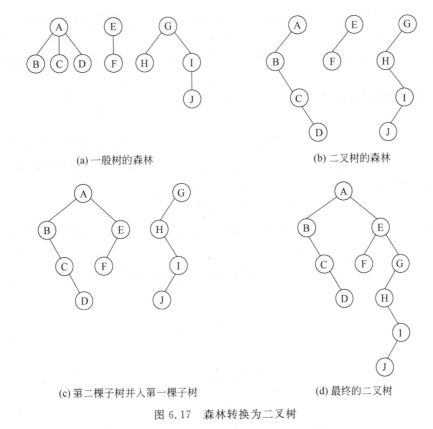

(a) 一般树的森林　　　　　　　　　　(b) 二叉树的森林

(c) 第二棵子树并入第一棵子树　　　　　(d) 最终的二叉树

图 6.17　森林转换为二叉树

2. 二叉树转换为森林

其具体步骤为：

（1）抹线——将二叉树的根结点与其右孩子的连线以及当且仅当连续地沿着右链不断地搜索到的所有右孩子的连线全部抹去，这样就得到包含有若干棵二叉树的森林。

（2）还原——将每棵二叉树按二叉树还原一般树的方法还原为一般树。于是得到森林。

这部分的图示请读者自己练习画出。

问题：从 6.4 节中，我们了解到二叉树与树、森林的转换。这是在逻辑关系上的转换，那么为什么一定要进行转换呢？它的实际意义是什么呢？

6.5　树的存储结构

在二叉树的存储结构中，我们已经再次说明了存储结构的意义，也了解了二叉树存储结构。对于树来说，树中结点之间的逻辑关系是一个双亲结点可能有多个孩子，我们该如何将树存储在计算机中呢？是否仍然可以用顺序存储和链式存储呢？

因为树中某结点可以有多个孩子，若将每个结点按序存储到一个数组中，结点的存储位置都无法反映其逻辑关系，所以，树是不能用单纯的顺序存储结构的。以下介绍的，都是复杂顺序存储（双亲表示法）及链式有关的存储结构。

问题：请仔细思考为什么结点的存储位置无法反映其逻辑关系？画个图来试试吧！！

6.5.1　树的双亲表示法

由树的定义可知，树中每个结点都有且仅有一个双亲对点，按这个特点，在每个数组元素中存放一个结点信息和其双亲结点的下标位置。这种存储方式叫作双亲表示法。数组元素的表示如下：

parent	data

其中，data 域，用来存储结点信息；parent 域，用来存储该结点的双亲在数组中的下标位置。

图 6.18 给出了图 6.15(a)所示的树采用双亲表示法的存储示意图。

	data	parent
0	A	−1
1	B	0
2	C	0
3	D	0
4	E	1
5	F	1
6	G	3

图 6.18　树的双亲表示法

由于存储了双亲关系，便于求某结点的双亲和根结点的操作；但是求某个结点的孩子时，需遍历整个数组，也难以反映兄弟结点之间的关系。

6.5.2　孩子表示法

树的孩子表示法是一种基于链表的存储方法，可称之为多重链表表示法，即结点中的每个指针域指向一个孩子。因为树的每个结点度是不同的，我们可以让结点的指针域的数量等于树的度，其结点结构为：

data	child1	child2	⋯	childd

其中：data：数据域，存放该结点的数据信息。

child1～childd：指针域，指向该结点的孩子结点。

图 6.19 给出了图 6.15(a)所示的树采用多重链表表示法的存储示意图。

从图中可以看出，空链域的数量会比较多，如果出现树的度很大，假如树的度为 12 且只有一个结点的度为 12，其他大多数的结点度很小，只为 1，那么空链域会更多，就会造成浪费空间。

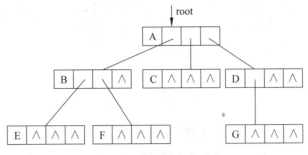

图 6.19　多重链表表示法

如何减少空间的浪费呢？一种改进的方式是根据每个结点度的情况来确定每个结点的大小。但其缺点是树的各种操作不容易实现。

6.5.3　孩子兄弟表示法

孩子兄弟表示法是树最常用的表示法，这种方法表示规范，不仅适用于多叉树的存储，也适用于森林的存储。

树的孩子兄弟表示法又称为二叉链表表示法。构成孩子兄弟二叉链表的结点结构是：一个数据域和两个指针域，一个指针指向它的长子，另一指针指向它的一个兄弟。其结点结构为：

firstchild	data	sibling

图 6.15(a)中树的孩子兄弟二叉链表结构如图 6.20(a)所示。假设把图 6.20(a)中指向兄弟的水平方向指针改为下斜 45°，如图 6.20(b)，不难发现它与一棵二叉树十分相似。由 6.2 节可知二叉树结构规范、简单并具有一些重要的性质，因此常将一般树结构转换为二叉树结构进行处理。

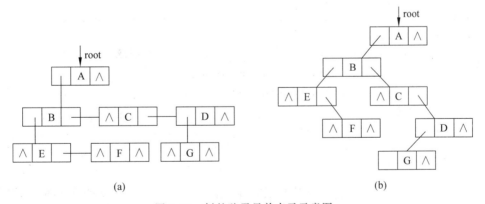

图 6.20　树的孩子兄弟表示示意图

在了解了树的几种存储结构之后，我们来解决在 6.4 节的疑问，树与二叉树的转换的实际意义是什么呢？首先在于存储结构，我们把树的存储按孩子兄弟表示法进行存储，可见,若忽略了树的孩子兄弟表示法的两个指针的意义,以及二叉树的两个指针的意义,可以发现在形式上二者是一样的。那么,可以利用二叉树的相关操作,如二叉树遍历等来完成对树的操作。

6.6　树的遍历

树和森林又都与二叉树可以互相转换,转换的依据是树和森林的孩子兄弟存储表示。因此,根据二叉树遍历的思想可以实现树和森林的遍历。

树和森林选用孩子兄弟链表存储结构,它的结点结构如下:

```
typedef struct node
  { char data;
    struct node * firstchild;            /*指向第一个孩子*/
    struct node  * nextsilbing;          /*指向下一个兄弟*/
  }CSnode;
```

6.6.1　一般树的遍历

一般树的遍历主要是先序和后序遍历,通常不讨论一般树的中序遍历。

1. 树的先序遍历

对一般树进行先序遍历,首先访问树的根结点,然后从左至右逐一先序遍历根的每一棵子树。结合图6.15(a)这棵树,进行先序遍历的结果是:A,B,E,F,C,G,D。然后结合图6.15(d)这棵二叉树,按照二叉树先根遍历的算法进行遍历,结果也是:A,B,E,F,C,G,D,两者遍历的结果完全相同。树的先序遍历递归该算法如下:

```
void preordertre(CSnode  * root)         /* root 为一般树的根结点*/
{ if(root!=NULL)
         {  printf("%6c",root->data);    /*访问根结点*/
            preordertre(root->firstchild);
            preordertre(root->nextsilbing);
         }
}
```

2. 树的后序遍历

对一般树进行后序遍历,首先从左至右逐一后序遍历树根的每一棵子树,最后访问树的根结点。由于一般树转换为二叉树后,此二叉树没有右子树,对此二叉树的中序遍历结果与上述一般树的后序遍历结果相同。结合图6.15(a)这棵树,进行后序遍历的结果是:E,F,B,C,G,D,A。然后结合图6.15(d)这棵二叉树,按照二叉树中根遍历的算法进行遍历,结果也是:E,F,B,C,G,D,A。两者遍历的结果完全相同。树的后序遍历递归算法:

```
void postordertre(CSnode  * root)                    /* root 为一般树的根结点 */
{  if(root!=NULL)
     {  postordertre(root->firstchild);
        printf("%6c",root->data);
        postordertre(root->nextsilbing);
     }
}
```

3. 树的按层遍历

本算法运用队列做辅助存储结构。其步骤为：

(1) 首先将树根入队列；

(2) 出队一个结点便立即访问之,然后将它的非空的第一个孩子结点进队,同时将它的所有非空兄弟结点逐一进队；

重复步骤(2),这样便实现了树按层遍历,其算法如下：

```
void leveltraverse(CSnode * root)
{  CSnode  * q[20];                     /* 辅助队列,假设树结点不超过 19 个 */
   front=0; rear=0;                      /* 置空队列 */
   p=root; printf("\n");
   if(p!=NULL){rear++;q[rear]=p;}        /* 根结点进队 */
   while(front!=rear)
     {  front++; p=q[front];             /* 队首结点出队,并访问 */
        printf("%6c",p->data);
        if(p->firstchild!=NULL)
                { rear++;                 /* P 第一个孩子,不空则进队 */
                  q[rear]=p->firstchild;
                }
        /* 再找 p 的一个个兄弟结点,不空则进队 */
        while(p->firstchild!=NULL)
            { rear++; q[rear]=p->nextsilbing;
              p=p->nextsilbing;
            }
     }  /* 当队列为空时,结束循环 */
}
```

6.6.2　森林的遍历

森林有两种遍历方法：前序遍历和后序遍历。

(1) 前序遍历森林：前序遍历森林中的每一棵树。

(2) 后序遍历森林：后序遍历森林中的每一棵树。

例如在图 6.17(a)中的森林中,前序遍历的序列为：A,B,C,D,E,F,G,H,I,J;其后序遍历的序列为：B,C,D,A,F,E,H,J,I,G。

注意：树和森林的前序遍历对应了二叉树的前序遍历;树和森林的后序遍历对应了

二叉树的中序遍历。

6.7　二叉树的应用

树结构可以用来表示集合，应用比较广泛。它可以用于通信及数据传送中的二进制编码、判定和决策、信息的检索和排序等。

6.7.1　哈夫曼树

在电报通信中，电文是以二进制按一定的编码方式传送的。在发送方按照预先规定的方法将要传送的字符换成 0、1 组成的序列（称之为编码），在接收方再由 0、1 组成的序列换成对应的字符（称之为解码）。如何进行编码才能获得比较高的传送效率呢？

哈夫曼（Huffman）成功地解决了这个问题，提出了哈夫曼树，即构造一棵二叉树，每一条左子树的边记为 0，右子树的边记为 1，从根到每个树叶的路径就可以用一串二进制码来表示。为了能准确地译码，每个字母的编码都不能是另外一个字母编码的前缀，例如，字母 A 的编码为 00，字母 B 的编码为 11，字母 G 的编码为 0011，那么，在译码时，就无法确定 0011 是字母 G 还是字母 A 和 B，这就出现了二义性。哈夫曼证明了哈夫曼编码得到的每个字符的编码不包含其他字符编码的前缀，可以不使用分隔符而唯一地确定传输的字符。

哈夫曼树也称最优二叉树。下面介绍几个概念。

路径、路径长度：从树一个结点到另一结点的分支构成两个结点之间的路径，路径上的分支的数目称为路径长度。

树的路径长度：从根到树中每个结点路径长度。

树的带权路径长度（WPL）：树中所有叶子结点的带权路径长度之和。

哈夫曼树：设有 n 个权值 $\{w_1, w_2, \cdots, w_n\}$，构造一个具有 n 个叶子结点的二叉树，每个叶子结点带有权值 w_i，在所有的二叉树中，带权路径长度 WPL 最小的二叉树称为哈夫曼树。

例如，给定中子结点的权值分别为 $\{2,3,4,5\}$，可以构造出形状不同的多个二叉树，如图 6.21 所示。这些形状不同的二叉树的带权路径长度可能各不相同，带权路径长度分别为：

$$WPL = 2 \times 3 + 3 \times 3 + 4 \times 2 + 5 \times 2 + 6 \times 2 = 45$$
$$WPL = 2 \times 1 + 3 \times 2 + 4 \times 3 + 5 \times 4 + 6 \times 4 = 64$$

其中，图 6.21(a) 是哈夫曼（Huffman）树。

6.7.2　哈夫曼树的构造

建立哈夫曼树的方法如下：

（1）根据已知的 n 个权值 $\{w_1, w_2, \cdots, w_n\}$，首先构造 n 棵二叉树，每棵二叉树只有一

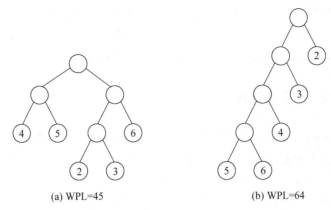

(a) WPL=45 (b) WPL=64

图 6.21 不同带权路径长度的二叉树

个根结点,根结点的权值是 $w_1, w_2, \cdots, w_n$,得到一个由 n 棵二叉树的集合 F＝{T_1, $T_2, \cdots, T_n$}。

(2) 在集合 F 中选取两棵根结点权值最小的二叉树 T_i, T_j, T_i, T_j 作为一棵新二叉树的左、右子树,新二叉树根结点的权值为 T_i, T_j 两棵二叉树的根结点权值之和。

(3) 在集合 F 中去掉 T_i, T_j 两棵树,并将新建立的二叉树加入到集合 F 中去。

(4) 重复步骤(2)和(3),直到 F 集合中只剩下一棵二叉树为止。这棵二叉树即所求的哈夫曼树,如图 6.21 所示。

已知权值 W＝{5,6,2,9,7},哈夫曼树的构造过程如图 6.22 所示。

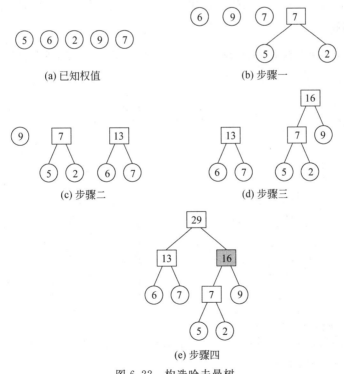

图 6.22 构造哈夫曼树

注意：在上述例子中，没有指定新生成的二叉树的左、右子树的权值是左大右小，还是左小右大；也没有指定当出现两个权值相同时，先选哪个。所以，在构造一棵哈夫曼树时，其形态可能有多个，但若是指明了具体算法时，其形态就会唯一。

6.7.3 哈夫曼树的实现算法

哈夫曼树的逻辑结构如上节所描述。实现哈夫曼树时，要考虑其存储结构。可选用顺序存储结构和链式存储结构。本节主要讨论顺序存储结构下哈夫曼树的实现，链式存储请在实验环节了解。

因为哈夫曼树中没有度为 1 的结点。由二叉树的性质 2 可知 $n_0 = n_2 + 1$，而现在结点总数为 $n_0 + n_2$，也即 $2n_0 - 1$。如果叶子数 n_0 用 n 来表示，则二叉树结点总数为 $2n-1$，向量的大小就定义为 $2n-1$。假设 n<10，存储结构如下：

```
typedef struct
  { int data;                    /* 权值域 */
    int lch,rch;                 /* 左、右孩子结点在数组中的下标 */
    int tag;                     /* tag=0 结点独立；tag=1 结点已并入树中 */
  } huff
huff h[20];
```

首先将所有叶子的权值输入向量 h 的 data 域中，并将 lch,rch,tag 域全置零。如前例中的权值{5，6，2，9，7}，其初始化如表 6.1 所示，并按哈夫曼树的构造过程，最后结果如表 6.2 所示。

表 6.1 哈夫曼树向量初始状态

	tag	lch	data	rch
1	0	0	5	0
2	0	0	6	0
3	0	0	2	0
4	0	0	9	0
5	0	0	7	0
6				
7				
8				
9				

表 6.2 哈夫曼树向量最终状态

	tag	lch	data	rch
1	1	0	5	0
2	1	0	6	0
3	1	0	2	0
4	1	0	9	0
5	1	0	7	0
6	1	1	7	3
7	1	2	13	5
8	1	4	16	6
9	0	7	29	8

```
int hufftree(huff h[20])
{ scanf("\n   n=%d",&n);          /* n 为叶子结点的个数 */
  for(j=1;j<=n; j++)
    { scanf("%d",&h[j].data);
```

```
            h[j].tag=0;h[j].lch=0; h[j].rch=0;
       }
    i=0;
    while(i<n-1)                    /*合并 n-1 次*/
       { x1=0; m1=32767;           /*m1 是最小值单元,x1 为下标号*/
        x2=0; m2=32767;            /*m2 为次小值单元,x2 为下标号*/
        for(j=1; j<=n+i; j++)
           { if((h[j].data<m1)&&(h[j].tag==0))
              { m2=m1; x2=x1;
               m1=h[j].data;x1=j;
              }
            else if((h[j].data<m2)&&(h[j].tag==0))
               { m2=h[j].data;
                 x2=j;
               }
           }
        h[x1].tag=1; h[x2].tag=1; i++;
        h[n+i].data=h[x1].data+h[x2].data;      /*m1+m2*/
        h[n+i].tag=0; h[n+i].lch=x1; h[n+i].rch=x2;
       }
    t=2*n-1; return(t);
}
```

6.7.4 哈夫曼编码

在通信中采用的二进制编码,如何利用哈夫曼树来获得呢?

假定有一段电文,其中使用了 5 个字符 Q、T、L、N、P,它们在电文中出现的次数分别为 5、6、2、9、7。由它们所构造的哈夫曼树如图 6.22(e)所示。在树中让所有左分支的编码为 0,右分支的编码为 1,将从根结点起到某个叶子结点路径上的各左、右分支的编码顺序排列,就得到这个叶子结点所代表的字符的二进制编码,如图 6.23 所示。

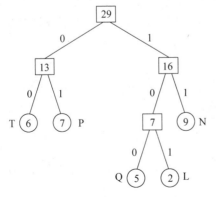

字符	频率	编码
Q	5	100
T	6	00
L	2	101
N	9	11
P	7	01

图 6.23 哈夫曼编码

6.8　小结

　　本章讨论了树和二叉树两种数据类型的定义以及它们的实现方法。树是以分支关系定义的层次结构，结构中的数据元素之间存在着"一对多"的关系，因此它为计算机应用中出现的具有层次关系或分支关系的数据，提供了一种自然的表示方法。如用树描述人类社会的族谱和各种社会组织机构。在计算机学科和应用领域中树也得到广泛应用，例如，在编译程序中，用树来表示源程序的语法结构等。

　　树与二叉树属于非线性结构。除根以外，每个结点只能有一个前驱，除叶子结点外，每个结点都可以有多个后继（即孩子结点）。

　　二叉树是度至多为 2 的有序树，有严格的左右之分，称之为左子树和右子树。

　　二叉树的存储也有两类：顺序存储结构（适用于满二叉树和完全二叉树存储）和链式存储结构。适合一般树的存储。分为二叉链表和三叉链表。

　　二叉树的遍历操作分为：先序遍历、中序遍历、后序遍历以及按层遍历。前 3 种可使用递归及非递归思想设计算法。后一种需要借助队列完成算法。遍历的实质是按某种规则将二叉树中的数据元素排列成一个线性序列。

　　树、森林可以与二叉树相互转换。以便于利用二叉树的运算思想来完成树、森林的操作。哈夫曼树是二叉树的一种应用。

讨论小课堂 6

　　1. 已知一个二叉树的先序和中序序列，能否唯一确定一棵二叉树？举例说明。若给定先序遍历序列和后序遍历序列，能否唯一确定，说明理由（或举例说明）。

　　2. 编写算法，判断一棵二叉树是否为完全二叉树。

　　3. 编写算法，求以孩子兄弟链表表示的树中的叶子结点个数。

　　4. 树以孩子兄弟链表表示，请写出按层遍历的算法。

　　5. 假定用于通信的电文由 8 个字母 A，B，C，D，E，F，G，H 组成，各字母在电文中出现的概率为 5%，25%，4%，7%，9%，12%，30%，8%，试为这 8 个字线设计哈夫曼编码。

习题 6

　　1. 对于图 6.24 中的树回答下列问题：

　　(1) 哪些结点是树叶？

　　(2) 哪个结点是树根？

　　(3) 哪个结点是 C 双亲结点？

　　(4) 哪个结点是 C 孩子结点？

　　(5) 哪些结点是 F 祖先结点？

　　(6) 哪些结点是 B 子孙结点？

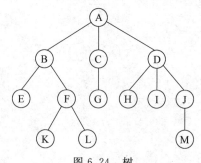

图 6.24　树

（7）这棵树的高度是多少？

（8）结点 J 的深度是多少？

2. 请分别画出有 3 个结点的树和 3 个结点的二叉树的所有不同形态。

3. 已知某二叉树的后序遍历序列是 dabec,中序遍历序列是 debac,能否确定唯一的二叉树？它的前序序列是什么？

4. 一棵非空的二叉树的先序遍历序列与后序遍历序列正好相反,则该二叉树一定满足下面哪个条件？_____

    A. 所有结点均无左孩子　　　　B. 所有结点均无右孩子

    C. 只有一个叶子结点　　　　　D. 是任意一棵二叉树

5. 设 n、m 为一棵二叉树上的两个结点,在中序遍历时,n 在 m 前面的条件是_____。

    A. n 在 m 右方　　　　　　　B. n 是 m 祖先

    C. n 在 m 左方　　　　　　　D. n 是 m 子孙

6. 在一棵非空二叉树的中序遍历中,根结点的右边_____。

    A. 只有右子树上的所有结点　　B. 只有右子树上的部分结点

    C. 只有左子树上的所有结点　　D. 只有左子树上的部分结点

7. 判断题。

（1）完全二叉树一定存在度为 1 的结点。

（2）对一棵二叉树进行层次遍历时,应借助于一个栈。

（3）若已知二叉树的先序遍历序列和后序遍历序列,可确定唯一的一棵二叉树。

8. 写一个算法求二叉树中结点总数。

9. 凡二叉树都只能用二叉链表来存储,这种说法是否正确？满二叉树和完全二叉树用什么存储结构更合适？

10. 有一组数值 14,21,32,15,28,画出哈夫曼树的生成过程及最后结果。

11. 算法分析。

本题是对图 6.25 中的二叉树进行操作,并且 LB 是指向二叉树树根的指针。

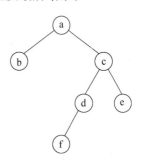

图 6.25　二叉树

```
Typedef struct node
{ DataType data;
  struct node *lch;
  struct node *rch;
}BtNode, *Link
```

（1）

```
int Nodelevel(BtNode *BT, DataType x)
{if(BT==NULL) return 0;
 else if(BT->data==x) return 1;
    else
      { int c1=Nodelevel(BT->lch,x);
```

```
            if(c1>=1) return c1+1;
            int c2=Nodelevel(BT->rch,x);
            if(c2>=1) return
            c2+1;
            return 0;
        }
    }
```

"printf("level is %d",NodeLevel(LB,'f'));"语句的执行结果是什么？算法所完成的是什么功能？

（2）

```
int i=0;
void test(BtNode * BT, DataType a[])
{ if(BT!=NULL)
  {test(BT->lch, a);
   a[i]=BT->data;i++;
   test(BT->rch, a);
  }
}
```

本算法执行以后数组 a 中的内容是什么？

第7章 图

虽然树具有灵活性,并且存在许多不同的树应用,但就其树本身而言,有一定局限性,即树只能表示层次关系,诸如父子关系。其他关系只能间接表示,例如兄弟关系。树的一个推广是图,图(graph)是一种比树更为复杂的非线性数据结构。在图形结构中,数据元素之间的关系是任意的,图中每一个数据元素都可以和任何其他数据元素相关联。

有关图的理论在"离散数学"等课程中有详细的介绍,在本书中不再重复。本章首先介绍图的概念,然后介绍图在计算机中的存储方法及有关图的常用算法。在此主要介绍图的存储结构以及图的基本操作的实现,并利用图论的知识讨论图的应用的实现。

【案例引入】

在日常生活中经常会遇到图的实例。例如交通网络、通信网络、城市地图、旅游图等等都是图的例子。图的应用十分广泛。最典型的应用领域有电路分析、寻找最短路线、项目规划、鉴别化合物、统计力学、遗传学、控制论、语言学,乃至社会科学。

18 世纪初在普鲁士柯尼斯堡镇流传一个七桥问题:城内一条河的两支流绕过一个岛,有七座桥横跨这两支流,问一个散步者能否走过每一座桥,而每座桥却只走过一次。

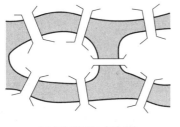 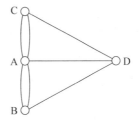

(a) 柯尼斯堡七桥问题   (b) 柯尼斯堡七桥问题抽象为图

图 7.1 柯尼斯堡七桥问题与图

7.1 图的基本概念

7.1.1 图的定义

简单地说,图是 n(n≥0)个元素的有限集合。图可表示成二元组的形式,即

$$Graph = (V, E)$$

其中,V 是图中数据元素的集合,称为顶点(vertice,也叫节点或结点)集,E 是数据元素之间关系的集合,称为边(edge,也叫弧或连线)集,顶点集 V 和边集 E 用大写字母表示。E

中的每一条边连接 V 中两个不同的顶点。可以用(v_i, v_j)来表示一条边,其中,v_i 和 v_j 是 E 所连接的两个顶点,顶点用小写字母表示。

如图 7.2 所示,图中有些边是带方向的(带箭头),而有些边是不带方向的。带方向的边叫有向边(directed edge),简称为弧;而不带方向的边叫无向边(undirected edge),简称为边。对于无向边来说,用顶点的无序对表示,(v_i, v_j)和(v_j, v_i)表示同一条边。而对有向边来说用顶点的有序对表示,$<v_i, v_j>$和$<v_j, v_i>$是不同的,前者的方向是从 v_i 到 v_j,后者是从 v_j 到 v_i,它们是两条不同的弧。

如果使用集合的表示方法,图 7.2 中的两个图可以用如下方法表示。

(1) 图 G_1: $G_1 = (V_1, E_1)$;

其中顶点集　　$V_1 = \{v_1, v_2, v_3, v_4\}$;

其中边集　　　$E_1 = \{(v_1, v_2), (v_1, v_3), (v_2, v_3), (v_1, v_4), (v_3, v_4)\}$

(2) 图 G_2: $G_2 = (V_2, E_2)$

其中顶点集　　$V_2 = \{v_1, v_2, v_3\}$;

其中弧集　　　$E_2 = \{<v_1, v_2>, <v_1, v_3>, <v_2, v_3>, <v_3, v_2>\}$

如果图中所有的边都是无向边,那么该图称为无向图(undirected graph),图 7.2 中图 G_1 就是无向图。如果所有边都是有向的,那么该图称为有向图(directed graph),图 7.2 中图 G_2 是一个有向图。

由定义可知,一个图中不可能包括同一条边的多个副本,因此,在无向图中的任意两个顶点之间,最多只能有一条边,在有向图中的任意两个顶点之间,最多只能有两条边,从顶点 v_i 到顶点 v_j 或从 v_j 到 v_i,并且一个图中不可能包含自连边(self-edge),即(v_i, v_i)类型的边,自连边也称为环(loop)。

在对图的讨论中我们对图做一些限制:

第一,图中不能有从顶点自身到自身的边(即自身环),就是说不应有形如(v_x, v_x)的边或$<v_x, v_x>$的弧。如图 7.3(a)所示的带自身环的图不讨论。

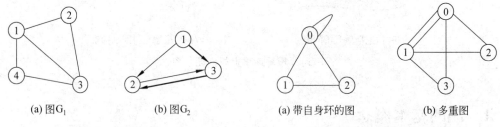

(a) 图G_1　　　　　(b) 图G_2　　　　　(a) 带自身环的图　　　(b) 多重图

图 7.2　图的示例　　　　　　　　图 7.3　带自身环的图和多重图

第二,两个顶点 v_t 和 v_u 之间相关联的边不能多于一条。如图 7.3(b)所示的多重图也不讨论。

通常把无向图简称为图,有向图仍称为有向图(digraph)。在一些图和有向图的应用中,我们会为每条边赋予一个权或花费,这种情况下,用术语"加权有向图"(weighted graph)和"加权无向图"(weighted digraph)来描述所得到的数据对象。术语"网络"(network)在这里是指一个加权有向图或加权无向图。实际上,这里定义的所有图的变化都可以看作网络的一种特殊情况：一个无向（有向）图可以看作是一个所有边具有相同权的无向（有向）网络。

7.1.2　图的术语

在下面讨论图的时候，经常会用到以下的一些术语。

（1）完全图（complete graph）：在有 n 个顶点的无向图中，若有 n(n-1)/2 条边，则称此无向图为完全无向图，如图 7.4 所示的图 G_1。在有 n 个顶点的有向图中，若有 n(n-1) 条边，则称此图为完全有向图，如图 7.4 所示的图 G_2。完全图中的边的个数达到了最大值。

问题：图的顶点数 n 和边数 e 是什么关系？

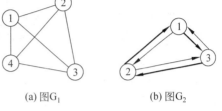

(a) 图G_1　　　　(b) 图G_2

图 7.4　图的示例

（2）权（weight）：在某些图的应用中，边（弧）上具有与它相关的系数，称为权。这些权可以表示从一个顶点到另一个顶点的距离、花费、代价、所需的时间和次数等。这种带权图也被称为网络（network）。

（3）邻接顶点（adjacent vertex）：在无向图中，若(u,v)是 E(G) 中的一条边，则称 u 和 v 互为邻接顶点，并称边(u,v)依附于顶点 u 和 v。在图 7.4 的图 G_1 中，顶点 v_1 的邻接顶点有顶点 v_2、v_3 和 v_4；在图 G_2 中，若<u,v>是 E(G) 中的一条边，则称顶点 u 邻接到顶点 v，顶点 v 邻接自顶点 u，并称边<u,v>与顶点 u 和顶点 v 相关联。在图 7.4 的有向图 G_2 中，顶点 v_1 因弧< v_1,v_2>邻接到顶点 v_2。

（4）顶点的度：顶点的度是指依附于某顶点 v_i 的边数，通常记为 $TD(v_i)$。在有向图中，要区别顶点的入度和出度的概念。所谓顶点 v_i 的入度，是指以 v_i 为终点的弧的数目，记为 $ID(v_i)$；所谓顶点 v_i 的出度，是指以 v_i 为始点的弧的数目，记为 $OD(v_i)$。显然：

$$TD(v_i) = ID(v_i) + OD(v_i)$$

例如，在图 7.4 中 G_1 的顶点 v_1 的度 $TD(v_1)=3$，在 G_2 中的顶点 v_2 的入度 $ID(v_2)=2$，出度 $OD(v_2)=1$，$TD(v_2)=3$。

可以证明，对于具有 n 个顶点、e 条边的图，顶点 v_i 的度 $TD(v_i)$ 与顶点的个数及边的数目满足关系：

$$2e = \sum_{i=1}^{n} TD(v_i)$$

问题：顶点数 n、边数 e 和度数之间有什么关系？

（5）路径与回路：所谓顶点 v_p 到顶 v_q 之间的路径，是指顶点序列(v_p, v_{i1}, v_{i2},…, v_{im}, v_q)，其中(v_p,v_{i1}),(v_{i1},v_{i2}),…,(v_{im},v_q)分别为图中的边。路径上边的数目称为路径长度。在如图 7.3 所示的无向图中，顶点 v_1 到顶点 v_5 的路径有两条，分别为(v_1,v_2,v_3,v_5)与(v_1,v_4,v_5)，路径长度分别为 3 和 2。如果路径的起点和终点相同（即 $v_p = v_q$），则称此路径为回路或环。

（6）路径长度（path length）：对于不带权的图，路径长度是指路径上边的数目。对于带权图，路径长度是指路径上各边的权之和。例如，在如图 7.4 所示的有向图（G_2）中，路径$<v_1,v_2,v_3>$的长度为 2。

（7）简单路径与回路（cycle）：对于一路径（v_1，v_2，$\cdots$，v_m），若路径上各顶点均不相同，则称这条路径为简单路径。若路径上第一个顶点 v_1 和最后一个顶点 v_m 相同，则称这样的路径为回路或环。序列中顶点不重复出现的路径称为简单路径，如图 7.5 所示的v_1 到 v_5 的两条路径都为简单路径。除第一顶点与最后一个顶点之外，其他顶点不重复出现的回路为简单回路或者简单环。例如，在如图 7.4（G_2）所示的有向图中，路径$<v_1$，v_2，$v_3>$是一条简单路径。

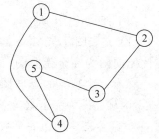

图 7.5　图的路径

（8）连通图与连通分量（connected graph and connected component）：若从顶点 v_i 到顶点 v_j（$i \neq j$）有路径，则 v_i 和 v_j 是连通的。

如果无向图中任意两个顶点 v_i 和 v_j 都是连通的，则称无向图是连通的。非连通图的极大连通子图称为连通分量。图 7.4 中的 G_1 和 G_2 都是连通图。

问题：在图中，路径唯一吗？为什么？与树的路径进行比较。

对于有向图来说，图中任意一对顶点 v_i 和 v_j（$i \neq j$）均有从 v_i 到 v_j 及从 v_j 到 v_i 的有向路径，则称该有向图是强连通的。有向图中的极大强连通子图称为该有向图的强连通分量。图 7.2 中的 G_2 不是强连通的，但它有一个强连通分量，见图 7.6（b）。

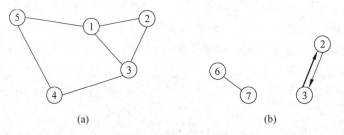

(a)　　　　　　　　　　　　　　　(b)

图 7.6　图的连通分量

问题：连通分量中极大的含义是什么？

7.1.3　图的抽象数据类型

与前面几章所介绍的数据结构类似，图结构的基本操作主要也是插入、删除和查找。但是，在本章并不详细讨论插入、删除这些基本操作。本章将重点讨论关于图的一些重要的具有实用价值的算法，例如，图的遍历、图的最小生成树、拓扑排序等。当然，为了对图进行遍历，不可避免地要考虑如何将图的相关数据输入到计算机中，也即图的建立。在此需要说明：和无序树一样，图中的顶点之间是没有次序的。但对于一个具体的图，一旦根据指定的存储结构建立完成后，图中的每一个顶点的所有邻接顶点之间就有了先后次序。

图的抽象数据类型如下：

```
ADT Graph{
    数据对象：V={具有相同特性的数据元素集,即 V 定点集;}
    数据关系：E={VR}
              VR={<v,w > | v, w∈V,<v,w >表示定点 v 和定点 W 之间的边;}
    基本操作：1.图的建立;
              2.顶点定位;
              3.取图中某顶点的值;
              4.求图中某顶点的第一个邻接点;
              5.求图中某顶点的下一个邻接点;
              6.在图中插入一个新的顶点;
              7.删除图中某个顶点;
              8.在图中插入一条弧(边);
              9.删除图中的一条弧(边);
              10.深度优先遍历图;
              11.广度优先遍历图;
} ADT  Graph;
```

7.2　图的存储结构

图的存储结构有多种,例如,邻接矩阵、邻接链表、边集数组和十字链表等。最常用的描述方法都是基于邻接的方式：邻接矩阵和邻接链表。本节仅对这两种存储结构进行详细介绍。

7.2.1　图的邻接矩阵

图的邻接矩阵表示方法是：

- 用一个一维数组存储图中顶点的信息。
- 用一个二维数组(称为邻接矩阵)存储图中边的信息。

一个 n 个顶点的图 G＝(V,E)的邻接矩阵(adjacency matrix)是一个 n×n 矩阵 A,A 中的每一个元素是 0 或 1。假设

$$V = \{v_1, v_2, \cdots, v_n\}$$

如果 G 是一个无向图,那么 A 中的元素定义如下：

$$A[i,j] = \begin{cases} 1, & \text{如果}(v_i, v_j) \in E \text{ 或}(v_j, v_i) \in E \\ 0, & \text{其他} \end{cases}$$

如果 G 是有向图,那么 A 中的元素定义如下：

$$A[i,j] = \begin{cases} 1, & \text{如果} < v_i, v_j > \in E \\ 0, & \text{其他} \end{cases}$$

例如,图 7.2 中的 G_1 和 G_2 的邻接矩阵分别表示为 A1 和 A2,矩阵的行、列号对应图中结点的号。

$$A1 = \begin{bmatrix} 0 & 1 & 1 & 1 \\ 1 & 0 & 1 & 0 \\ 1 & 1 & 0 & 1 \\ 1 & 0 & 1 & 0 \end{bmatrix} \qquad A2 = \begin{bmatrix} 0 & 1 & 1 \\ 0 & 0 & 1 \\ 0 & 1 & 0 \end{bmatrix}$$

问题：如何存储顶点、如何存储边？

从图的邻接矩阵表示法中可以得到如下结论：

(1) 对于 n 个顶点的无向图，有 $A[i,i]=0,1 \leqslant i \leqslant n$。

(2) 无向图的邻接矩阵是对称的，即 $A[i,j]=A[j,i], 1 \leqslant i \leqslant n, 1 \leqslant j \leqslant n$。

(3) 有向图的邻接矩阵不一定对称。因此，用邻接矩阵来表示一个具有 n 个顶点的有向图时需要 n^2 个单元来存储邻接矩阵；对有 n 个顶点的无向图则只需存入上（下）三角形，故只需 $n(n+1)/2$ 个单元。

(4) 无向图的邻接矩阵的第 i 行（或第 i 列）非零元素的个数正好是第 i 个顶点的度 $TD(v_i)$。

(5) 有向图的邻接矩阵的第 i 行（或第 i 列）非零元素的个数正好是第 i 个顶点的出度 $OD(v_i)$（或入度 $ID(v_i)$）。

问题：无向图和有向图的邻接矩阵有什么不同？各有什么特点？

对于网（或带权图），邻接矩阵 A 的定义为：

$$A[i,j] = \begin{cases} W_{ij}, & \text{若 } i \neq j \text{ 且}(v_i, v_j) \in E \quad \text{或} < v_i, v_j > \in E \\ \infty, & \text{否则，但 } i \neq j \\ 0, & \text{否则，但 } i = j \end{cases}$$

其中，$W_{ij} > 0$，W_{ij} 是边(v_i, v_j)或弧$< v_i, v_j >$的权值，权值 W_{ij} 表示了从顶点 v_i 到顶点 v_j 的代价或称费用。当 $i=j$ 时，邻接矩阵中的元素 $a_{ij}=0$ 可理解为从一个顶点到自己没有代价，这也完全和实际应用中的问题模型相符。有一种允许 W_{ij} 为负值的网，在此不讨论。

问题：在计算机中如何表示 ∞？

图 7.7(a)是一个带权图，图 7.7(b)是对应的邻接矩阵的存储结构。其中，V 表示图中的顶点集合，A 表示图的邻接矩阵。对于带权图，邻接矩阵第 i 行中所有 $0 < a_{ij} < \infty$ 的元素个数等于第 i 个顶点的度，邻接矩阵第 j 列中所有 $0 < a_{ij} < \infty$ 的元素个数等于第 j 个顶点的度。

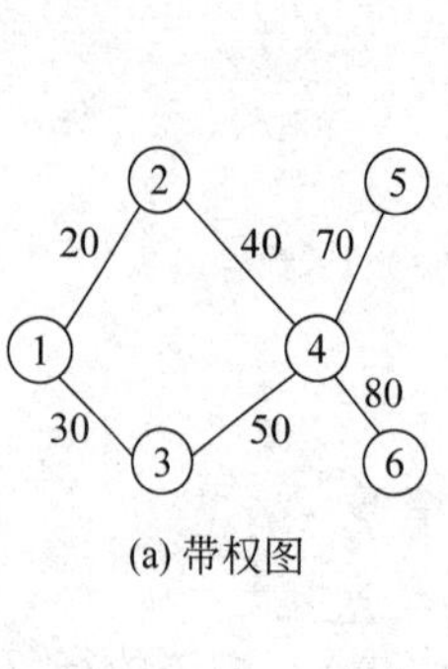

$$V = \begin{pmatrix} 1 \\ 2 \\ 3 \\ 4 \\ 5 \\ 6 \end{pmatrix} \qquad A = \begin{pmatrix} 0 & 20 & 30 & \infty & \infty & \infty \\ 20 & 0 & \infty & 40 & \infty & \infty \\ 30 & \infty & 0 & 50 & \infty & \infty \\ \infty & 40 & 50 & 0 & 70 & 80 \\ \infty & \infty & \infty & 70 & 0 & \infty \\ \infty & \infty & \infty & 80 & \infty & 0 \end{pmatrix}$$

(a) 带权图　　　　　　　　　　(b) 邻接矩阵

图 7.7　带权图及其邻接矩阵

7.2.2 邻接矩阵表示法的描述

对于上述的无向图和有向图,其实现方法基本相同。如有向图中的弧$<a,b>$和弧$<b,a>$就等同于无向图中的边(a,b),把不带权图中的边信息均定为1,不带权图就变成了带权图。因此,在上述三种类型的图中,带权图最有代表性。下面以带权图为例讨论图的邻接矩阵的表示。

在邻接矩阵表示的图中,顶点信息用一个一维数组表示 Vertices[],边(或弧)信息用一个二维数组表示 Edge[][],这就是邻接矩阵。大多数情况下带权图的边信息不只是包含边的权值,而是有更多的信息。这里主要注重基本原理和方法的讨论,因此设计的图类的边信息情况简单,仅包含边的权值。

```
#define MaxVertices   100
#define MaxWeight    32767
typedef struct{
    int     Vertices[MaxVertices];
            /*顶点信息的数组*/
    int     Edge[MaxVertices][MaxVertices];
            /*边的权信息的矩阵*/
    int     numV;
            /*当前的顶点数*/
    int     numE;
            /*当前的边数*/
}AdjMatrix;
```

邻接矩阵的特点如下:
- **存储空间**。对于无向图而言,它的邻接矩阵是对称矩阵(因为若$(v_i,v_j) \in E(G)$,则$(v_j,v_i) \in E(G)$),因此可以采用特殊矩阵的压缩存储,即只存储矩阵的下三角即可,这样,一个具有 n 个顶点的无向图 G 的邻接矩阵需要 $n(n-1)/2$ 个存储空间。但对于有向图而言,其中的弧是有向的,即若$<v_i,v_j> \in E(G)$,不一定有$<v_j,v_i> \in E(G)$,因此有向图的邻接矩阵不一定是对称的,存储时则需要 n^2 个存储空间。
- **便于运算**。采用邻接矩阵表示法,便于判定图中任意两个顶点之间是否有边连接,即根据 A[i,j]=0 或 1 来判断。另外还便于求得各个顶点的度。

对于无向图而言,其邻接矩阵第 i 行元素之和就是图中第 i 个顶点的度:

$$TD(v_i) = \sum_{j=1}^{n} A[i,j]$$

对于有向图而言,其邻接矩阵第 i 行元素之和就是图中第 i 个顶点的出度:

$$OD(v_i) = \sum_{j=1}^{n} A[i,j]$$

对于有向图而言,其邻接矩阵第 i 列元素之和就是图中第 i 个顶点的入度:

$$ID(v_i) = \sum_{j=1}^{n} A[j,i]$$

采用邻接矩阵表示图,十分便于实现图的一些基本操作,如要实现访问 G 图中 v 顶点的第一个邻接点的函数 FirstAdjVertex(G,v),可按如下步骤进行:

(1) 首先,由 LocateVertex(G,v)找到 v 在图中的位置,即 v 在顶点数组中的序号 i。

(2) 邻接矩阵中第 i 行上第一个非零元素所在的列号 j,便是 v 的第一个邻接点在图中的位置。

(3) 取出一维数组 Vertices[j]中的数据信息,即与顶点 v 邻接的第一个邻接点的信息。

7.2.3 邻接矩阵表示下的基本操作的实现

1. 建立一个图的邻接矩阵

算法如下:

```
void CreateGraph(AdjMatrix * G, int n,int e)
{ int i,vi,vj,w;                        /* w 为边的权值 */
  G->numE=e;
  G->numV=n;
  printf("  输入顶点的信息(整型): ");
  for(i=0; i<G->numV; i++)
  {  printf("\n %d",i+1,": ");
     scanf("%d",&G->Vertices[i]);
  }
  for(i=0; i<G->numE; i++)
  {  printf("\n %输入边的信息(vi,vj,w): ");
     scanf("%d,%d,%d ",&vi,,&vj,&w);
     G->Edge[vi-1][vj-1]=w;
     G->Edge[vj-1][vi-1]=w;               /* 对于无向图 */
  }
}
```

该函数的作用是根据一个已知的图,首先输入它的顶点数、总边数,然后输入顶点的信息,这里假设为整型。再输入每一条边的信息:两个顶点的编号,还有该边的权值。建立起一个非空图。

2. 输出图的邻接矩阵

算法如下:

```
void DispGraph(AdjMatrix G)
{  int i;
   printf("\n 输出顶点的信息(整型): \n ");
```

```
for(i=0; i<G.numV; i++)printf("%d",G.Vertices[i]," ");
printf("\n 输出邻接矩阵 : \n ");
for(i=0; i<G.numV; i++)
{   printf("\n %d",i+1);
    for(int j=0; j<G.numV;j++)
      printf(" %d",G.Edge[i][j]," ");
    printf("\n");
  }
}
```

该函数的作用是：输出显示图的有关数据信息，以便用来检查数据的正确性。

用邻接矩阵表示图的不足之处：无论图中实际包含多少条边，图的读入、存储空间初始化等需要 $O(n^2)$ 个单位时间，这对边数较少（当边数 $m \ll n^2$）的稀疏图不是很经济。对于边数较多（如 $m > n * \log n$）的稠密图，这种存储方式是有效的。但实际问题中常见的是非稠密图，因而有必要考虑图的其他存储方式。

7.2.4　图的邻接链表

邻接链表（Adjacency List）是图的一种链式存储结构，与树形结构中的孩子链表相似。通常邻接链表也称邻接表。在邻接表中，对每一个顶点建立一个单链表，将同一个顶点发出的边链接在一个称为边链表的单链表中，链表中的每个结点表示一条依附该顶点的边，称为边结点。每个结点存放着该边的另一顶点的存储位置 adjvex 和指向同一链表中下一条边结点的指针 nextarc，如果是带权图，边结点中还要保存该边上的权值 weight 等相关信息。每一个单链表的头结点存放顶点的信息，由两部分组成，其中数据域 data 存放顶点的信息，链域 firstarc 用于指向链表中的第一个结点（即依附于顶点 v_i 第一条边结点），这些表头结点通常以顺序表结构存储，以便随机访问任一顶点的链表，如下所示。

对于图 7.2 中的 G_1 和 G_2，其邻接链表如图 7.8 所示。

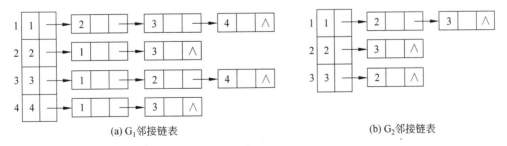

图 7.8　邻接链表

问题：邻接矩阵与邻接表之间有什么对应关系？

表头结点结构就是图的顶点信息的结构，也是顶点数组的元素类型。在实际应用中顶点的信息往往比较丰富，比如一个顶点表示一个城市，信息内容可以包括编号、城市名称、面积、人口等等。为了突出基本概念和原理，这里顶点的信息简化为只包含顶点的编号。其结构定义如下：

```
typedef struct Vnode
{ VertexType  data;              /*顶点信息*/
  ArcNode  * firstarc;          /*指向第一条依附该顶点的弧指针*/
}Vnode;
```

边结点用来存放边的信息。大多数情况下带权图的边信息不只是包含边的权值，而是有更多的信息。本书更注重基本原理和方法的讨论，因此设计的边结点信息情况比较简单，包含邻接顶点的编号、边的权值和指向下一条边（具有共同出发顶点的边）的指针域。甚至可以进一步简化为如图 7.8 中的边结点，只有顶点号和指针两个域。边结点的结构体定义如下：

```
typedef  struct  ArcNode
{ int    adjvex;                   /*该边(弧)所指向的顶点的位置*/
  struct  ArcNode  * nextarc;     /*指向下一条边(弧)的指针*/
  InfoType * info                  /*边(弧)上的信息*/
}ArcNode;
```

7.2.5 图的邻接表表示法的描述

在图的邻接表存储结构中，顶点信息用一个一维数组表示 Vertices[]，也称表头向量。应特别注意的是，每个数组元素除了包含顶点的信息 data 外，还包含一个指针域 firstarc。用 firstarc 链接以该顶点发出的边结点，形成一条链表。边（或弧）信息在边结点中，链表中的每个结点表示一条依附该顶点的边。一个表头向量和各个顶点的外接链表构成图的邻接链表。邻接链表类型定义如下：

```
#define  MaxVertices  20
/*链表的结点结构信息*/
typedef  struct  ArcNode
{ int  adjvex;                    /*该弧所指向的顶点的位置*/
  struct  ArcNode  * nextarc;    /*指向下一条弧的指针*/
  InfoType  info                  /*弧上的信息*/
}ArcNode;
/*表头向量的结点结构信息*/
typedef  struct  Vnode
  { VertexType  data;             /*顶点信息*/
    ArcNode  * firstarc;         /*指向第一条依附该顶点的指针*/
  }Vnode;
/*图的结构信息*/
```

```
typedef  struct
{ Vnode  vertex[MaxVertices];     /*表头向量*/
  int  vexnum, arcnum;            /*图的当前顶点数和弧数*/
}AdjList;
```

注意：边表结点和顶点表结点的定义顺序。

邻接表的特点：

- **存储空间**。对于有 n 个顶点、e 条边的无向图而言，若采用邻接表作为存储结构，则需要 n 个表头结点和 2e 个边结点。很显然在边很稀疏的情况下，用邻接表存储所需要的存储空间比邻接矩阵所需的空间节省得多。
- **无向图的度**。在无向图的邻接表中，顶点 v_i 的度恰好就是第 i 个边链表上结点的个数。
- **有向图的度**。在有向图中，第 i 个边链表上结点的个数是顶点 v_i 的出度。

如要判定任意两个顶点 v_i 与 v_j 之间是否有边或弧相连，则需要搜索所有的边链表，这样比较麻烦。

求得第 i 个顶点的入度，也必须遍历整个邻接表，在所有边链表中查找邻结点域 (adjvex)的值为 i 的结点并计数求和。由此可见，对于用邻接表表示的有向图，求顶点的入度并不方便，它需要通过扫描整个邻接表才能得到结果。

一种解决的方法是逆邻接表，可以对每一顶点 v_i 再建立一个逆邻接表，即对每个顶点 v_i 建立一个所有以顶点 v_i 为弧头的弧链表，如图 7.9 所示。这样求顶点 v_i 的入度即是计算逆邻接表中第 i 个顶点的边链表中结点的个数。

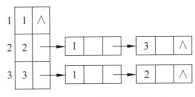

图 7.9 G_2 的逆邻接链表

7.2.6 邻接表表示下基本操作的实现

图的基本操作有很多，需要循序渐进地认识理解。下面介绍建立图的邻接表函数和输出图的信息函数。其他函数可以暂时不看，在后面的章节会逐一介绍。

1. 建立图的邻接表函数

该函数包含两部分内容：顶点信息的输入和边信息的输入，也可以理解为顶点的插入和边的插入。

算法如下：

```
void CreateGraph(AdjList * G, int n,int e)
/*输入图的数据信息,建立邻接链表*/
{ Vnode vi,vj;   ArcNode  w;
  G->arcnum=e;   G->vexnum=n;
  printf("\n  输入顶点的信息(整型):");
  for(int i=0; i<G->vernum; i++)
```

```
   {  printf("\n %d",i+1,": ");
      scanf("%d",&G->Vertex[i].data);
   }
 for(int i=0; i<G->arcnum; i++)
   { printf("\n 输入边的信息(顶点号 vᵢ 顶点号 vⱼ边的权值 W): ");
     scanf("%d,%d,%d",&vi,&vj,&w);
         //对于无向图
     if(vi<1 || vi>G->vexnum || vj<1 || vj>G->arnum)
      { printf("参数 v₁或 v₂越界出错!\n");
        return;
      }
   /*---------------在第 vᵢ 条链表上,链入边(vᵢ,vⱼ)的结点 */
 ArcNode  * q=(ArcNode *)malloc(sizeof(ArcNode));
 q->adjvex=vj-1; q->infi=w;q->nextarc=NULL;
 /* vj 是 vi 的邻接顶点,w 是权值 */
 if(G->Vertex[vi-1].firstarc==NULL) G->Vertex[vi-1].firstarc=q;
                /*第一次插入 */
      else        /*非第一次插入 */
         { ArcNode  * curr=G->Vertex[vi-1].firstarc, * pre=NULL;
           while(curr!=NULL && curr->adjvex<vj-1)
             { pre=curr;
               curr=curr->nextarc;
             }
           if(pre==NULL)  /*在第一个结点前插入 */
              { q->nextarc=G->Vertex[vi-1].firstarc;
                G->Vertex[vi-1].firstarc=q;
              }
           else  { q->nextarc=pre->nextarc;
                   /*在其他位置插入 */
                   pre->nextarc=q;
                 }
         }
   }
   /*------------------在第 vⱼ 条链表上,链入边(vⱼ,vᵢ)的结点 */
 ArcNode  * p=(ArcNode *)malloc(sizeof(ArcNode));
 p->adjvex=vi-1; p->infi=w;p->nextarc=NULL;
 /* vj 是 vi 的邻接顶点,w 是权值 */
 if(G->Vertex[vj-1].firstarc==NULL) G->Vertex[vj-1].firstarc=p;
                /*第一次插入 */
      else        /*非第一次插入 */
         { ArcNode  * curr=G->Vertex[vj-1].firstarc, * pre=NULL;
           while(curr!=NULL && curr->adjvex<vi-1)
               { pre=curr;
                 curr=curr->nextarc;
               }
```

```
        if(pre==NULL)      /*在第一个结点前插入*/
          { p->nextarc=G->Vertex[vj-1].firstarc;
           G->Vertex[vj-1].firstarc=p;
          }
          else  { p->nextarc=pre->nextarc;/*在其他位置插入*/
                 pre->nextarc=p;
               }
      }
}
```

以上是适用于无向图的程序。

2. 输出图的邻接表信息函数

```
void DispGraph(AdjList G)
/*输出函数*/
{ ArcNode  * pre, * curr;
  for(int i=0; i<G.vexnum; i++)
    { printf("\n输出顶点编号信息、它的邻接点编号和边的权值：");
        printf("  %d",i+1," %d",G.Vertex[i].data);
        curr=G.Vertex[i].firstarc;
         while(curr!=NULL)
           { printf("  v%d",curr->adjvex,"  w%d",curr->infi);
            curr=curr->nextarc;
            }
      printf("\n");
    }
}
```

7.3　图的遍历与图的连通性

图的遍历操作也是图问题中最基本和最重要的操作。图的遍历(Graph Traversal)操作的定义是访问图中的每一个顶点且每个顶点只被访问一次。

图的遍历操作方法有两种：一种是深度优先搜索遍历(Depth First Search,DFS)算法；另一种是广度优先搜索遍历(Broad First Search,BFS)算法。图的深度优先搜索遍历类同于树的先根遍历,图的广度优先遍历类同于树的层序遍历。

图的遍历算法设计需要考虑三个问题：

(1) 图的顶点没有首尾之分,所以算法的参数要指定访问的第一个顶点；

(2) 对图的遍历路径有可能构成一个回路,从而造成死循环,所以算法设计要考虑遍历路径可能的回路问题；

(3) 一个顶点可能和若干个顶点都是相邻顶点,要使一个顶点的所有相邻顶点按照某种次序被访问。

对于连通图,从初始顶点出发一定存在路径和图中的所有其他顶点相连,所以对于连通图从初始顶点出发一定可以遍历该图。

对于非连通图,从某一初始顶点出发只能访问到该顶点所属的连通子图的所有顶点。如果要对整个非连通图实现遍历,还需找未被访问过的其他顶点继续处理,直至所有顶点全都访问到为止。

问题:什么是访问?如何理解访问?回忆二叉树的遍历过程。

7.3.1　图的深度优先遍历

图的深度优先遍历(Depth First Search,DFS)算法是沿着某初始点出发的一条路径,尽可能深入地前进,即每次在访问完当前顶点后,首先访问当前顶点的一个未被访问过的邻接顶点,然后去访问这个邻接点的一个未被访问过的邻接点。这样的算法是一个递归算法。

从图中某顶点 v 出发进行深度优先遍历的基本思路是:

(1) 访问顶点 v;

(2) 从 v 的未被访问邻接顶点中选一个顶点 w,从 w 出发进行深度优先遍历;

(3) 重复上述过程,直到图中所有和 v 有路径相通的顶点都被访问为止。

若此时图中还有顶点未被访问,则另选图中一个未被访问的顶点作为起始点,重复步骤(1)～步骤(3),直到图中顶点均被访问过为止。

现以图 7.10 中的 G 为例说明深度优先搜索过程。假定 v_1 是出发点,首先访问 v_1。因 v_1 有两个邻接点 v_2、v_3 均未被访问过,可以选择 v_2 作为新的出发点,访问 v_2 之后,再找 v_2 的未访问过的邻接点。同 v_2 邻接的有 v_1、v_4、v_5,其中 v_1 已被访问过,而 v_4、v_5 尚未被访问过,可以选择 v_4 作为新的出发点。重复上述搜索过程,继续依次访问 v_8、v_5。访问 v_5 之后,由于与 v_5 相邻的顶点均已被访问过,搜索退回到 v_8。由于 v_8、v_4、v_2 都是已经被访问的邻接点,所以搜索过程连续地从 v_8 退回到 v_4,再退回到 v_2,最后退回到 v_1。这时选择 v_1 的未被访问过的邻接点 v_3,继续往下搜索,依次访问 v_3、v_6、v_7。由于 v_7、v_6、v_3 都是已经被访问的邻接点,所以搜索过程连续地从 v_7 退回到 v_6,再退回到 v_3,最后退回到 v_1。这时 v_1 的所有邻接点全被访问过,从而遍历了图中全部顶点。在这个过程中得到的顶点的访问序列为:

$$v_1 \rightarrow v_2 \rightarrow v_4 \rightarrow v_8 \rightarrow v_5 \rightarrow v_3 \rightarrow v_6 \rightarrow v_7$$

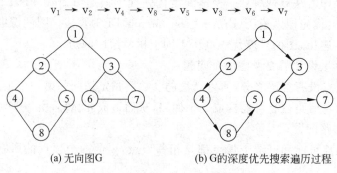

(a) 无向图G　　　　　　　　(b) G的深度优先搜索遍历过程

图 7.10　深度优先搜索遍历过程示例

由上述可知,遍历图的过程实质上是对每个顶点搜索其邻接点的过程。

问题:遍历序列唯一吗? 体会深度优先的含义。

1. 邻接矩阵表示图的深度优先遍历算法

算法如下:

```
/* 深度优先搜索图 G */
#define True 1
#define False 0
#define Error -1
#define OK 1
#define MaxVertices  100
int visted[MaxVertices];                    /* 访问标志数组 */
void  DFSTraverse(AdjMatrix G, Visit())
{  /* 深度优先遍历图 G,Visit()是访问函数 */
    for(int vi=0;vi<G.numV;vi++)visited[vi]=False;
    /* 访问标志数组初始化 */
    for(int vi=0;vi<G.numV;vi++)            /* 调用深度遍历连通子图的操作 */
        if(!visited[vi])DFS(G,vi);
}/* DFSTraverse */
/* ---------------------------------------------- */
Void DFS(AdjMatrix G,int v0)
/* 深度优先遍历 G 中 v0 所在的连通子图 */
{
    visit(v0); visited[v0]=True;            /* 访问 v0 顶点并标记 */
    for(int vj=0;vj<G.numV;vj++)
        if(!visited[vj]&&G.Edge[v0][vj]==1)
            DFS(G,vj);
}/* DFS */
```

用邻接矩阵表示图时,搜索一个顶点的所有邻接点需花费 $O(n)$ 时间,则从 n 个顶点出发搜索的时间应为 $O(n^2)$,即 DFS 算法的时间复杂度是 $O(n^2)$。

2. 邻接表表示图的深度优先遍历算法

算法如下:

```
/* 深度优先搜索图 G */
#define True 1
#define False 0
#define Error -1
#define OK 1
#define MaxVertices  100
int visted[MaxVertices];                        /* 访问标志数组 */
void  DFSTraverse(AdjList G, Visit())
```

```
{ / * 深度优先遍历图 G,Visit()是访问函数 * /
    for(int vi=0;vi<G.vexnum;vi++)visited[vi]=False;
    / * 访问标志数组初始化 * /
    for(int vi=0;vi<G.vexnum;vi++)
        if(!visited[vi])DFS(G,vi);              / * 调用深度遍历连通子图的操作 * /
}/ * DFSTraverse * /
/ * ------------------------------------------------ * /
Void DFS(AdjList G,int v0)
/ * 深度优先遍历 G 中 v0 所在的连通子图 * /
{
    visit(v0); visited[v0]=True;                / * 访问 v0 顶点并标记 * /
    Arcnode * p=G.vertex[v0].firstarc;
    while(p!=NULL)
    { if(!visited[p->adjvex])
        DFS(G,p->adjvex);
        p=p->nextarc;
    }
}/ * DFS * /
```

采用邻接链表来表示图时，需要访问表头向量时间为 $O(n)$。而外接的边结点无向图为 $2e$（e 为图的边数）个，有向图为 e 个，时间消耗大约为 $O(e)$。因此 DFS 算法的时间复杂度为 $O(n+e)$。对于边数很少的图适合采用邻接表存储结构。

7.3.2　图的广度优先遍历

图的广度优先遍历（Broad First Search，BFS）算法是一个分层搜索的过程，和树的层次遍历算法类同。

图的广度优先搜索遍历算法的思想是：

（1）从图中某个顶点 v_0 出发，首先访问 v_0。

（2）依次访问 v_0 的各个未被访问的邻接点。

（3）分别从这些邻接点（端结点）出发，依次访问它们的各个未被访问的邻接点（新的端结点）。访问时应保证：如果 v_i 和 v_k 为当前端结点，且 v_i 在 v_k 之前被访问，则 v_i 的所有未被访问的邻接点应在 v_k 的所有未被访问的邻接点之前访问，重复步骤（3），直到所有端结点均没有未被访问的邻接点为止。

若此时还有顶点未被访问，则选一个未被访问的顶点作为起始点，重复上述过程，直到所有顶点均被访问过为止。

下面以图 7.10 中的 G 为例说明广度优先搜索的过程。首先从起点 v_1 出发，访问 v_1。v_1 有两个未曾访问的邻接点 v_2 和 v_3。先访问 v_2，再访问 v_3。然后再先访问 v_2 的未曾访问过的邻接点 v_4、v_5 及 v_3 的未曾访问过的邻接 v_6 和 v_7，最后访问 v_4 的未曾访问过的邻接点 v_8。至此图中所有顶点均已被访问过。得到的顶点访问序列为：

$$v_1 \rightarrow v_2 \rightarrow v_3 \rightarrow v_4 \rightarrow v_5 \rightarrow v_6 \rightarrow v_7 \rightarrow v_8$$

在广度过优先搜索中,若对 x 的访问先于 y,则对 x 邻接点的访问也先于对 y 邻接点的访问。因此,可采用队列来暂存那些刚出队被访问过的顶点的未被访问过的邻接点顶点。

分析上述过程,每个顶点进一次队列,所以算法 BFS 的外循环次数、内循环次数均为 n 次,故算法 BFS 的时间复杂度为 $O(n^2)$;若采用邻接链表存储结构,广度优先搜索遍历图的时间复杂度与深度优先遍历是相同的。

问题:遍历序列唯一吗? 体会广度优先的含义。

1. 邻接矩阵表示图的广度优先遍历

算法如下:

```
Void BFS(AdjMatrix  G,int v0)
  /*广度优先遍历 G 中 v0 所在的连通子图*/
{
initQueue(Q);                              /*初始化空队列 Q*/
EnterQueue(Q,v0);                          /*v0 进队*/
while(!Empty(Q))
  { DeleteQueue(Q,v);
    visit(v); visited[v]=True;             /*访问 v 顶点并标记*/
    for(int col=0;col<G.vexnum;col++)      /*找顶头顶点 v 的邻接点*/
      if(G.Edge[v][col]>0&&G.Edge[v][col]<MaxWeight&&visited[col]==0)
        EnterQueue(Q,col);                 /*col 进队*/
  }
}
```

分析上述过程,每个顶点都会进一次队列,所以算法 BFS 的外循环次数为 n 次,而内循环次数平均为 n 次,故上述 BFS 算法的时间复杂度为 $O(n^2)$。

2. 邻接表表示图的广度优先遍历

算法如下:

```
void BFS(AdjList G,int v0)
  /*广度优先遍历 G 中 v0 所在的连通子图*/
{ int vj,v;    ArcNode  *p;
  InitQueue(Q);                            /*初始化空队列 Q*/
  EnterQueue(Q,v0);                        /*v0 进队*/
  while(!Empty(Q))
  { DeleteQueue(Q,v);
    visit(v); visited[v]=True;             /*访问 v 顶点并标记*/
    p=G..vertex[v].firstarc;               /*取 v 的邻接边结点*/
    while(p!=NULL)
      { vj=p->adjvex;                       /*取 v 的邻接点编号 vj*/
        if(visited[vj]==0) EnterQueue(Q,vj) /*vj 未访问入队*/
```

```
        p=p->nextarc;                    /*取下一个邻接边结点*/
      }
   }
}
```

采用邻接链表存储结构,广度优先搜索遍历图的时间复杂度与深度优先遍历是相同的,其时间复杂度也是 $O(n^2)$ 。

7.3.3　非连通图和连通分量

对于连通图,从图的任意一个顶点开始深度或广度优先遍历一定可以访问图中的所有顶点。但对于非连通图,从图的任意一个顶点开始深度或广度优先搜索并不能访问图中的所有顶点。对于非连通图,从图的任意一个顶点开始深度或广度优先搜索只能访问包括该首顶点的连通分量中的所有顶点。当把每一个顶点都作为一次首顶点深度或广度优先搜索非连通图,并根据顶点的访问标记来判断是否需要访问该顶点时,就一定可以访问该非连通图中的所有顶点。

对于如图 7.11(a)所示的非连通图,其邻接表如图 7.11(b)所示,深度优先遍历访问的顶点序列为：A B D E　C F G。广度优先遍历访问的顶点序列也为：A B D E　C F G。

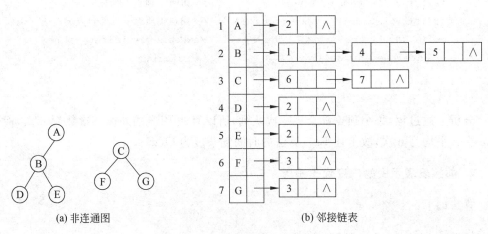

(a) 非连通图　　　　　　　　　　　　　(b) 邻接链表

图 7.11　非连通图及其邻接链表

7.4　图的最小生成树

7.4.1　最小生成树的基本概念

一个连通图的生成树是图的极小连通子图,它包含原图中的所有顶点和尽可能少的边(n 个顶点、n−1 条边),这意味着对于生成树来说,再去掉一条边,就会使生成树变成非连通图;再增加一条边,就会形成图中的一个回路。

使用不同的遍历图的方法,可以得到不同的生成树,如 DFS 生成树和 BFS 生成树;从不同的顶点出发,也可能得到不同的生成树。

从生成树的定义显然可以证明,对于有 n 个顶点的无向连通图,无论它的生成树的形状如何,一定有且只有 n−1 条边。

如果无向连通图是一个网(或称带权图),那么它的所有生成树中必有一棵边的权值总和最小的生成树,我们称这棵生成树为最小代价生成树,简称最小生成树。

许多应用问题都是一个求无向连通图的最小生成树问题。例如,在 n 个城市之间建立通信网络,至少要架设 n−1 条线路,这时自然会考虑:如何做才能使得造价最少?

在每两个城市之间都可以架设一条通信线路,并要花费一定的代价。n 个城市之间最多可能设置 n(n−1)/2 条线路,如何在这些可能中选择 n−1 条线路,使总造价最低?若用图的顶点表示 n 个城市,用边表示两城市之间架设的线路,用边上的权值表示假设该线路的造价,就可以建立一个通信网络。对于这样一个有 n 个顶点的网络,可以有不同的生成树,每一棵生成树都可以构成通信网络。我们希望能够根据各条边上的权值,选择一棵总造价最小的生成树,这就是构造连通网的最小(代价)的生成树 MST(Minimum Cost Spanning Tree)的问题。

构造最小生成树的算法有多种,其中大多利用了一种称为 MST 的性质:设 $N=(V, \{E\})$ 是一个连通网,U 是顶点集的一个非空子集,若 (u,v) 是一条具有最小权值的边,其中 $u \in U, v \in V−U$,则存在一棵含边 (u,v) 的最小生成树。

可以用反证法证明:假设连通网 N 的任何一棵最小生成树都不包含边 (u,v)。设 T 是其中一棵最小生成树,当边 (u,v) 加入 T 中,T 必存在一条包含 (u,v) 的回路。另一方面,由于 T 是最小生成树,则在 T 上必存在另一条边 (u',v'),其中 $u' \in U, v' \in V−U$,且 u 和 u' 之间、v 和 v' 之间均有路径相连。删去边 (u',v'),便可消除上述回路,同时也得到另外一棵生成树 T'。因为 (u,v) 权值小于 (u',v') 权值,则 T' 的代价亦小于 T 的代价,也就是说,T 不是最小生成树,与假设产生矛盾。证明 MST 性质成立。

普里姆(Prim)算法和克鲁斯卡尔(Kruskal)算法是两个典型的利用 MST 性质构造最小生成树的算法。

问题:连通图的极小连通子图的含义是什么?

7.4.2 普里姆(Prim)算法

假设 $G=(V,E)$ 是一个连通网络,其中 V 为网中顶点的集合,E 为网中带权边的集合。

Prim 算法的基本思想如下:

设 $T=(U,TE)$ 为欲构造的最小生成树。

(1) 初始化顶点集 $U=\{u_0\}$(即假设构造最小生成树时均从顶点 u_0 开始),边集 $TE=\varnothing$。

(2) 重复如下操作:在所有 $u \in U, v \in V−U$ 的边 $(u,v) \in E$ 中,选择一条权值最小的边 (u,v) 并入 TE,同时将 v 并入 U,直到 U=V 为止。

这时产生的 TE 中具有 n−1 条边,集合 U 中存放着最小生成树的顶点的集合,集合 TE 中存放着最小生成树的带权边的集合。容易看出,上述过程求得的 T=(U,TE)是 G 的一棵最小生成树。

注意:选择最小边时,可能有多条权值相同的,此时任选其一。

图 7.12 给出了用普里姆算法构造最小生成树的过程,图 7.12 (a)是一个有 6 个顶点、10 条边的无向带权图。初始时算法的集合 U={1},集合 V−U={2,3,4,5,6},在和 1 相关联的所有的边中,(1,3)的权值是最小,因此取(1,3)为最小生成树的第一条边,如图 7.12(b)所示;此时 U={1,3},V−U={2,4,5,6},在和 1、3 相关联的所有边中,(3,6) 为权值最小的边,取(3,6)为最小生成树的第二条边,如图 7.12(c)所示;现在 U={1,3, 6},V−U={2,4,5},在和 1、3、6 相关联的所有边中,(6,4)的权值最小,取(6,4)为最小生成树的第三条边,如图 7.12(d)所示;这样,U={1,3,6,4},V−U={2,5},在所有和 1、3、6、4 相关联的边中,(3,2)为权值最小的边,取(3,2)为最小生成树的第四条边,如图 7.12(e)所示;U={1,3,6,4,2},V−U={5},U 中顶点和 5 相关联的权值最小的边为 (2,5),取(2,5)为最小生成树的第五条边,如图 7.12(f)所示。图 7.12(f)就是原带权连通图的最小生成树。

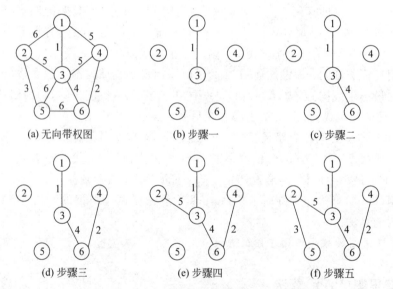

图 7.12　用普里姆算法构造最小生成树的过程

连通网用邻接矩阵表示,Edge[][]是带权值的矩阵。其权值用一个大于任何边上权值的较大数 MaxWeight 来表示不存在边的长度。

在普里姆算法中使用一个辅助数组 mintree[],每个数组元素表示一条边的信息。经过算法处理,最终形成的最小生成树就存在该数组之中。

要表示一条带权边需要三个参数,即弧头、弧尾顶点和权值,数组元素的类型如下:

```
typedef struct
{ int begin, end;              /*边的起点和终点*/
  float length;               /*边的权值*/
```

```
} MinSpanTree;
```

因为 n 个顶点的连通网的最小生成树有 n-1 条边,所以数组 mintree[]定义如下:

```
MinSpanTree mintree[n-1];
```

下面设计了实现普里姆算法的函数。用普里姆方法建立网 G 的最小生成树函数,在这里是以类似 C 的伪代码给出。用普里姆方法建立网 G 的最小生成树 mintree[],假设顶点 v₁ 为构造的出发点。

算法如下:

```
void Prim(AdjMatrix G)
{ int n=G.numV;                          /* 顶点总数 */
  MinSpanTree e, mintree[n-1];           /* mintree 生成树数组 */
  for(int j=1; j<n; j++)                 /* 初始化 tree[n-1] */
  { mintree[j-1].begin=1;                /* 顶点 1 并入 U */
    mintree[j-1].end=j+1;
    mintree[j-1].length=G.Edge[0][j];
    /* G.Edge[][]是连通网的带权邻接矩阵 */
  }
  for(int k=0; k<n-1; k++)               /* 求第 k+1 条边 */
  { min=MaxWeight;
    for(int j=k; j<n-1; j++)
        if(mintree[j].length<min)  {min=mintree[j].length;  m=j;}
    e=mintree[m]; mintree[m]=mintree[k];  mintree[k]=e;
    v=mintree[k].end;                    /* V∈U */
    for(j=k+1;  j<n-1;  j++)
      /* 在新的顶点 v 并入 U 之后更新 tree[n-1] */
      { int d=G.Edge[v-1][mintree[j].end-1]
        if(d<mintree[j].length)  { mintree[j].length=d;
                                   mintree[j].begin=v;
                                 }
      } /* for j */
  }/* for k */
  for(int j=1;j<n; j++)
      printf("\n%f",mintree[j].begin);
      printf(" %d",mintree[j].end," %d",mintree[j].length);
}/* Prim */
```

普里姆算法主要是一个两重循环,其中每一重循环的次数均为顶点个数 n,所以该算法的时间复杂度为 O(n²)。由于该算法的时间复杂度只与网中顶点的个数有关,而与网中边的条数无关,所以当该算法用于顶点个数不是很多而边稠密的网时,时间效率比较高。

7.4.3 克鲁斯卡尔（Kruskal）算法

与普里姆算法不同,克鲁斯卡尔算法是一种按照网中边的权值递增的顺序构造最小生成树的方法。克鲁斯卡尔算法的思想是:设无向连通网 $G=(V,E)$,其中 V 为顶点的集合,E 为边的集合。设网 G 的最小生成树 T 由顶点集合和边的集合构成,其初值为 $T=(V,\{\})$,即初始时最小生成树 T 只由网 G 中的顶点集合组成,各顶点之间没有一条边。这样,最小生成树 T 中的各个顶点各自构成一个连通分量。然后,按照边的权值递增的顺序考查网 G 中的边集 E 中的各条边:若被考查的边的两个顶点属于 T 的两个不同的连通分量,则将此边加入到最小生成树 T,同时把两个连通分量连接为一个连同分量;若被考查的边的两个顶点属于 T 的同一个连通分量,则将此边舍去。如此下去,当 T 中的连通分量个数为 1 时,此 T 中的该连通分量即为网 G 的一棵最小生成树。

按此算法思想对如图 7.12(a)所示的网进行处理,逐步形成最小生成树的过程如图 7.13 所示。

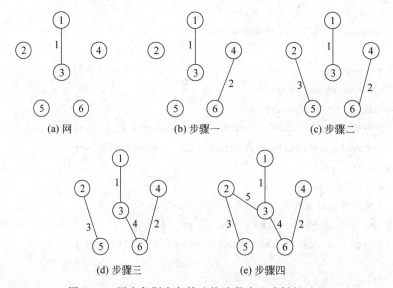

图 7.13 用克鲁斯卡尔算法构造最小生成树的过程

按照上述克鲁斯卡尔算法思想设计克鲁斯卡尔算法函数主要包括两个部分:首先是网 G 中 e 条边的权值排序,其次是判断新选取的两个顶点是否属于同一个连通分量。对网 G 中 e 条边的权值的排序方法有很多种,各自的时间复杂度均不相同。对 e 条边的权值排序算法时间复杂度最好的方法如快速排序法、堆排序法等可以达到 $O(elog_2e)$。判断新选取的边的两个顶点是否属于同一个连通分量的问题是一个在最多有 n 个结点的生成树中遍历寻找新选取的边的两个顶点是否存在的问题,此算法的时间复杂度在最坏的情况下为 $O(n)$。一个连通分量还可以看作是一个等价类,判断新选取的边的两个顶点是否属于同一个连通分量的问题可以看作是一个求等价类的过程。

从上面的分析可以得出,克鲁斯卡尔算法的时间复杂度主要由排序方法决定,而克鲁斯卡尔算法的排序方法只与网的边数有关,而与网中顶点的个数无关,当使用时间复杂度为 $O(e\log_2 e)$ 的排序方法时,克鲁斯卡尔算法的时间复杂度为 $O(e\log_2 e)$,因此当网的顶点个数较多、而边的条数较少时,使用克鲁斯卡尔算法构造最小生成树效果较好。

问题:生成树唯一吗? 最小生成树唯一吗?

7.5 最短路径

若要建立一个交通信息系统,可用一个带权的图来表示一个交通网络。用图的顶点表示地点,用图中的边表示两地之间的交通路线,每条边上所附的权值表示该路线的长度或途中的时间、费用等情况。交通网络用带权有向图表示。在现实生活中,用户一般会关心这两类问题:

(1) 从 A 地到 B 地途中中转次数最少的线路。

(2) 从 A 地到 B 地途中距离、时间、费用最小的线路。

第一个问题是简单的最短路径问题,只需从 A 出发,对图作广度优先搜索,直到遇到 B 为止。在所得的生成树中,从 A 到 B 的路径,就是途中中转次数最少的线路。第二个问题是用户最关心的问题,它关系到途中的时间、费用等,下面将对此进行讨论。所谓最短路径问题,是指如果从图中某一顶点(源点)到达另一顶点(终点)的路径可能不止一条,如何找到一条路径使得沿此路径上各边上的权值总和(称为路径长度)达到最小。本节只讨论有向网络的最短路径问题,并假定所有的权为非负实数。

7.5.1 从某顶点到其余各顶点的最短路径

本小节讨论的问题是:给定一个带权的有向图 G 与源点 v,求从 v 到 G 中其余顶点的最短路径。计算机网络的路由计算就是此类问题。例如,如图 7.14 所示的带权有向图中,从 v_0 到 v_2 有两条不同的路径:(v_0, v_1, v_2) 和 (v_0, v_3, v_4, v_2),前者路径长度为 90,后者路径长度为 80,即为最短路径。

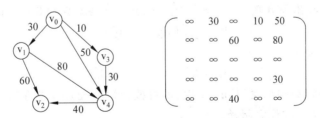

图 7.14 带权有向图及其邻接矩阵

为求最短路径,迪杰斯特拉(Dijkstra)提出了按路径长度的递增次序,逐步产生最短路径的算法。

算法思想:设集合 S 存放已经求出的最短路径的终点,初始状态时,集合 S 中只有一个源点,不妨设为 v_0。以后每求得一条最短路径 $(v_0, \cdots, v_k)$,就将 v_k 加入到集合 S 中,直到全部顶点都加入到集合 S 中为止。

为此，引入一个辅助数组 dist[]，它的每一个分量 dist[i] 表示当前从源点 v_0 到终点 v_i 的最短路径长度。它的初始状态：若从源点 v_0 到顶点 v_i 有边，则 dist[i] 为该边上的权值；若从源点 v_0 到顶点 v_i 没有边，则 dist[i] 为 MAXNUM。

显然，路径长度为 $dist[j] = min\{dist[i] \mid v_i \in V - \{v_0\}\}$ 的路径是从 v_0 出发的长度最短的路径，即为 (v_0, v_j)，随即将 v_j 加入到集合 S 中。

如何求得下一条最短路径？由于 v_0 到 v_j 的最短路径已求得，可能引起 v_0 到其余各顶点的当前最短路径长度发生变化。

假设 S 是已求得的最短路径的终点集合，可以证明：下一条最短路径（设终点为 v_k）或者是 (v_0, v_k)，或者是中间只经过 S 中顶点便可到达顶点 v_k 的路径。这可以用反证法证明：设在此路径上存在一个顶点 v_p 不在 S 中，则说明 v_0 到 v_p 的路径长度比 v_0 到 v_k 的最短路径长度还短。然而这是不可能的，因为我们是按照最短路径的长度递增的次序来逐次产生各条最短路径的，因此，长度比这条路径短的所有路径均已产生，而且它们的终点也一定已在集合 S 中，故假设不成立。

因此，在一般情况下，下一条长度最短的路径 (v_0, v_k) 长度必为：

$$dist[k] = min\{dist[i] \mid v_i \in V - S\}$$

在每次求得一条最短路径之后，其终点 v_k 加入到集合 S 中，然后对所有的 $v_i \in V - S$，修改其当前最短路径长度 $dist[i] = min\{dist[i], dist[k] + Edge[k][i]\}$，其中 $Edge[k][i]$ 是边 (v_k, v_i) 上的权值。

迪杰斯特拉（Dijkstra）算法的主要步骤如下：

（1）G 为用邻接矩阵表示的带权图。

$$S \leftarrow \{v_0\}, dist[i] = G.Edge[0][i];$$

将 v_0 到其余顶点的路径长度初始化为权值。

（2）选择 v_k，使得

$$disk[k] = min\{disk[i] \mid v_i \in V - S\}$$

v_k 为目前求得的下一条从 v_0 出发的最短路径的终点。

（3）修改从 v_0 出发到集合 V−S 上任一顶点 v_i 的最短路径长度，如果

$$disk[k] + G.Edge[k][i] < dist[i]$$

则将 dist[i] 修改为

$$disk[k] + G.Edge[k][i]$$

（4）重复步骤（2）和步骤（3）n−1 次，即可按最短路径长度的递增顺序，逐个求出 v_0 到图中其他每个顶点的最短路径。

求最短路径的算法描述如下：

```
#deifine MAXNUM 32767
float dist[MaxVertices];          /* 存放从顶点 v0 到其他各顶点的当前最短路径长度 */
int path[MaxVertices];            /* 存放在最短路径上该顶点的前一顶点 */
int S[MaxVertices];               /* 存放已求得的在最短路径上的顶点 */
void ShorttestPath_Dijkstra(AdjMatrix G, int v)
```

```
{ /*G是具有n个顶点的带权有向图,求从源点v到其余各顶点的最短路径长度*/
    for(int i=0; i<G.numV; i++)      /* dist,path,S的初始化 */
      { dist[i]=G.Edge[v][i];   S[i]=0;
        if(i!=v && dist[i]<MAXNUM)    path[i]=v;
        else  path[i]=-1;                /*顶点i无前顶点*/
      }
    S[v]=1;                          /*顶点v加入已求出的最短路径的顶点集合*/
    dist[v]=0;
    for(i=0; i<G.numV; i++)          /*求其余n-1个顶点的最短路径*/
        { float min=MAXNUM;
          int u=v;
          for(int j=0; j<n; j++)     /*选择当前不在集合S中具有最短路径的顶点u*/
              if(!S[j] && dist[j]<min) {u=j; min=dist[j];}
          S[u]=1;                    /*顶点u加入到已求出最短路径的顶点集合*/
          for(int w=0; w<G.numV; w++)            /*修改其余顶点的当前最短路径*/
            if(!S[w] && G.Edge[u][w]<MAXNUM && dist[u]+G.Edge[u][w]<dist[w])
              { dist[w]=dist[u]+G.Edge[u][w];
                path[w]=u;
              }
        }
}
```

例如,求如图 7.14 所示的带权有向图从 v_0 到其余各顶点的最短路径,图 7.15 表示迪杰斯特拉算法中各辅助数组的变化,由图 7.14 可知,path[4]=2 表示到顶点 4 的最短路径上,前一顶点为 2,同理从 path[2]=3,path[3]=0 可得到从 v_0 到 v_4 的最短路径为 (v_0, v_3, v_2, v_4),路径长度为 dist[4]=60。

	v_1	v_2	v_3	v_4	S	V−S	shortpath
dist	30	∞	10	50	v_0	v_1, v_2, v_3, v_4	v_3
path	v_0	v_0	v_0	v_0			
dist	30	∞		40	v_0, v_3	v_1, v_2, v_4	v_1
path	v_0	v_0		v_3			
dist		90		40	v_2, v_4		v_4
path		v_1		v_3			
dist		80			v_0, v_3, v_1, v_4		v_2
path		v_4					
dist					v_0, v_3, v_1, v_4, v_2		
path							

图 7.15 迪杰斯特拉算法中各辅助数组的变化

分析迪杰斯特拉算法,在求解其余 n−1 个顶点的最短路径时,每次都需在 S 中选择路径最短的顶点,还需选择修改不在 S 中顶点的当前最短路径,因此迪杰斯特拉算法的时间复杂度为 $O(n^2)$。

7.5.2　每对顶点之间的最短路径

这个问题理论上比前一个问题更复杂,要求求出每对顶点之间的最短路径。解决这个问题的一个方法是:分别以每个顶点为源点,重复执行迪杰斯特拉算法。这样就可求得每对顶点之间的最短路径及最短路径长度,总的执行时间是 $O(n^3)$。

下面介绍另一种更直接的求解算法,称为弗洛伊德(Floyd)算法,虽然它的时间复杂度也是 $O(n^3)$,但形式上简单些。

带权有向图仍然用邻接矩阵 Edge[n][n]表示,弗洛伊德算法的基本思想是:设置一个 $n*n$ 的方阵 dist[n][n],初始时,对角线的元素都等于 0,表示顶点到自己的路径长度为 0,其他元素 dist[i][j]为 Edge[i][j]的值,表示从顶点 v_i 到顶点 v_j 的初始路径长度。该路径不一定是最短路径,尚需进行 n 次试探。首先考虑顶点 v_0 作为中间顶点,判断路径 (v_i, v_0, v_j) 是否存在,即 (v_i, v_0) 和 (v_0, v_j) 是否存在。如果存在,取 (v_i, v_j) 与 (v_i, v_0, v_j) 的小者为 v_i 到 v_j 的当前最短路径长度 dist[i][j],也就是 v_i 到 v_j 经过的中间顶点序号不大于 0 的最短路径长度。其次中间顶点可增加考虑顶点 v_1,因为 dist[i][1]和 dist[1][j]分别为 v_i 到 v_1 和 v_1 到 v_j 经过的中间顶点序号不大于 0 的最短路径长度,所以 dist[i][1]+dist[1][j]与 dist[i][j]中的小者即为 v_i 到 v_j 经过的中间顶点序号不大于 1 的最短路径长度,作为当前最短路径长度 dist[i][j]。然后再增加考虑顶点 v_2,以此类推,考虑过所有 n 个顶点后,dist[i][j]的值就是 v_i 到 v_j 的最短路径长度。

弗洛伊德算法可描述如下:

定义一个 n 阶方阵序列

$$dist^{(-1)}, dist^{(0)}, dist^{(1)}, \cdots, dist^{(n-1)}$$

其中,

$dist^{(-1)}[i][j] = Edge[i][j]$

$dist^{(k)}[i][j] = \min\{dist^{(k-1)}[i][j], dist^{(k-1)}[i][k] + dist^{(k-1)}[k][j]\}, k = 0, 1, \cdots, n-1$

由上述公式可知,$dist^{(-1)}[i][j]$ 是顶点 v_i 到 v_j 的初始距离;$dist^{(k)}[i][j]$ 是顶点 v_i 到 v_j 经过的中间的顶点序号不大于 k 的最短路径长度;$dist^{(n-1)}[i][j]$ 就是顶点 v_i 到 v_j 的最短路径长度。

下面给出计算每一对顶点间的最短路径及最短路径长度的弗洛伊德算法。

算法如下:

```
void ShorttestPath_Floyd(AdjMatrix G)
{   /* Edge[n][n]是有 n 个顶点的带权有向图的邻接矩阵,对角线上元素为 0 */
    /* dist[i][j]存放当前 vᵢ 到 vⱼ 的最短路径长度 */
    /* path[i][j]存放当前 vᵢ 到 vⱼ 的最短路径长度上 vⱼ 的前一个顶点 */
    for(int i=0; i<G.numV; i++)
        for(int j=0; j<G.numV; j++)
        {dist[i][j]=G.Edge[i][j];                          /* 初始化 dist */
```

```
            if(i<>j && dist[i][j]<MAXNUM) path[i][j]=i;    /*初始化path*/
              else path[i][j]=-1;
        }
        for(int k=0; k<G.numV; k++)                        /*逐次增加中间顶点k*/
          for(i=0; i<G.numV; i++)
            for(j=0; j<G.numV; j++)
              {if(dist[i][k]+dist[k][j]<dist[i][j]) /*当前最短路径经过中间顶点k*/
                         dist[i][j]=dist[i][k]+dist[k][j];
                 path[i][j]=path[k][j];
              }
}
```

例如，对如图7.16所示的带权有向图用弗洛伊德算法进行计算，所得结果如图7.17所示。

$$\begin{bmatrix} 0 & 80 & 30 & \infty \\ 20 & 0 & \infty & \infty \\ \infty & 40 & 0 & 45 \\ 10 & \infty & \infty & 0 \end{bmatrix}$$

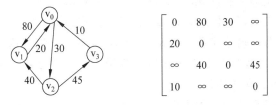

图7.16 带权有向图及其邻接矩阵

$$dist^{(-1)}=\begin{bmatrix} 0 & 80 & 30 & \infty \\ 20 & 0 & \infty & \infty \\ \infty & 40 & 0 & 45 \\ 10 & \infty & \infty & 0 \end{bmatrix} \qquad path^{(-1)}=\begin{bmatrix} -1 & 0 & 0 & -1 \\ 1 & -1 & -1 & -1 \\ -1 & 2 & -1 & 2 \\ 3 & -1 & -1 & -1 \end{bmatrix}$$

$$dist^{(0)}=\begin{bmatrix} 0 & 80 & 30 & \infty \\ 20 & 0 & 50 & \infty \\ \infty & 40 & 0 & 45 \\ 10 & 90 & 40 & 0 \end{bmatrix} \qquad path^{(0)}=\begin{bmatrix} -1 & 0 & 0 & -1 \\ 1 & -1 & 0 & -1 \\ -1 & 2 & -1 & 2 \\ 3 & 0 & 0 & -1 \end{bmatrix}$$

$$dist^{(1)}=\begin{bmatrix} 0 & 80 & 30 & \infty \\ 20 & 0 & 50 & \infty \\ 60 & 40 & 0 & 45 \\ 10 & 90 & 40 & 0 \end{bmatrix} \qquad path^{(1)}=\begin{bmatrix} -1 & 0 & 0 & -1 \\ 1 & -1 & 0 & -1 \\ 1 & 2 & -1 & 2 \\ 3 & 0 & 0 & -1 \end{bmatrix}$$

$$dist^{(2)}=\begin{bmatrix} 0 & 70 & 30 & 75 \\ 20 & 0 & 50 & 95 \\ 60 & 40 & 0 & 45 \\ 10 & 90 & 40 & 0 \end{bmatrix} \qquad path^{(2)}=\begin{bmatrix} -1 & 2 & 0 & 2 \\ 1 & -1 & 0 & 2 \\ 1 & 2 & -1 & 2 \\ 3 & 0 & 0 & -1 \end{bmatrix}$$

$$dist^{(3)}=\begin{bmatrix} 0 & 70 & 30 & 75 \\ 20 & 0 & 50 & 95 \\ 55 & 40 & 0 & 45 \\ 10 & 90 & 40 & 0 \end{bmatrix} \qquad path^{(3)}=\begin{bmatrix} -1 & 2 & 0 & 2 \\ 1 & -1 & 0 & 2 \\ 3 & 2 & -1 & 2 \\ 3 & 0 & 0 & -1 \end{bmatrix}$$

(a) 路径长度矩阵序列　　　　(b) 路径矩阵序列

图7.17 弗洛伊德算法计算最短路径过程

可以看出，对角线的值始终为 0，在计算 $dist^{(i)}$ 时，第 i 行和第 i 列的值不可能发生变化，其余元素的值有可能变小；同理，在计算 $path^{(i)}$ 时，第 i 行第 i 列的值也不可能发生变化，其余元素的值只可能变为 i。最后，$dist^{(3)}$ 存放的是最终两顶点间的最短路径长度，利用 $path^{(3)}$ 可得到最短路径。如 $dist^{(3)}[1][3]=95$，表示 v_1 到 v_3 的最短路径长度为 95；$path^{(3)}[1][3]=2$，表示最短路径上 v_3 的前一顶点为 v_2；$path^{(3)}[1][2]=0$，表示最短路径上 v_2 的前一顶点为 v_0；$path^{(3)}[1][0]=1$，表示最短路径上 v_0 的前一顶点为 v_1，可得最短路径为 (v_1,v_0,v_2,v_3)。

问题：如何初始化数组 dist[i][j] 和 path[i][i]？

7.6 拓扑排序与关键路径

一个无环的有向图称为有向无环图（Directed Acyclic Graph，DAG）。有向无环图是描述一项工程的有效工具，如计划过程、施工工程、生产流程、程序流程等。一般来说，每个工程（Project）都可分成若干个称为活动（Activity）的子工程。这些子工程之间存在一定的约束，其中某些子工程的开始必须在另一些子工程完成之后。因此可以用有向无环图表示一个工程，其中有向边表示约束关系。

这种有向图必须是无环的。如果出现了环（有向环），那么向前递推，环路上的任一子工程（活动）必然以自己为开始的先决条件，显然是矛盾的。如果设计出这样的工程图，工程将无法进行。

对于整个工程，人们关心的是两方面的问题：一是工程能否顺利进行；二是估算整个工程完成所需的最短时间。这关系到下面介绍的两个操作：**拓扑排序**和**关键路径**。

7.6.1 拓扑排序

一个计算机专业的学生课程计划可以看成一个工程，有些课程之间存在先修关系，有些则不要求，如表 7.1 所示。

表 7.1 计算机专业的学生必须完成课程的名称与相应代号

课程代号	课 程 名	先行课程	课程代号	课 程 名	先行课程
C_1	程序设计导论	无	C_9	算法分析	C_3
C_2	数值分析	C_1,C_{14}	C_{10}	高级语言	C_3,C_4
C_3	数据结构	C_1,C_{14}	C_{11}	编译系统	C_{10}
C_4	汇编语言	C_1,C_{13}	C_{12}	操作系统	C_{11}
C_5	自动机理论	C_{15}	C_{13}	解析几何	无
C_6	人工智能	C_3	C_{14}	微积分	C_{13}
C_7	计算机图形学	C_3,C_4,C_{10}	C_{15}	线性代数	C_{14}
C_8	计算机原理	C_4			

表 7.1 中 C_1、C_{13} 是独立于其他课程的基础课，而有的课却需要有先行课（如学完解

析几何才能学微积分),前提条件规定了课程之间的优先关系。这种优先关系可以用图 7.18 所示的有向图来表示。其中,顶点表示课程,有向边表示前提条件,若课程 i 为课程 j 的前行课,则必然存在有向边<i,j>。这种用顶点表示活动、用有向边表示活动之间的优先关系的有向图称为顶点表示活动的网络(Activity On Vertex Network,AOV)。

问题:AOV 网有什么性质? 出现回路意味着什么?

显然,任何一个可执行程序也可以划分为若干个程序段(或若干语句),由这些程序段组成的流图也是一个 AOV 图。

对于一个 AOV 网,常常要以有向图的次序关系为前提,为每个单项活动的进行安排一个线性序列的次序关系,如对图 7.18 来说,(C_1,C_{13},C_4,C_8,C_{14},C_{15},C_5,C_2,C_3,C_{10},C_7,C_{11},C_{12},C_6,C_9)是一个可行的线性序列,若在有向图中 C_i 是 C_j 的前驱,则在上述线性序列中 C_i 就排在 C_j 的前面。在 AOV 网中不允许出现环,因为环意味着某项子工程的开工将以本身工作完成为先决条件,这显然是不合理的。检测有环的一个方法是:把 AOV 网中全部顶点排成一个线性序列,使得在此序列中顶点之间不仅保持有向图中原有的次序关系,而且在有向图中所有无关系的各对顶点之间人为建立一个次序关系。若有向图无环,则可构造一个包含图中所有顶点的线性序列。称具有上述特性的线性序列为拓扑有序序列。对 AOV 网构造拓扑有序序列的运算称为**拓扑排序**。若 AOV 有环,则找不到该网的拓扑有序序列。反之,任何无环有向图,其所有顶点都可以排在一个拓扑有序序列中。一个 AOV 网的拓扑有序序列不是唯一的。例如,对图 7.18 的有向图顶点进行拓扑排序,还可以得到(C_1,C_{13},C_4,C_8,C_{14},C_{15},C_2,C_3,C_{10},C_{11},C_{12},C_9,C_6,C_7,C_5)。

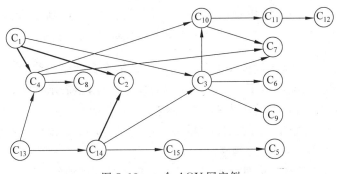

图 7.18 一个 AOV 网实例

问题:拓扑序列唯一吗?

对 AOV 网进行拓扑排序的方法和步骤如下:

(1) 从 AOV 网中选择一个没有前驱的顶点(该顶点的入度为 0)并且输出它;

(2) 从网中删去该顶点,并且删去从该顶点发出的全部有向边;

(3) 重复上述两步,直到剩余网中不再存在没有前驱的顶点为止。

操作的结果有两种:一种是网中全部顶点都被输出,这说明网中不存在有向回路,拓扑排序成功;另一种是网中顶点未被全部输出,剩余的顶点均有前驱顶点,这说明网中存在有向回路,不存在拓扑有序序列。

图 7.19 给出了一个 AOV 网实施上述步骤的例子。

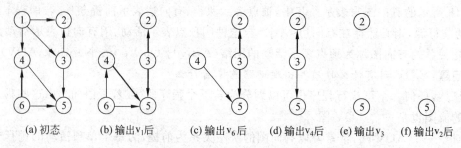

(a) 初态   (b) 输出v₁后   (c) 输出v₆后   (d) 输出v₄后   (e) 输出v₃   (f) 输出v₂后

图 7.19   求拓扑序列的过程

这样得到一个拓扑序列(v_1，v_6，v_4，v_3，v_2，v_5）。

为了实现上述思想，我们采用邻接链表作为 AOV 网的存储结构，在表头结点增设一个入度域，以存放各个顶点当前的入度值，每个顶点的入度域的值都是随邻接链表动态生成过程中累计得到的，如图 7.19 所示的 AOV 网生成的邻接链表如图 7.20(a) 所示。

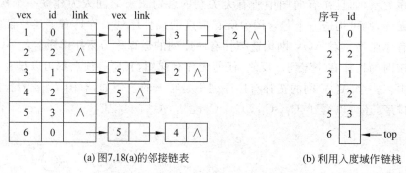

(a) 图7.18(a)的邻接链表   (b) 利用入度域作链栈

图 7.20   AOV 网的邻接链表表示法

为了避免在每一步选入度为零的顶点时重复扫描表头数组，利用表头数组中入度为零的顶点域作为链栈域，存放下一个入度为零的顶点序号，零表示栈底，栈顶指针为 top，寄生在表头数组的入度域中的入为零的顶点链表如图 7.20(b) 所示。

栈顶指针 top＝6 指出 v_6 的入度为零，v_6 的入度域为 1，指出下一个入度为零的顶点是 v_1，v_1 的入度为零表示 v_1 是栈底。

问题：为什么采用栈？采用数组可以吗？采用队列可以吗？

根据上面的叙述，得到邻接链表作存储结构的拓扑排序算法如下：

(1) 扫描顶点表，将入度为零的顶点入栈；

(2) While(栈非空)

{ 将栈顶点 v_j 弹出并输出之；

在邻接链表中查 v_j 的直接后继 v_k，把 v_k 的入度减 1，若 v_k 的入度为零则进栈；

}

(3) 若输出的顶点数小于 n，则输出"有回路"；否则拓扑排序正常结束。

首先来看存储结构：

```
struct edgenode                    /* 边结点结构 */
```

```
{int vex;
 struct edgenode * link;
};
struct vexnode                           /* 顶点的结构 */
{ int vex; int id;
  struct edgenode * link;
};
```

下面给出拓扑排序算法。

算法如下：

```
void  TOPOSORT(vexnode  dig[ ])        /* AOV 网的邻接链表 */
{ edgenode  *p;
  top=0;                                 /* 栈顶指针 */
  m=0;                                   /* 访问输出顶点计数 */
  for(i=1;  i<n+1;  i++)                 /* 入度为零的顶点进栈 */
    if(dig[i].id==0) {dig[i].id=top; top=i;}
    while(top>0)                         /* 栈不空循环 */
    { j=top;   top=dig[top].id;         /* 栈顶指针下移 */
      printf("%d",j," ");               /* 删除入度零的顶点并输出 */
      m++;  p=dig[j].link;
      while(p!=NULL)                     /* 处理以 vⱼ 为尾的弧 */
        { k=p->vex;
          dig[k].id--;                   /* 把以 vⱼ 为尾的弧的头顶点 vₖ 的入度减 1 */
          if(dig[k].id==0) {  dig[k].id=top;        /* 若入度为零,则进栈 */
                              top=k;
                             }
          p=p->link;
        }
    }
    if(m<n) printf("The network has a cycle.\n");
}/* TOPOSORT */
```

据此算法对如图 7.20 所示的邻接链表进行处理,所得拓扑有序序列为(v_6, v_1, v_3, v_2, v_4, v_5)。对一个具有 n 个顶点,e 条边的网来说,初始建立入度为零的顶点栈,要检查所有顶点一次,执行时间为 $O(n)$;排序中,若 AOV 网无回路,则每个顶点入、出栈各一次,每个表结点被检查一次,因而执行时间是 $O(n+e)$。所以,整个算法的时间复杂度是 $O(n+e)$。

7.6.2 关键路径

若在带权的有向图中,以顶点表示事件,以有向边表示活动,边上的权值表示活动的开销(如该活动持续时间),则此带权的有向图称为边表示活动的网(Activity On Edge Network,AOE)。

问题：AOV 网和 AOE 有什么区别？

例如，图 7.21 是一个 AOE 网。其中有 9 个事件 v_1，v_2，…，v_9；11 项活动 a_1，a_2，…，a_{11}，每个事件表示在它之前的活动已经完成，在它之后的活动可以开始。如 v_1 表示整个工程开始，v_9 表示整个工程结束。v_5 表示活动 a_4 和 a_5 已经完成，活动 a_7 和 a_8 可以开始。与每个活动相联系的权表示完成该活动所需的时间。如活动 a_1 需要 6 天时间可以完成。

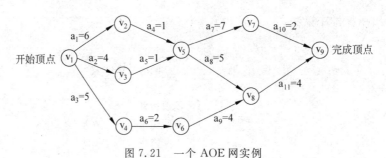

图 7.21　一个 AOE 网实例

问题：始点有什么特点？终点有什么特点？

AOE 网具有以下几个性质：

（1）只有在某顶点所代表的事件发生后，从该顶点出发的各有向边所代表的活动才能开始。

（2）只有在进入某一顶点的各有向边所代表的活动都已经结束，该顶点所代表的事件才能发生。

（3）表示实际工程计划的 AOE 网应该是无环的，并且存在唯一的入度为 0 的开始顶点和唯一的出度为 0 的完成顶点。

对于 AOE 网，不妨采用与 AOV 网一样的邻接链表存储方式，其中，邻接链表中边结点增设一个 dut 域存放该边的权值，即该有向边代表的活动所持续的时间。图 7.22 给出了如图 7.21 所示的 AOE 网的邻接链表。

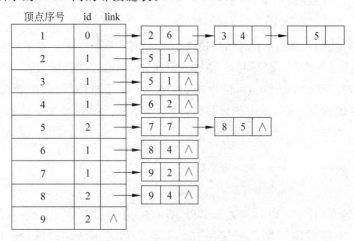

图 7.22　一个 AOE 网的邻接链表

如果用 AOE 网来表示一项工程,那么仅仅考虑各个子工程之间的优先关系还不够,更多的是关心整个工程完成的最短时间是多少? 哪些活动的延迟将会影响整个工程的进度? 加速哪些活动又能导致提高整个工程的效率? 因此,对 AOE 网有待研究的问题是:

(1) 完成整个工程至少需要多少时间?

(2) 哪些活动是影响工程进度的关键?

由于在 AOE 网中某些活动可以并行地进行,所以完成工程的最短时间是从开始顶点到完成顶点的最大路径长度。在这里,路径的长度等于这条路径上完成各个活动所需时间之和。具有最大路径长度的路径称为**关键路径**。例如在如图 7.21 所示的 AOE 网中,$(v_1, v_2, v_5, v_7, v_9)$ 就是一条关键路径,这条关键路径的长度是 16。也就是说,整个工程至少需要 16 天完成。关键路径上的所有活动都是**关键活动**。关键路径长度是整个工程所需的最短工期,这就是说,要缩短整个工期,必须加快关键活动的进度。

利用 AOE 网进行工程管理是现代管理和系统工程中常用的一种系统管理方法,这种技术称为 PERT(Program Evaluation Review Technique)。它从最佳地完成整个计划的角度出发,对时间、资源、技术进行综合平衡,运用网络技术和系统分析的方法合理地安排计划的进度,并在执行过程中进行评审和控制,从而达到预定目标。其特点是可以预测计划网络中的关键活动和关键路径。

为了寻找关键活动,确定关键路径,结合图 7.22,先定义几个变量。

事件 v_j 可能的最早发生时间 $ve(j)$ 是从开始顶点 v_1 到顶点 v_j 的最长路径长度。因为事件 v_j 的发生表明了以 v_j 为起点的各条出边表示的活动可以立即开始,所以事件 v_j 的最早发生时间 $ve(j)$ 也是所有以 v_j 为起点的出边 $< v_j, v_k >$ 所表示的活动 a_i 的最早开始的时间 $e(i)$,即 $ve(j) = e(i)$,见图 7.23。

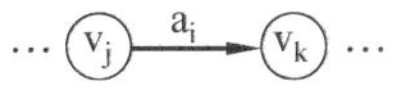

图 7.23 事件和活动的关系

在不推迟工期的前提下,一个事件 v_k 允许的最迟发生时间 $vl(k)$ 应该等于完成顶点 v_n 的最早发生时间 $ve(n)$ 减去 v_k 到 v_n 的最长路径长度。因为事件 v_k 的发生表明以 v_k 为终点的各入边所表示的活动均已完成,所以事件 v_k 的最迟发生时间 $vl(k)$ 也是所有以 v_k 为终点的入边 $< v_j, v_k >$ 所表示的活动 a_i 可以最迟完成的时间。显然,为不推迟工期,活动 a_i 的最迟开始时间 $l(i)$ 应该是 a_i 的最迟完成时间(等于事件 v_k 的最迟发生时间 $vl(k)$)减去 a_i 的持续时间,即 $l(i) = vl(k) - < v_j, v_k >$ 的权。通常把 $e(i) = l(i)$ 的活动称为关键活动,而 $l(i) - e(i)$ 表示完成活动 a_i 的时间余量。它是在不延误工期的前提下,活动 a_i 可以延迟的时间。显然,关键路径上的所有活动都是关键活动,缩短或延误关键活动的持续时间,都将提前或推迟整个工程的进度。因此,分析关键路径的目的是识别哪些是关键活动,提高关键活动的效率,缩短整个工期。

注意:理解什么是关键活动,及其与关键路径的关系。

由上述分析可知,若把所有活动 a_i 的最早开始时间 $e(i)$ 和最迟开始时间 $l(i)$ 都计算出来,就可以找到所有的关键活动。为了求得 AOE 网的 $e(i)$ 和 $l(i)$,应该先求得网中所有事件 v_j 的最早发生时间 $ve(j)$ 和最迟发生时间 $vl(j)$。若活动 a_i 由边 $< v_j, v_k >$ 表示,其持续时间记为 $dut(<j,k>)$,则有如下关系:

$$e(i) = ve(j)$$

$$l(i) = vl(k) - dut(<j,k>)$$

由事件 v_j 的最早发生时间和最晚发生时间的定义，可以采取如下步骤求得关键活动：

(1) 从开始顶点 v_1 出发，令 $ve(1)=0$，按拓扑有序序列求其余各顶点的可能最早发生时间：

$$ve(k) = max\{ve(j) + dut(<j,k>), j \in T\} \qquad (7-1)$$

其中，T 是以顶点 v_k 为头的所有弧的尾顶点的集合（$2 \leqslant k \leqslant n$）。

如果得到的拓扑有序序列中顶点的个数小于网中顶点个数 n，则说明网中有环，不能求出关键路径，算法结束。

(2) 从完成顶点 v_n 出发，令 $vl(n)=ve(n)$，按逆拓扑有序求其余各顶点的允许的最晚发生时间：

$$vl(j) = min\{vl(k) - dut(<j,k>)\}$$
$$k \in S$$

其中，S 是以顶点 v_j 为弧尾的所有弧的弧头顶点集合（$1 \leqslant j \leqslant n-1$）。

(3) 求每一项活动 a_i（$1 \leqslant i \leqslant m$）的最早开始时间 $e(i)=ve(j)$，和最晚开始时间 $l(i)=vl(k)-dut(<j,k>)$。若某条弧满足 $e(i)=l(i)$，则它是关键活动。

对于如图 7.21 所示的 AOE 网，按以上步骤的计算结果见图 7.24，可得到 a_1、a_4、a_7、a_8、a_{10}、a_{11} 是关键活动。

顶点	ve[i]	vl[i]
v_1	0	0
v_2	6	6
v_3	4	6
v_4	5	6
v_5	7	7
v_6	7	8
v_7	14	14
v_8	12	12
v_9	16	16

(a) 顶点的发生时间

活动	e[i]	l[i]	l[i]-e[i]
a_1	0	0	0
a_2	0	2	2
a_3	0	1	1
a_4	6	6	0
a_5	4	6	2
a_6	5	6	1
a_7	7	7	0
a_8	7	7	0
a_9	7	8	1
a_{10}	7	14	0
a_{11}	7	12	0

(b) 活动的开始时间

图 7.24 关键路径计算示例

求出 AOE 网中的所有关键活动后，只要删去 AOE 网中所有的非关键活动，即可得到 AOE 网的关键路径。这时从开始顶点到达完成顶点的所有路径都是关键路径。一个 AOE 网的关键路径可以不止一条，如图 7.21 所示的 AOE 网中有两条关键路径，即（v_1，v_2，v_5，v_7，v_9）和（v_1，v_2，v_5，v_8，v_9）它们的路径长度都是 16，如图 7.25 所示。

问题：什么是事件（活动）的最早、最迟发生（开始）时间？含义是什么？

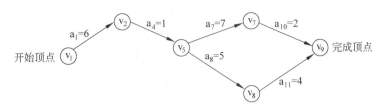

图 7.25　图 7.21 所示 AOE 网的关键路径

下面给出的求关键活动的算法也就是求关键路径的算法。

在拓扑排序 TOPOSORT 算法中, 是利用栈来保存入度为零的顶点, 排序结束后, 栈没有保存拓扑序列。因此, 必须对 TOPOSORT 算法做如下修改: 用顺序队列 tpord[n] 保存入度为零的顶点, 将原算法中的有关栈操作改为相应的队列操作。在排序过程中, 当删去以 v_j 为起点的出边 $<v_j, v_k>$ 时, 可根据 v_j 的 ve(j) 值, 用递推公式 (7-1) 对 v_k 的 ve(k) 值进行修改。为此, 必须在排序前将各顶点的 ve 值均置初值零。若 ve(k) 值已对 v_k 的所有前驱顶点 v_j 修改过, 则 ve(k) 值就是最终求得的 v_k 的最早发生时间。一旦排序结束, tpord[n] 中就保存了拓扑序列。首先来看存储结构:

```
typedef struct edgenode1              /*边结点*/
  { int adjvex;                       /*邻接点域*/
    int dut;                          /*权值*/
    struct edgenode1 *nextarc;        /*链域*/
  };
  typedef struct vexnode1             /*顶点结点*/
  { vextype  vertex;                  /*顶点信息*/
    int      id;                      /*入度*/
    edgenode1 *firstarc;              /*指向边结点的指针*/
  };
vexnode1  dig1[n];                    /*表头向量*/
```

求解关键路径的具体算法如下:

```
void criticalpath(vexnode1 dig[ ])    /*dig 是 AOE 网的带权邻接链表*/
{ int front=-1; rear=-1;              /*顺序队列的首尾指针置初值为-1*/
  int tpord[n], vl[n], ve[n];         /*tpord 是顺序结构的队列*/
  int l[maxsize], e[maxsize];
    edgenode1 *p;
    for(i=0; i<n; i++) ve[i]=0;       /*各事件 v_{i+1} 的最早发生时间置初值零*/
    for(i=0; i<n; i++)                /*扫描顶点表,将入度为零的顶点入队*/
        if(dig[i].id==0) tpord[++rear]=i;
    m=0;                              /*计数器初始化*/
    while(front!=rear)                /*队非空*/
      { front++; j=tpord[front];      /*v_{j+1} 出队,即删去 v_{j+1}*/
        m++;                          /*对出队的顶点个数计数*/
        p=dig[j].firstarc;            /*p 指向 v_{j+1} 为起点的出边表中表结点的下标*/
```

```
        while(p)                           /*删去所有以 v_{j+1} 为起点的出边*/
          { k=p->adjvex;                   /*k 是边<v_{j+1}, v_k>终点 v_k 的下标*/
            dig[k-1].id--;                 /*v_k 入度减 1*/
            if(ve[j]+p->dut>ve[k-1]) ve[k-1]=ve[j]+p->dut;  /*修改 ve[k-1]*/
            if(dig[k-1].id==0) tpord[++rear]=k-1;  /*新的入度零的顶点 v_k 入队*/
            p=p->nextarc;                  /*找 v_{j+1} 的下一条边*/
          }
      }
   if(m>n)                                 /*网中有回路,终止算法*/
    { printf("\nThe AOE network has a cycle");
      return;
    }
  for(i=0;  i<n;  i++) vl[i]=ve[n-1];  /*为各事件 v_i 的最迟发生时间 vl[i] 置初值*/
  for(i=n-2;  i>=0;  i--)                  /*按拓扑序列的逆序取顶点*/
    { j=tpord[i];
      p=dig[j].firstarc;                   /*取 v_{j+1} 的出边表上第一表结点*/
      while(p)
        { k=p->adjvex;                     /*k 为<v_{j+1}, v_k>的终点 v_k 的下标*/
          if((vl[k-1]-p->dut)<vl[j]) vl[j]=vl[k-1]-p->dut;  /*修改 vl[j]*/
          p=p->nextarc;                    /*v_{j+1} 找的下一条*/
        }
    }
   i=0;                                     /*边计数器置初值*/
   for(j=0;  j<n;  j++)                      /*扫描顶点表,依次取顶点 v_{j+1}*/
  { p=dig[j].firstarc;
/*扫描顶点表的 v_{j+1} 的出边表,计算各边<v_{j+1}, v_k>所代表的 a_{i+1} 的 e[i] 和 l[i]*/
    while(p)
        { k=p->adjvex;          i++;
          e[i-1]=ve[j];
          l[i-1]=vl[k]-p->dut;
          printf("%d,%d,%d,%d,%d");
          printf(dig[j].vertex,dig[k-1].vertex,e[i], l[i], l[i]-e[i]);
                                            /*输出活动 a_i 的有关信息*/
          if(l[i]=e[i]) printf("CRITICAL  ACTIVITY\n");      /*关键活动*/
          p=p->nextarc;
        }
    }
}/* criticalpath */
```

显然,上述算法的时间复杂度为 O(n+e)。

值得指出的是,并不是加快任何一个关键活动都可以缩短整个工程的完成时间,只有加快那些包括在所有的关键路径上的关键活动才能达到这个目的。例如,在如图 7.20 所示的 AOE 网中加快 a_8 的速度,使之由 5 天完成变成 4 天完成,则不能使整个工程由 16 天完成缩减为 15 天完成,这是因为另一条关键路径(v_1, v_2, v_5, v_7, v_9)不包括关键活动

a_8。关键活动 a_1 和 a_4 是包括在所有的关键路径中的,如果 a_1 由 6 天完成缩减为 5 天完成,则整个工程可由 16 天完成缩减为 15 天完成。若 a_1 由 6 天完成缩减为 4 天完成,整个工程却不能缩减为 14 天完成,因为这时关键路径变为(v_1, v_4, v_6, v_8, v_9),路径长度 15 天。所以缩短关键活动的完成时间后,还须重新计算 AOE 网的关键路径,只有在不改变 AOE 网的关键路径的前提下,加快包含在关键路径上的关键活动才可以缩短整个工程的完成时间。

7.7 图的应用

图是一种非常重要的数据结构,其理论已经被广泛应用于物理学、化学、控制论、信息论、管理科学、计算机等各个领域,并受到社会各界的广泛重视。

7.7.1 图在路由器寻径中的应用

路由器是重要的网络设备,它在广域网中最大限度地把全球各个地区、各个类型的网络资源连接在一起。路由器工作在 OSI 模型中的第 3 层,即网络层,它利用 IP 地址来区别不同的网络,实现网络的互联和隔离,保持各个网络的独立性。来自内部网络的数据只有通过路由器才能被转发出去。

路由器的基本功能是寻径,即判断到达目的地的最佳路径,该功能由路由选择算法来实现。为了判定最佳路径,路由选择算法必须启动并维护包含路由信息的路由表。路由选择算法将收集到的不同信息填入路由表中,根据路由表可将目的网络与下一跳(nextthop)的关系告诉路由器。路由器间互通信息进行路由更新,更新维护路由表使之正确反映网络的拓扑变化,并由路由器根据量度来决定最佳路径。这就是路由选择协议。

路由算法在路由协议中起着至关重要的作用,采用何种算法往往决定了最终的寻径结果。路由算法按照种类可分为以下几种:静态和动态、单路和多路、平等和分级、源路由和透明路由、域内和域间、链路状态和距离向量。这些算法的实现基本上都是建立在图之上的。

在全双工链路连接的网络中,每条链路的每一方向上都有一个与之相关的权值,两个结点之间一条路由的代价是它所经过的链路权值之和,于是两个结点之间的最佳路由为这两个结点间所有可能路由中具有最小代价的那条路由。

当然,每条路径权值的确定方法取决于路由的判断标准,若最佳路由考虑地图因素,则每个链路上的权值就是链路的长度;若考虑中继段数,则每个链路的权值就是 1;有时也把链路的容量考虑进去,链路权值与信道容量成反比,但与链路上的当前吞吐量成正比。

不管链路的权值如何确定,最佳路由算法都基于以下原则:具体思想是为通信子网建立一个图,图中每个结点代表一个信息处理机(Interface Message Processor,IMP),H(Host),代表主机,每条线代表一条通信链路,并标注相应的权值,在两个 IMP 之间作路由选择,算法只要找出它们之间的最小代价路径即可。寻找最小代价路径的方法之一就是我们最熟悉的 Dijkstra 最短路径搜索算法。

7.7.2　图在物流信息系统中应用

在物流配送的过程中,需要处理物流配送中货物的运输。仓储、装卸、送递等各个环节,并对其中涉及的问题(如运输路线的选择、仓储位置的选择等)进行有效的管理和决策分析,以有效地利用现有资源,降低消耗,提高效率。

系统的许多设计也是建立在图之上的。

1. 物流设施的定位

主要用来解决仓库等物流设施的定位问题。在物流系统中,仓库和运输路线共同组成了物流网络,仓库处于网络的结点上,结点决定着线路如何根据供求的实际需要并结合经济效益等原则,在既定区域内设立仓库的数量、仓库的位置、每个仓库的规模以及仓库之间的物流关系等问题都需要用图论的知识进行解决。

2. 物流路线的确定

主要解决一个起始点、多个终点的货物配送中成本和效率问题。即如何降低物流作业费用,并保证服务质量的问题。如将货物从 n 个仓库运往 m 个商店,每个商店都有固定的需求量,因此需要确定由哪个仓库提货送给哪个商店,所耗的运输代价最小,还包括决定多少辆车、每一辆车的路线等运筹学问题,这个问题的彻底解决也必须建立在图的知识基础上。

7.8　小结

图的两种最常用的存储结构是邻接矩阵和邻接表,两种方法各有优缺点,如何选取取决于具体应用。

图的遍历是栈和队列的重要应用,深度优先遍历利用栈记录已访问的顶点序列,在回溯之前,它尽可能"走"向图的深处。广度优先遍历利用队列记录已访问的顶点序列。在进一步遍历图之前,它先访问所有可能的邻接顶点。

树是连通的无向无环图,连通无向图的生成树是包含图的所有顶点(足够形成树的边)的一个子图。DFS 和 BFS 遍历生成 DFS 和 BFS 生成树。

带权无向图的最小生成树是边权之和最小的生成树。虽然一个给定的图可能有几个最小生成树,但它们的边权之和相等。

拓扑排序生成有向无环图中顶点的线性次序。如果在图中顶点 x 到顶点 y 有一条有向边,则顶点 x 领先于 y。

带权有向图中两个顶点之间的最短路径是其边权之和最小的路径。在只有一个入度为零(源点)和只有一个出度为零(汇点)的带权有向图中,从源点到汇点的带权路径最长的路径称为最短路径。

讨论题 7

图是一种复杂的数据结构,本节就图的一些概念和应用进行讨论。

1. 证明:只要适当地排列顶点的次序,就能使有向无环图的邻接矩阵中主对角线以下的元素全部为 0。

2. 图遍历不唯一的因素有哪些?

3. 证明:具有 n 个顶点和多于 n−1 条边的无向连通图 G 一定不是树。

4. 下面给出了某工程各工序之间的优先关系和各工序所需时间。

(1)画出相应的 AOE 网。

(2)列出各事件的最早发生时间,最迟发生时间。

(3)找出关键路径并指明完成该工程所需最短时间。

工序代号	A	B	C	D	E	F	G	H	I	J	K	L	M	N
所需时间	15	10	50	8	15	40	300	15	120	60	15	30	20	40
先驱工作	—	—	A,B	B	C,D	B	E	G,I	E	I	F,I	H,J,K	L	G

习题 7

1. 设一个有向图为 G=(V,E),其中 V={v_1, v_2, v_3, v_4},E={ v_2, v_1>,<v_2, v_3>,<v_4, v_1>,<v_1, v_4>,<v_4, v_2>},请画出该有向图,并求出每个顶点的入度和出度,画出相应的邻接矩阵、邻接链表和逆邻接链表。

2. 假设图的存储结构采用邻接矩阵表示。分别画出图 7.26 从 v_5 出发按深度优先搜索和广度优先搜索算法遍历得到的顶点序列。

3. 首先画出图 7.26 邻接链表,然后根据它分别写出从 v_5 出发按深度优先搜索和广度优先搜索算法遍历得到的顶点序列。

4. 设计一个算法,将一个无向图的邻接矩阵转换成邻接链表。

5. 以邻接链表作为图的存储结构,试写出图的深度优先搜索遍历递归算法和广度优先搜索遍历算法。

6. 利用广度优先遍历算法,采用邻接矩阵存储结构,判断有向图中是否存在顶点 v_i 到顶点 v_j 的路径(i≠j)。

7. 利用深度优先遍历算法,采用邻接链表为存储结构在无向图中找出从指定顶点 v_i 到顶点 v_k 的简单路径。

8. 图的连通分量和最小生成树的区别是什么?

9. 根据图 7.26 和图 7.27。

(1)假设指定从 v_1 出发,用普里姆方法画出最小生成树的过程。

(2)用克鲁斯卡尔方法画出最小生成树的过程。

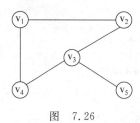

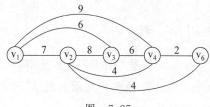

图　7.26　　　　　　　　　　　图　7.27

10. 修改普里姆算法,使之能在邻接链表存储结构上实现求图的最小生成树,并分析其时间复杂度。

11. 求出图 7.28 从顶点 v_1 到其他各顶点之间的最短路径。绘制图表解题。

12. 写出图 7.29 的三种可能的拓扑排序结果。

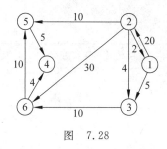

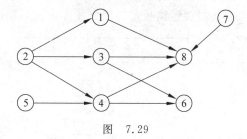

图　7.28　　　　　　　　　　　图　7.29

第8章 查 找

　　查找又称为检索,就是从一个数据元素集合中找出某个特定的数据元素。查找是数据处理中最为常用的一种操作,查找算法的优劣对整个软件系统的效率影响很大,尤其当所涉及的数据量较大时,更是如此。在一个数据集合中进行查找操作可选用的方法与该数据元素集合的存储结构有很大关系。本章首先介绍关于查找的基本概念,然后着重讨论静态查找表、动态查找表上的方法。

【案例引入】

　　一家专业出租音像店的老板希望有人为他开发一个能记录光盘和顾客信息的管理系统,从而使得音像店的日常工作更有效率。该系统应该能执行下面的操作:

　　(1) 出租一张光盘,即注销一张光盘;

　　(2) 返还或登记一张光盘;

　　(3) 创建商店所拥有的光盘清单;

　　(4) 给出特定光盘的详细信息;

　　(5) 打印商店中的光盘清单;

　　(6) 检查某张光盘是否在商店内;

　　(7) 维护客户数据库;

　　(8) 打印被每个客户借出的光盘清单。

　　从这个例子可知,这家出租音像店光盘管理系统有两个主要的组成部分:光盘和客户。可以为这个系统编制3个表:商店中所有光盘的表、商店所有客户的表和当前已出租的光盘的表。

　　系统中数据的存放可以是链表存储形式,但数据量相当大,查找极为耗时。如果把数据以二叉排序树的形式进行存储,是否可以用二分查找等快速方法来找到所需要的信息呢?

8.1　查找的基本概念

查找也称检索，就是根据某个给定的值，在数据元素构成的集合中确定是否存在这样一个数据元素，它的关键字等于给定值的关键字。

要进行查找，必须明确要查找对象的特征，也就是要查找数据元素的关键值。如果在数据集合中能找到与给定值相等的关键字，则该关键字所属的数据元素就是所要查找的数据元素，此时称该查找成功；如果查遍了整个数据元素集合也未能找到与给定值相等的关键字，则称该查找失败。

下面介绍有关查找的一些概念。

（1）查找表：由同一类型的数据元素（或记录）组成的集合。由于"集合"中的数据元素间存在着松散的关系，因此，查找表是一种灵活、方便的数据结构实现。

一般来说，对查找表可进行下面 4 种操作：

- 查询某个特定元素是否在查找表中；
- 检索某个特定数据元素的各种属性；
- 在查找表中插入一个数据元素；
- 在查找表中删除某个数据元素。

（2）静态查找表：若只执行前两种操作，就称该查找表为静态查找表。

（3）动态查找表：若在查找过程中，还同时向查找表中插入新的数据元素，或者删除已经存在的某个数据元素，就称该查找表为动态查找表。

（4）关键字：数据元素中某个数据项的值，用它可以标识查找表中的一个数据元素。主关键字可以唯一地标识一个记录，次关键字用以识别若干记录。例如，在学生成绩表中，准考证号为主关键字，它是能唯一确定一个学生记录的数据项。由于不能保证学生不重名，因此，学生姓名不适宜作为主关键字。而课程成绩就是次关键字或属性域。

（5）最大查找长度（MSL）：对查找表中的关键字比较的最多次数。

（6）平均查找长度（ASL）：

$$ASL = P_1 C_1 + P_2 C_2 + \cdots + P_n C_n = \sum_{i=1}^{n} P_i C_i$$

式中，P_i 为查找列表中第 i 个数据元素的概率；C_i 为找到列表中第 i 个数据元素时，已经进行过的关键字比较次数。查找的主要操作就是关键字的比较，故而通常把查找过程中对关键字需要执行的平均比较次数，作为衡量一个查找算法效率的标准。在简单情况下，每个记录的查找机会均等，被认为是等概率的，则每个记录的 P_i 均等于 $\frac{1}{n}$。实际情况比较复杂，存在 P_i 因 i 不同而不同的情况。

问题：查找结构和线性表、树、图等结构有什么区别？

在实际应用中，大批的数据记录常以文件形式存储在磁盘、光盘、磁带等外存储器中，进行查找时，必须成组地将这些数据记录调入内存，并按一定的数据结构（如数组、链表等）组织存储，然后选择合适的查找方法进行查找。

查找方法可以分为顺序表的查找法和基于树表的查找法。

8.2 静态查找表

若对查找表只作查询和检索操作,则称此类查找表为静态查找表。静态查找表可以有不同的表示方法,在不同的表示方法中,实现查找操作的方法也不同。静态查找表大多采用顺序存储结构,有时(复杂情况下,概率不等)也可以采用链表结构。本节介绍顺序存储结构下的静态查找表的 3 种主要表示方法及其查找算法:顺序表的查找、有序表的折半查找和索引顺序表的查找。

8.2.1 顺序表的查找

记录的逻辑顺序与其在计算机存储器中存储顺序一致的表,称为顺序表。

顺序查找是一种最简单的查找方法,它的查找过程是:假定有 n 个记录 $s_1, s_2, \cdots, s_n$,顺序地存放在记录数组 s 中,其中第 i 个记录的关键字值为 s_i. key。如果给定一个关键数据 K,则用 K 依次与 s_1. key, s_2. key, $\cdots$ ($0 \leqslant i \leqslant n-1$)进行是否相等的比较,一旦找到某一个记录的关键字值与 K 相等,即 s_i. key = K,则查找成功,回送下标 i。如果所有记录的关键字值都与 K 不相等,则给出查找失败的信息。

用 C 语言描述的顺序表的查找算法如下:

```
/*顺序查找算法*/
typedef struct
{   int key;                   /*记录的关键字项*/
}DataType;
int searchsq(DataType s[],int Key,int n)
{
    DataType r[max];
    int i=0;
    s[n].key=Key;
    while(s[i].key!=Key)
                i=i+1;
    if(i<n)   return i;
    else return  -1;
}
```

由于在 C 语言中,对数组下标是否越界不作检查,这样就有可能引起系统出错。为了避免该错误的发生,在算法中,将 s[n] 设置为"监视哨",同时用于判断查找成功与否。

假设顺序表中每个记录的查找概率相同,即 $P_i = 1/n (i=1,2,3,\cdots,n)$,查找表中第 i 个记录所需进行的比较次数为 $C_i = i$。因此,顺序查找法查找成功时的平均查找长度为

$$\text{ASL} = \sum_{i=1}^{n} P_i C_i = -\frac{1}{n} \sum_{i=1}^{n} C_i = \frac{1}{n} \sum_{i=1}^{n} (n-i+1) = \frac{1}{2}(n+1)$$

也就是说,查找成功的平均查找长度约为整个表长的一半。如果待查找的 Key 值不存在,那么必须进行 n+1 次比较后才能确定查找最终是否失败。

在实际情况中,有时表中记录的查找概率并不相同。人们为了现实需要,往往会将查找概率按照从大到小的顺序排列,以便提高查找的效率。基于此原因,在设计线性表的过程中,应该把概率大的记录尽量排在概率小的记录前面,这样能大大提高查询的速度。

在不等概率的情况下,顺序查找的平均查找长度为

$$ASL_{sq} = nP_1 + (n-1)P_2 + \cdots + 2P_{n-1} + P_n$$

总而言之,顺序表的查找算法的优点是算法简单,并且对线性表没有任何要求,无论顺序存储还是链式存储,不管记录排列是否有序,都能使用,缺点是查找效率低。因此,当表中的记录较多时,不宜采用顺序查找进行。

8.2.2　有序表的折半查找

对于以数组方式存储的记录,如果数组中各个记录的次序是按其关键字值的大小顺序排列的,则称为有序数组或有序表。对顺序分配的有序表可以采用折半查找(Binary Search),又称二分查找。折半查找不像顺序查找那样,从第 1 条记录开始逐个顺序搜索,而是每次把要找的给定值 K,与在中间位置的记录的关键字值进行比较。设有序记录数组 r 中每个记录的关键字值按升序排列为

$$r_1.key, r_2.key, r_3.key, \cdots, r_m.key, \cdots, r_n.key$$

其中,n 为记录个数。当 i<j 时,有 $r_i.key \leqslant r_j.key$。开始时,中间位置记录的序号为 $m = \lfloor (n+1)/2 \rfloor$,相应的关键字值为 $r_m.key$。将给定值 K 与 $r_m.key$ 比较,有 3 种可能的结果:

(1) $K = r_m.key$。查找成功,结束查找。

(2) $K < r_m.key$。由于各记录的关键字值是由小到大排列的,因此,如果要查找的记录存在,必定在有序表的左半部分。于是,对左半部分继续使用折半查找进行搜索,但搜索区间缩小了一半。

(3) $K > r_m.key$。如果要查找的记录存在,则必定在有序表的右半部分。于是,对右半部分继续使用折半查找进行搜索,但搜索区间缩小了一半。

这样在查找过程中,搜索区间不断对分并以指数规律缩小,因而查找速度明显地快于顺序查找。当最后只剩下一个记录,而且此记录不是要找的记录,则宣告查找失败。

例如,假定有一组记录的关键字值($r_i.key$)为

5　12　31　43　47　73　81　104

若用整型变量 low、m 和 high 分别表示被查区间的第一个、中间一个和最后一个记录的位置,则开始查找时有 low=1,high=8,$m = \lfloor (1+8)/2 \rfloor = 4$,第一个、中间一个和最后一个记录的关键字值分别为 $r_1.key$、$r_4.key$ 和 $r_8.key$。假设要查找 K=73 的记录,则折半查找过程如下:

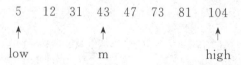

因为 K＞43(r_m.key)，所以下一步查找区间必定在右半部，即

$$5 \quad 12 \quad 31 \quad 43 \quad 47 \quad 73 \quad 81 \quad 104$$

$$\qquad\qquad\qquad\qquad\quad \uparrow \qquad \uparrow \qquad\qquad \uparrow$$

$$\qquad\qquad\qquad\qquad\quad \text{low} \quad\ \text{m} \qquad\quad \text{high}$$

此时，low＝5，high＝8，m＝$\lfloor(5+8)/2\rfloor$＝6。由于 K＝73(r_m.key)，查找成功，所找到的记录序号为 6。

假若现在查找 K＝15 的记录，则折半查找过程如下：

$$5 \quad 12 \quad 31 \quad 43 \quad 47 \quad 73 \quad 81 \quad 104$$

$$\uparrow \qquad\qquad\qquad\qquad \uparrow \qquad\qquad\qquad\quad \uparrow$$

$$\text{low} \qquad\qquad\quad\ \text{m} \qquad\qquad\qquad \text{high}$$

因为 low＝1，high＝8，m＝$\lfloor(1+8)/2\rfloor$，K＜43(r_m.key)，所以，下一步查找区间必定在第 4 条记录的左半部分，即

$$5 \quad 12 \quad 31 \quad\ 43 \quad 47 \quad 73 \quad 81 \quad 104$$

$$\uparrow \qquad \uparrow \qquad \uparrow$$

$$\text{low} \quad\ \text{m}\ \ \ \text{high}$$

因为 low＝1，high＝3，m＝2，K＞12(r_m.key)，所以下一步查找区间必定转到第 2 条记录的右半部分去找。此时，low、high、m 均指着 31，即

$$5 \quad 12 \quad 31 \quad\ 43 \quad 47 \quad 73 \quad 81 \quad 104$$

$$\qquad\quad \nearrow \quad \uparrow \quad \nwarrow$$

$$\qquad \text{low} \ \ \text{m} \ \ \text{high}$$

K≠31，宣告查找失败。

折半查找的过程可用二叉树来形象地说明。对上例中所示的 8 个记录，在查找过程中，首先中指针 m 的取值为 3，将它作为树根结点。如果待查找的 K 小于根结点的关键字，则到左半子表去查找，此时中指针 m 的取值为 1，将它作为根的左孩子；否则到右半子表去查找，此时中指针 m 的取值为 5，将它作为根的右孩子。照此分析下去，可以画成一棵二叉树，见图 8.1。图中结点编号表示该记录的在有序表中的"位置"序号，即下标值。

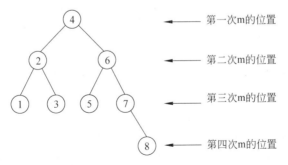

图 8.1　描述折半查找过程的判定树

在这棵判定树中可以直观地看出查找某个关键字时的比较次数。例如 K＝43，该记录的序号是 4，从树中可以看到比较一次就找到。又如 K＝81，记录的序号是 7，从树中可

看出它在第三层，比较 3 次就找到。再如 K＝110，它比 8 号记录的关键字 104 还要大，该记录不存在，从树中可以看出比较 4 次未找到。

又例如，已经有如下 11 个数据元素的关键值组成的有序表：

$$(5,15,19,21,34,56,63,75,80,89,95)$$

现在要查找关键字为 21 和 83 的数据元素。

用两个指针 low 和 high 分别指示待查元素所在范围的下界和上界，并用指针 mid 指示中间元素。在开始进行查找时，low 和 high 的初值分别指向第 1 个和第 $n(=11)$ 个元素，如图 8.2 所示。

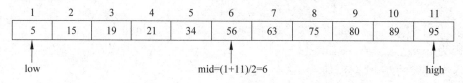

图 8.2　折半查找示意（一）

查找给定值 k＝21 的过程是：

首先用 s[mid].key 和 k 相比，因为 r[mid].key＞k，说明待查元素若存在，必然在 [low,mid－1] 的范围内，令指针 high 指向第 mid－1 个元素，重新求得：mid＝(1+5)/2＝3，如图 8.3 所示。

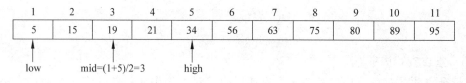

图 8.3　折半查找示意（二）

仍用 r[mid].key 和 k 相比，r[mid].key＜k 说明待查元素若存在，必然在[mid＋1，high]范围内，令指针 low 指向第 mid＋1 个元素，重新求得：mid＝4。比较 r[mid].key 和 k，此时值相等，查找成功。查的的元素为在查找表中指针所指的元素，如图 8.4 所示。

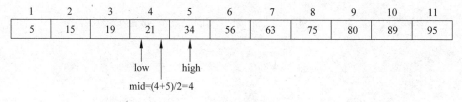

图 8.4　折半查找示意（三）

再看查找给定值 83 的过程：

首先用 r[mid].key 和 k 相比，因为 r[mid].key＜k，说明待查元素若存在，必然在 [mid＋1,high] 的范围内，令指针 low 指向第 mid＋1 个元素，重新求得：mid＝(7+11)/2＝9，如图 8.5 所示。

仍用 r[mid].key 和 k 相比，r[mid].key＜k 说明待查元素若存在，必然在[mid＋1，high]范围内，令指针 low 指向第 mid＋1 个元素，重新求得 mid＝10，如图 8.6 所示。

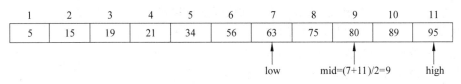

图 8.5 折半查找示意(四)

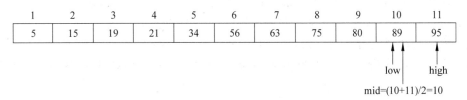

图 8.6 折半查找示意(五)

再用 r[mid].key 和 k 相比,因为 r[mid].key>k,说明若待查元素存在,则必然在 [low,mid-1]的范围内,令指针 high 指向第 mid-1=9 个元素,因为 high<low 表示查找失败,如图 8.7 所示。

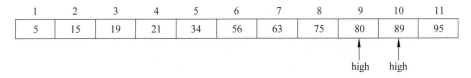

图 8.7 折半查找示意(六)

折半查找算法如下:

```
void binary_search(KeyType K)
    { int m,low,high,find;
      low=0; high=n-1; find=0;
      do{m=(low+high)/2;
          if(K==r[m].key)
              {printf("\n查找成功,该记录对应的下标为:%d",m);
                 find=1;
              }
          else  if(K<r[m].key) high=m-1;
                     else  low=m+1;
      }while(find==0 && low<=high);
      if(find==0)  cout<<"查找失败! \n";
    }
```

下面用平均查找长度来分析折半查找法的性能。观察上述 11 个元素的表的例子,从查找过程可知:找到第 6 个元素仅需比较 1 次;找到第 3 和第 9 个元素仅需比较 2 次;找到第 1、4、7、10 个元素需要比较 3 次;找到第 2、5、8 和 11 个元素需要比较 4 次。这个查找过程可用如图 8.8 所示的二叉树来描述,树中每个结点表示表中一个数据元素,结点中的值为该元素在表中的位置,通常称这个描述查找过程的二叉树为判定树。

从图 8.8 的判定树可见,查找 21 的过程恰好是走了一条从根到结点 4 的路径,所进行的和关键字比较的次数为该路径上的结点数(结点 4 在判定树中的层数)。类似地,找到表中任一元素的过程就是走了一条从根到该元素相应的结点的路径,所进行的和关键字比较的次数为该结点在判定树上的层次数。因此,折半查找成功时所进行的比较次数最多不超过树的深度。

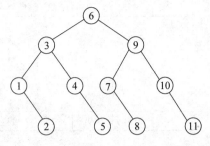

图 8.8　有 11 个数据元素的折半查找判定树

那么,折半查找的平均查找长度是多少呢?

为讨论方便起见,假定表的长度为 $n=2^h-1$($h=\log_2(n+1)$),则描述折半查找的判定树是深度为 h 的满二叉树。树中层次为 1 的结点有 1 个,层次为 2 的结点有 2 个,……,层次为 h 的结点有 2^{h-1} 个。又假设表中每个元素的查找概率相等($P_i=1/n$),则二分查找的平均查找长度为

$$\text{ASL}_{bs} = \sum_{i=1}^{n} P_i C_i = \frac{1}{n}\sum_{j=1}^{h} j2^{j-1} = \frac{n+1}{n}\log_2(n+1) - 1$$

对任意的 n,当 n 较大时,有下列近似结果:

$$\text{ASL}_{bs} = \log_2(n+1) - 1$$

可见,折半查找的效率比顺序查找高,但折半查找只能适用于有序表,且存储结构仅限于向量(对线性链表无法进行折半查找),当表经常需要插入或删除一个元素时,就需要来回移动元素。因此,折半查找方法适用于不经常变动而查找频繁的有序列表。

8.2.3　索引顺序表查找

索引顺序表查找又称分块查找,它是顺序查找方法的一种改进,是将原来对所有 n 个记录逐个查找,变为先将 n 个记录分成若干组,再建一个索引表。当给定一个关键字后,先通过查索引表确定应在哪一组中查找,然后再在该组中顺序查找。例如,查找表中有18 个记录,可分成 3 组(3 个子表),对每组(或称块)建立一个索引项,项中包含块内各记录最大关键字值和一个指针(指向该块的第 1 个记录在总表中的位置),这些索引项构成索引表。索引表必须按关键字排序,各子表(块)必须"按块有序"。所谓"按块有序",是指第 2 块中一切记录的关键字必须大于第 1 块中的最大关键字,第 3 块中一切记录的关键字必须大于第 2 块中的最大关键字,以此类推,每块内容不要求按关键字排序。这种表的结构如图 8.9 所示。

上面已经提到,分块查找过程分为两步:先确定要找的记录所在的块,然后在块中顺序查找。假设给定关键字值 k=150,则先在索引表中查找,由于 96<150<516,所以关键字值为 150 的记录如果存在,必然在第 2 块中。此时根据索引表中的指针从总表的第 7个位置到第 12 个位置顺序查找,直到第 11 个位置找到关键字等于 150 的记录。若给定

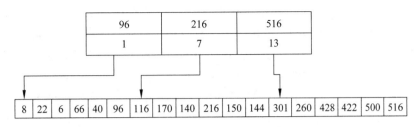

图 8.9　索引顺序表的结构示意图

关键字值 k＝100，虽然根据索引表也应在第 2 块，但是在第 2 块中从头到尾也查不到关键字值等于 100 的记录，所以宣布查找不成功。

由于索引表是按关键字排序的，所以查索引表时可以用顺序查找也可以用二分查找，而在子表内只能用顺序查找。索引顺序表查找的平均查找长度是这两步平均查找长度之和，即为

$$ASL = L_b + L_w$$

其中，L_b 为查找索引表以确定所在块的平均查找长度，L_w 为在块内查找所要的记录的平均查找长度。

现在的问题是如何分块才能提高查找速度。假设对表中每个记录的查找概率相等，并且假设分块是均匀的。设有 n 个记录，平均分为 b 块，每块含有 s 个记录，即 b＝n/s。若查索引表和在块内查找均用顺序查找，则

$$L_b = (b + 1)/2$$
$$L_w = (s + 1)/2$$
$$ASL = L_b + L_w = (n/s + s)/2 + 1$$

在 n 已确定的前提下，ASL 表示为 s 的函数。而当 s 等于何值时，平均查找长度 ASL 才能达到最小值呢？根据求一元函数最小值的方法，可以求出 s＝$\sqrt{n}$ 时，ASL 取最小值，且它的值为 $\sqrt{n}+1$。可以看出，这个平均查找长度比直接用顺序查找时好很多，例如当 n＝1000 时，$\sqrt{n}+1 \approx 33$。

8.3　动态查找表

8.2 节介绍的查找方法主要建立在顺序存储的基础上，这种存储结构对于记录个数的变动（如插入、删除等）很不方便。本节介绍的几种查找方法是利用树形结构来存储记录，这些方法不但能达到较高的查找效率，而且也能较好地解决在查找表中记录的插入和删除问题。

8.3.1　二叉排序树

1. 二叉排序的定义和特点

定义：二叉排序树（binary sort tree）或是空树；或是非空树。

对于非空树：

（1）若它的左子树不空，则左子树上各结点的值均小于它的根结点的值；

（2）若它的右子树不空，则右子树上各结点的值均大于等于它的根结点的值；

（3）它的左、右子树又分别是二叉排序树。

如图 8.10 所示为三棵二叉排序树，这种二叉排序树具有左小右大的特点。根据需要也可以构造左大右小的二叉排序树。

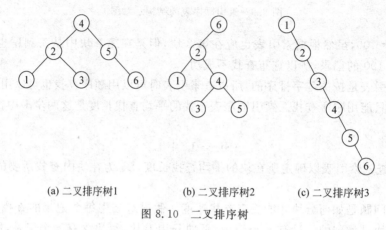

(a) 二叉排序树1   (b) 二叉排序树2   (c) 二叉排序树3

图 8.10　二叉排序树

特点：对二叉排序树进行中序遍历，可得到一个由小到大的序例。例如对图 8.10 的二叉排序树进行中根遍历，则得到序列：1,2,3,4,5,6。

2. 建立二叉排序树

现在采用二叉链表作为存储结构，其结点结构如下：

```
typedef int ElemType;
struct BstNode
{  ElemType data;           /* 数据域 */
   struct BstNode  * lch, * rch;
};
```

建立二叉排序树，实质上是不断地进行插入结点的操作。设有一组数据：$K = \{k_1, k_2, \cdots, k_n\}$，将它们一一输入建成二叉排序树。

建立二叉排序树的思路：

（1）让 k_1 作根。

（2）对于 k_2，若 $k_2 < k_1$，令 k_2 作 k_1 的左孩子；否则令 k_2 作 k_1 的右孩子。

（3）对于 k_3，从根 k_1 开始比较。若 $k_3 < k_1$，到左子树中进行查找；否则到右子树中进行查找；直到找到合适的位置进行插入；

（4）对于 $k_4, k_5, \cdots, k_n$，重复步骤（3），直到 k_n 处理完为止。

在建立过程之中，每输入一个数据元素就插入一次。首先看建立二叉排序树的主体算法：

```
void creat()                         /*建立二叉排序树*/
{ BstNode * s; int n,i; ElemType k;
  printf("n=?");
  scanf("%d",&n);
  for(i=1; i<=n;  i++)
  { printf("key=? ");
    scanf("%d",&k);
    s=new BstNode;
    s->data=k;   s->lch=NULL; s->rch=NULL;
    root=insertl(root,s);          /*调用插入函数*/
  }
}
```

在该算法中调用下列插入函数：root＝insertl(root,s)。insertl(root,s)函数的作用是在二叉排序树 t 中,插入一个结点 s。

```
/*在二叉排序树 t 中,插入一个结点 s*/
BstNode  * insertl(BstNode * t,BstNode * s)
{ if(t==NULL) t=s;
    else if(s->data<t->data)
       t->lch=insertl(t->lch,s);          /*将 s 插入 t 的左子树*/
      else t->rch=insertl(t->rch,s);       /*将 s 插入 t 的右子树*/
  return t;
}
```

该函数有两个形参并且函数带有返回值,它还是一个递归函数。

在二叉排序树 t 中,插入一个结点 s 的算法也可以写成非递归函数。下面是非递归函数的伪代码。

```
void  insert2(BstNode * t, BstNode * s)
{ if(t==NULL) t=s;
    else {p=t;
       while(p!=NULL)
        { q=p;  /*当 P 向子树结点移动时,q 记 P 的双亲位置*/
          if(s->data < p->data) p=p->lch;
             else  p=p->rch;
         }
       if(s->data < q->data = q->lch=s;
         else q->rch=s; /*当 p 为空时,q 就是可插入的地方*/
     }
}
```

假设给出一组数据{10,3,18,6,20,2},对照上述算法生成二叉排序树的过程如图 8.11 所示。

由此可见,在二叉排树上插入结点不需要遍历二叉树,仅需从根结点出发,走一条根

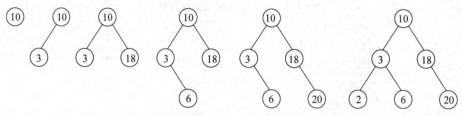

图 8.11　二叉排序树的生成

到某个具有空子树的结点的路径，使该结点的空指针指向被插入结点，使被插入结点成为新的叶子结点。

问题：如果仍使用前边 6 个数据，但输入先后顺序改为{2,3,6,10,18,20}，那么生成的二叉排序树如何？请思考。

3. 在二叉排序树中删除结点

在二叉排序树上删除一个结点，应该在删除之后仍保持二叉有序的特点。如果要删除某结点 p，双亲的指针 f 也应是已知条件，这里的关键是怎样找一个结点 s 来替换 p 结点。下面分三种情况来讨论：

（1）p 结点无右孩子，则让 p 的左孩子 s 上移替代 p 结点。如图 8.12(a)、(b)所示。

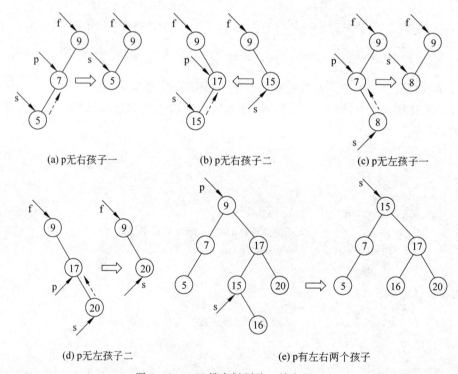

图 8.12　二叉排序树删除 p 结点图示

（2）p 结点无左孩子，则让 p 的右孩子 s 上移替代 p 结点。如图 8.12(c)、(d)所示。

（3）p 结点有左孩子并且有右孩子，可用它的前驱（或后继）结点 s 代替 p 结点。现假定用它后继结点来代替,这个结点 s 应是 p 的右子树中数据域值最小的结点。因它值域最小(在右子树中)所以它一定没有左孩子。这时先让 p 结点取 s 结点的值,然后可按第(2)种情况处理删除 s 结点,这就等效删除了原 p 结点,如图 8.12(e)所示。

其中,t、f、p 为已知条件,t 指向根结点,p 指向被删除结点,f 指向 p 的双亲。另设局部变量 s、q 指针,分别指向替代结点及其双亲。下面是删除结点的函数伪代码。

```
void delet(BstNode * t,BstNode * p, BstNode * f)
{ bool＝1;
  if(p->lch==NULL) s=p->rch;
    else if(p->rch==NULL) s=p->lch;
        else{q=p;s=p->rch;        /*p左、右孩子均不空的情况*/
            while(s->lch!=NULL){q=s;s=s->lch;}
          /*上述语句是查找 p 结点右子树的最左结点见图 8.12(e)*/
            if(q==p) q->rch=s->rch; else q->lch=s->rch;
            p->data=s->data;
            free(s);bool=0;     /*删除完成*/
            }
  if(bool==1)                      /*p 不是有左、右两个孩子的情况*/
    { if(f==NULL) t=s;              /*f==NULL 即是 p 就是根 t 情况*/
      else if(f->lch==p) f->lch=s;else f->rch=s;
      free(p);
    }
}
```

算法中第 5 行开始的一组语句,是针对 p 结点的左、右孩子都不空的情况。删除 p 时,是用它右子树中的最左结点(右子树中值最小)来代替。这一段语句也可以改写成用 p 的左子树中的最右结点(左子树中值最大)来代替。

4. 二叉排序树的查找

二叉排序树的查找十分方便,其平均查找长度明显小于一般的二叉树。对于一般的二叉树,按给定关键字值查找树中结点时,可以从根结点出发,按先根遍历、中根遍历或后根遍历的方法查找树中结点,直到找到该结点为止。显然,当树中不存在具有所给关键字值的结点时,必须遍历完树中所有结点后,才能得出查找失败的结论。

对于二叉排序树情况就不同了,从根结点出发,当访问到树中某个结点时,如果该结点的关键字值等于给定的关键字值,就宣布查找成功;反之,如果该结点的关键字值大(小)于已给的关键字值,下一步就只需考虑查找左(右)子树了。换言之,每次只需查找左或右子树的一枝便够了,效率明显提高。

不管是一般的二叉树还是二叉排序树,均是以链表方式组织存储的,是一种动态数据结构。这种结构的插入、删除操作非常方便,无须大量移动元素。下面分别讨论二叉排序树的查找和插入算法。

```
int Search(KeyType K)
```

```
/*在根结点为 root 的二叉排序树中查找关键字值为 K 的结点*/
{ int flag=0;
  BstNode * q=root;
  while((q!=NULL)&&(flag==0))
    { if(q->key==K) {printf("\n查找成功,找到%d", q->key);
                         flag=1;
                      }
      else if(K<q->key)  q=q->lch;
            else  q=q->rch;
    }
  if(flag==0) printf("\n查找失败,无此结点!");
  return flag;
}
```

在函数 Search 中，参数 root 为根结点指针，K 为欲查找的关键字值，这里假定它是整型。函数执行完后，如果查找成功，输出所找到结点的关键字值，并且指针 q 指向所找到的结点；如果查找失败，则输出查找失败的信息，且 q=NULL。

5. 二叉排序树的插入

在二叉排序树中插入一个具有给定关键字值 K 的新结点，先要查找树中是否已有关键字值为 K 的结点。只有当查找失败时，才将新结点插入到树中"适当位置"，使之仍然构成一棵二叉排序树。算法思想如下：

（1）在二叉树中查找所要插入的结点的关键字，若查找到，则不需插入；

（2）若查找不成功，即 q=NULL 时执行如下步骤：

① 动态生成一具有关键字值为 K 的新结点 r；

② 若 root 为 NULL，则 root=r；

③ 若 K<p->key，则 p->lch=r；

④ 若 K>p->key，则 p->rch=r；

（3）算法结束。

对应的函数定义如下：

```
void Insert(KeyType  K)
{  int flag=0;
   BstNode * q=root,* p,* r;
   while((q!=NULL)&&(flag==0))
    {if(q->key==K) {printf("\n查找成功,不再插入。");
                       flag=1;
                    }
      else if(K<q->key) {p=q; q=q->lch;}
            else  {p=q;  q=q->rch;}
    }
   if(flag==0) {printf("\n查找,无此结点,进行插入!");
```

```
        r=new BstNode; r->key=K; r->lch=0;r->rch=0;
        if(K<p->key) p->lch=r;
                else  p->rch=r;
    }
}
```

　　在此算法中,先进行查找操作,在查找过程中,指针 q 保留所查找的点,当查找到该点时,q 指向所找到的点。同时,用指针 p 指向 q 结点的父结点,当没有找到时,则 q 指向空,而 p 指向相应的叶子结点,此时,就在此叶子结点处进行插入,将新结点插入到相应位置(即作为 p 结点的左孩子或右孩子)。

　　通过以上描述,可以发现调用 Insert 进行插入操作的过程,其实就是动态生成一棵二叉排序树的过程,而树的形状、高度依赖于记录的关键字大小。即便是同一组记录,由于输入的先后顺序不同,得到树的形状可能完全不同。例如,对于关键字集合{1,2,3,4,5,6},若输入顺序分别为 4,5,2,3,6,1 或 6,2,1,4,3,5 或 1,2,3,4,5,6,则可分别得到图 8.10(a)、(b)或(c)所示的二叉排序树。当一棵二叉树已经动态生成后,如果输出各结点的关键字值,就要涉及访问该树结点的方式。不同的访问方式,得到的关键字输出序列是不同的。但是,有一点可以肯定,若按中序方式访问二叉排序树,则得到的一定是关键字值递增的序列。

6. 二叉排序树的删除

　　从二叉排序树中删除一个结点,不能简单地把以该结点为根的子树都删除,只能删除掉该结点,并且还应该保证删除后所得到的二叉树依然满足二叉排序树的性质不变。也就是说,在二叉排序树中删去一个结点相当于删去有序序列中的一个结点。

　　假设要删除的结点为 p,其双亲结点为 f,同时假设结点 p 是结点 f 的左孩子(右孩子的情况类似)。删除操作首先要确定被删结点 p 是否在二叉排序树中。若不在,则不做任何操作;若在,则分三种情况讨论。

　　(1) 若 p 为叶子结点,可直接将其删除。如图 8.13 所示为删除叶子结点 20 情况。

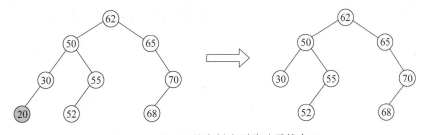

图 8.13　在二叉排序树中删除叶子结点 20

　　(2) 若 p 结点只有左子树,或只有右子树,则可将 p 的左子树或右子树直接改为其双亲结点 f 的左子树或右子树。如图 8.14 所示为删除只有左子树的结点 70 情况。
　　(3) 若 p 既有左子树,又有右子树,此时有两种处理方法:
　　方法 1,首先找到 p 结点在中序序列中的直接前驱 s 结点,然后将 p 的左子树改为 f

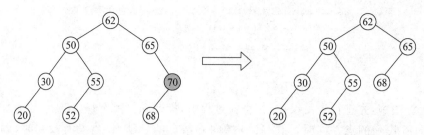

图 8.14 在二叉排序树中删除具有左子树的结点 70

的左子树,而将 p 的右子树改为 s 的右子树。

方法 2,首先找到 p 结点在中序序列中的直接前驱 s 结点,然后用 s 结点的值替代 p 结点的值,再将 s 结点删除,原 s 结点的左子树改为 s 的双亲结点 q 的右子树。

如图 8.15 所示为删除具有左右子树的结点 50 的情况。

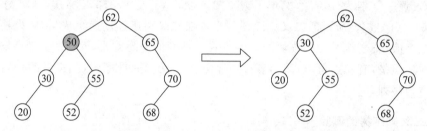

图 8.15 在二叉排序树中删除有左右子树的结点 50

综上所述,可以得到下面在二叉排序树中删去一个结点的算法:

```
/*二叉排序树的删除算法*/
BSTree * delBST(BSTree t,DataType k)
{
    BSNode * p, * f, * s, * q;
    p=t;
    f=NULL;
    while(p)                        /*查找关键字为 k 的待删结点 p*/
    {
        if(p->key==k)
            break;
        f=p;
        if(p->key>k)
            p=p->lchild;
        else
            p=p->rchild;
    }
    if(p==NULL)
        return t;                   /*若找不到,返回原来的二叉排序树*/
    if(p->lchild==NULL)
    {
```

```
        if(f==NULL)
            t=p->rchild;
        else if(f->lchild==p)      /* p 是 f 的左孩子 */
            f->lchild=p->rchild;
        else
            f->rchild=p->rchild;
        free(p);
    }
    else
    {
        q=p;
        s=p->lchild;
        while(s->rchild)
        {
            q=s;
            s=s->rchild;
        }
        if(q==p)
            q->lchild=s->lchild;
        else
            q->rchild=s->lchild;
            p->key=s->key;
            free(s);
    }
    return t;
}
```

用二叉排序树记录集合时,不但容易进行动态查找,而且对二叉排序树进行中序遍历时,还能得到记录集合中各个记录的有序排列。

二叉排序树的平均查找长度难以确定,因为它不仅和结点的个数 n 有关,而且和树的形态相关。二叉排序树越匀称,树的层次越少,平均查找深度越小,该树的查找效率越高;反之,二叉排序树不是很匀称,树的层次较多,平均查找难度越大,树的查找效率就越低。如图 8.16(a)所示的是一棵满二叉排序树,树中有 7 个记录的关键字。当每个结点的查找概率相等时,平均查找长度为 $\frac{(1+2\times2+3\times4)}{7}\approx2.43$;若由这 7 个结点组成的二叉排序树是一棵单支树,如图 8.16(b)所示,则当每个结点的查找概率相等时,平均查找长度为 $\frac{(1+2+3+4+5+6+7)}{7}=4$。

构造一棵形态匀称的二叉排序和结点插入顺序有关,而结点的插入顺序往往又不是人的意志能够决定的,为了构造一棵形态匀称的二叉树,我们引出了 8.3.2 节中的平衡二叉树概念。

7. 二叉排序树查找算法分析

不难看出,对二叉排序树进行查找,若查找成功,则是从根结点出发走了一条从根到

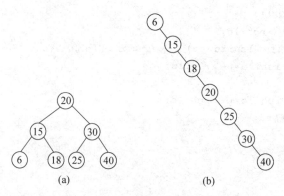

图 8.16　相同关键字组成的不同形状的二叉排序树

某个叶子的路径，因此，与折半查找类似，查找一个记录与关键字比较次数不超过该二叉树排序的深度。深度为 i 的结点，查找成功时所需要比较的次数为 i，因此，对于深度为 d 的二叉排序树，若设第 i 层有 n_i 个结点（$1 \leqslant i \leqslant d$），则在同等查找概率的情况下，其平均查找长度为

$$ASL = \frac{1}{n} \sum_{i=1}^{d} i \times n_i$$

其中，$n = 1 + n_2 + \cdots + n_d$ 为二叉树的结点数。

显然，当每层仅有一个结点，即深度 d=n 时，ASL 的值达到最大，此时有：

$$ASL = \frac{1}{n} \sum_{i=1}^{d} i = \frac{n+1}{2} = O(n)$$

此时，二叉排序树蜕化成线性链表。

而当二叉排序树除去最底层的叶子结点外，每个结点均有两个孩子时，二叉排序树除去底层结点外是满树。ASL 的值达到最小，此时有：

$$ASL = \frac{1}{n} [1 + 2 \times 2 + 3 \times 2^2 + \cdots + (d-1) \times 2^{d-2} + d \times L]$$

式中，L 为叶子结点个数，$1 \leqslant L \leqslant 2^{d-1}$，$n = 2^{d-1} - 1 + L$。

在随机的情况下，对于一个具有 n 个结点的二叉排序树，平均查找长度为 $O(\log_2 n)$，在最坏的情况下为 $(n+1)/2$。二叉排序树的查找效率和二分查找的效率相差不大，并且在二叉排序树上实现插入和删除结点也很简单。故对于那些需要经常进行插入、删除和查找操作的表，适宜采用二叉排序树结构。

8.3.2　平衡二叉树

为了改善二叉排序树的形态，G. M. Adel′son-Vel′skii 和 E. M. Landis 于 1962 年引入了一种二叉排序树结构，这种二叉排序树关于树的深度是平衡的，从而具有较高的查找效率。这种树结构称为平衡二叉树。

平衡二叉树（又称 AVL 树），或者是一棵空树，或者是具有下列性质的二叉排序树：

（1）它的左子树和右子树都是平衡二叉树；

（2）它的左子树和右子树的深度之差的绝对值不超过 1。

问题：左右子树的深度最多相差 1 意味着什么？

在下面的描述中要用到结点的平衡因子概念。二叉排序树上结点的**平衡因子定义为：该结点的左子树的深度减去它的右子树的深度**。可见，平衡二叉树上所有结点的平衡因子只可能是−1、0 和 1。如图 8.17（a）所示为一棵平衡的二叉树，而如图 8.17（b）所示为一棵不平衡的二叉树。结点外的值为该结点的平衡因子。

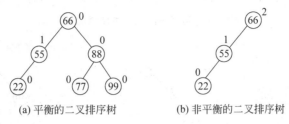

(a) 平衡的二叉排序树　　　　　(b) 非平衡的二叉排序树

图 8.17　平衡与非平衡的二叉排序树及结点的平衡因子

如何使构成的二叉排序树成为平衡二叉排序树？下面通过几个实例，直观地说明失衡的情况和相应的调整方法。

（1）已知一棵平衡二叉树如图 8.18（a）所示。在结点 43 的左子树上插入结点 12 后，导致失去平衡，如图 8.18（b）所示。为了恢复平衡并保证二叉排序树的性质，可以将结点 43 改为结点 24 的右子树，结点 24 原来的右子树改为结点 43 的左子树。如图 8.18（c）所示。这个相当于以结点 24 为轴，对结点 43 做了一次顺时针旋转。

(a) 平衡的二叉排序树　　　(b) 失去平衡的二叉排序树　　　(c) 调整后的二叉排序树

图 8.18　不平衡的二叉排序树的调整

（2）已知一棵平衡二叉排序树如图 8.19（a）所示。在结点 25 的右子树插入结点 70 后，导致失去平衡，如图 8.19（b）所示。为了恢复平衡并保证二叉排序树的性质，可以将结点 25 改为结点 40 的左子树，结点 40 原来的左子树改为结点 25 的右子树，如图 8.19（c）所示。这个相当于以结点 40 为轴，对结点 25 做了一次逆时针旋转。

（3）已知一棵平衡二叉排序树如图 8.20（a）所示。在结点 20 的右子树插入结点 30 后，导致失去平衡，如图 8.20（b）所示。为了恢复平衡并保证二叉排序树的性质，可以将结点 20 改为结点 30 的左子树，结点 40 改为结点 30 的右子树，如图 8.20（c）所示。这个相当于对结点 20 做了一次逆时针旋转，结点 40 做了一次顺时针旋转。

（4）已知一棵平衡二叉排序树如图 8.21（a）所示。在结点 88 的右子树 100 的左子树插入结点 99 后，导致失去平衡，如图 8.21（b）所示。为了恢复平衡并保证二叉排序树的性

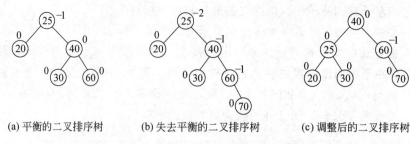

(a) 平衡的二叉排序树   (b) 失去平衡的二叉排序树   (c) 调整后的二叉排序树

图 8.19　不平衡的二叉排序树的调整

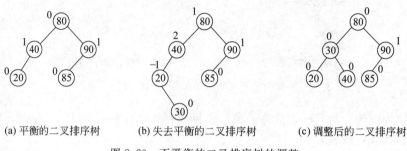

(a) 平衡的二叉排序树   (b) 失去平衡的二叉排序树   (c) 调整后的二叉排序树

图 8.20　不平衡的二叉排序树的调整

质，可以将结点 88 改为结点 99 的左子树，结点 100 改为结点 99 的右子树，如图 8.21(c)
所示。这个相当于对结点 100 做了一次顺时针旋转，结点 88 做了一次逆时针旋转。

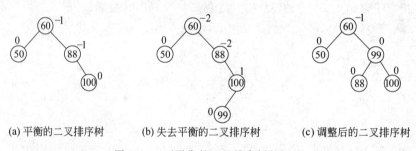

(a) 平衡的二叉排序树   (b) 失去平衡的二叉排序树   (c) 调整后的二叉排序树

图 8.21　不平衡的二叉排序树的调整

　　综上所述，在构造一棵平衡二叉树或者在一棵平衡二叉树上插入一个结点时，可能造
成二叉树失去平衡，这就需要对失去平衡的二叉树进行处理。一般来说，如果在二叉排序
树上因为插入结点而失去平衡的最小子树（即最小不平衡子树）根结点的指针为 p。

　　所谓**最小不平衡子树**，是指以离插入结点最近且平衡因子绝对值大于 1 的结点作根
结点的子树。

　　那么平衡处理的方法有下列 4 种：

　　(1) LL 型调整。新结点 X 插在 A 的左孩子的左子树里。以 B 为轴心，将 A 结点从
B 的右上方转到 B 的右下侧，使 A 成为 B 的右孩子，如图 8.22 所示。

　　(2) RR 型调整。新结点 X 插在 A 的右孩子的右子树里。以 B 为轴心，将 A 结点从
B 的左上方转到 B 的左下侧，使 A 成为 B 的左孩子，如图 8.23 所示。

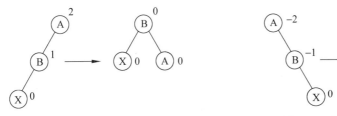

图 8.22　LL 型调整示意图　　　　　　图 8.23　RR 型调整示意图

（3）LR 型调整。新结点 X 插在 A 的左孩子的右子树里。分为两步进行：第一步以 X 为轴心,将 B 从 X 的左上方转到 X 的左下侧,使 B 成为 X 的左孩子,X 成为 A 的左孩子;第二步跟 LL 型一样处理(应以 X 为轴心),如图 8.24 所示。

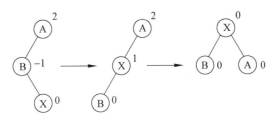

图 8.24　LR 型调整示意图

（4）RL 型调整。新结点 X 插在 A 的右孩子的左子树里。分为两步进行：第一步以 X 为轴心,将 B 从 X 的右上方转到 X 的右下侧,使 B 成为 X 的右孩子,X 成为 A 的右孩子;第二步跟 RR 型一样处理(应以 X 为轴心),如图 8.25 所示。

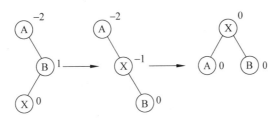

图 8.25　RL 型调整示意图

现举例说明,设一组记录的关键字按以下次序进行插入：4、5、7、2、1、3、6,其生成及调整成二叉平衡树的过程示于图 8.26。

在图 8.26 中,当插入关键字为 3 的结点后,由于离结点 3 最近的平衡因子为 2 的祖先是根结点 5。所以,第一次旋转应以结点 4 为轴心,把结点 2 从结点 4 的左上方转到左下侧,从而结点 5 的左孩子是结点 4,结点 4 的左孩子是结点 2,原结点 4 的左孩子变成了结点 2 的右孩子。第二步再以结点 4 为轴心,按 LL 类型进行转换。这种插入与调整平衡的方法可以编成算法和程序,这里就不再讨论了。

平衡二叉树的查找性能要优于二叉排序树,不会出现最坏的时间复杂度 $O(n)$,而是与二叉排序树的时间复杂度相同,均为 $O(\log_2 n)$。

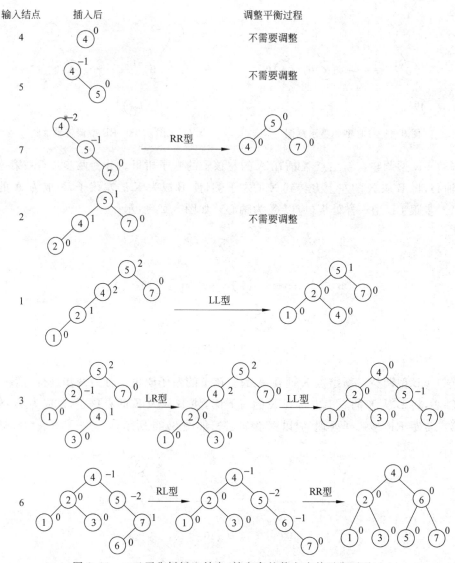

图 8.26　二叉平衡树插入结点（结点旁的数字为其平衡因子）

8.4　案例分析

8.4.1　直方图问题

　　直方图问题是指，从一个具有 n 个关键值的集合开始，要求输出不同关键值的列表以及每个关键值在集合中出现的次数（频率）。图 8.27 给出了含有 10 个关键值的例子。

　　直方图一般用来确定数据的分布。例如，考试的分数、图像中的灰色比例、在生产商处注册的汽车和居住在某城市的人所获得的最高学位等，都可以用直方图来表示。当关键值为从 0～r 范围内的整数，且 r 的值足够小时，可以在线性时间内，用一个相当简单的

关键字	频率
2	5
3	1
4	3
6	1

n=10；关键字=[2,4,2,2,3,4,2,6,4,2]

(a) 直方图的输入　　　(b) 直方图的表格形式　　　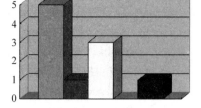(c) 直方图的图形形式

图 8.27　直方图问题

过程产生直方图。在该过程中，用数组元素 h[i] 代表关键值 i 的频率，可以使用程序把其他关键值类型映射到这个范围中。例如，如果关键值是小写字母，则可以用映射 [a,b,c,…,z]=[0,1,…,25]。

```c
/* 直方图程序 */
#include "stdio.h"
void main(void)
{
    /* 非负整数值的直方图 */
    int n;
    int r;
    int * h;
    int i,key;
    printf("Enter number of elements and range\n");
    scanf("%d%d",&n,&r);
    /* 创建数组 */
    h=(int * )calloc((r+1) * sizeof(int));
    if(h==NULL)
    {
        printf("range is too large\n");
        exit(1);
    }
    /* 将数组初始化为 0 */
    for(i=0;i<=r;i++)
        h[i]=0;
    /* 输入数据并计算直方图 */
    for(i=1;i<=n;i++)
    {
        int key;
        printf("Enter element:");
        scanf("%d",&i);
        scanf("%d",&key);
    }
    h[key]++;
```

```
/*输出直方图*/
printf("Distinct elements and frequencies are\n");
for(i=0;i<=r;i++)
    if(h[i])
        printf("%d    %d\n",i,h[i]);
}
```

当关键值类型不是整型（如关键值类型是实数）或关键值范围变化很大时，以上程序不可用。假设要确定一个文本中不同词语出现的频率，与文本中实际出现的词语的数量相比，可能的不同词语的数量是非常大的，在这种情况下，可以将关键值排序，然后用一个简单的自左至右的扫描方法确定每一个不同关键值的数量。查找可以在 $O(n\log_2 n)$ 时间内完成（如用堆排序），从左至右扫描需要 $O(n)$，因此总的复杂性是 $O(n\log_2 n)$。当与 n 相比，不同关键值的数量 m 非常小时，可以进一步改进这种方法。通过使用 AVL 和红-黑树之类的二叉排序树，可以在 $O(n\log_2 m)$ 时间内解决直方图问题。另外，采用平衡的排序树只需把不同的关键值存储在内存中，因此，当 n 的值非常大，没有足够的内存来容纳所有的关键值时，这种方法是适用的。

8.4.2　箱子装载问题

求将 n 个物品装入到容量为 c 的箱子中的最优匹配方法。通过使用平衡的二叉树，能够在 $O(n\log_2 n)$ 时间内完成箱子装载过程。排序树的每一个元素代表一个正在使用的并且还能继续存放物品的箱子。假设当物品 i 被装载时，已使用的 9 个箱子中还有一些剩余空间，设这些箱子的剩余容量分别是 $1,3,12,6,8,1,20,6,5$。可以用一棵二叉排序树来存储这 9 个箱子，每个箱子的剩余容量作为结点的关键值，因此这棵树应是允许有重复值的二叉排序树。

如图 8.28 所示给出了存储上述 9 个箱子的二叉排序树。结点关键值是箱子的剩余容量，结点外侧是箱子的名称，这棵树也是一棵 AVL 树。如果需要装载的物品 i 需要 $s[i]=4$ 个空间单位，那么可以从根结点开始搜索，直至找到最优匹配的箱子。由根结点可知，箱子 h 的剩余容量是 6，由于物体 i 可以放入该箱中，因此箱子 h 成为一个候选。由于根结点右子树中所有箱子的剩余容量至少是 6，故不需要再从右子树中寻找合适的箱子，只需要在左子树中寻找。箱子 b 的剩余容量不能容纳该物品，因此搜索转移到了箱子 b 的右子树中，右子树的根结点箱子 i 可以容纳该物品，所以箱子 i 成为适合的候选。此处，搜寻转移到箱子 i 的左子树，由于左子树为空，因此不再有更好的候选，所以箱子 i 即要找的箱子。

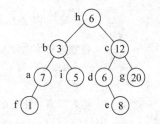

图 8.28　存储 9 个箱子的
二叉排序树

再看另一个例子，假设 $s[i]=7$，从根结点开始搜寻。根结点的箱子 h 不能装载物品 i，转移到右子树中，箱子 c 可以容纳物品 i，因此成为新的候选箱子。从这里再向下搜寻，接点 d 没有足够的容量容纳此物品,继续查找 d 的右子树,箱子 e 可以容纳物品 i,e 成为新的候选,然后转移到 e 的左子树,左子树为空,搜索终止。

当找到最合适的箱子后,可以将它从排序树中删除,将其剩余容量减去 s[i],再将它重新插入到树中(除非它的剩余容量为零)。如果没有找到合适的箱子,则可以用一个新的箱子来装载物品 i。

为了实现上述思想,既可以采用二叉排序树,也可以采用 AVL 树。无论哪一种方法,都需要使用函数 FindGE(k,Kout),该函数可以找到剩余容量 Kout≥k 的具有最小剩余容量的箱子。

```c
/* FindGE 算法 */
#include "stdio.h"
typedef int KeyType;
typedef struct node{
    KeyType key;
    struct node * lchild, * rchild;
}BSTNode;
typedef BSTNode * bitreptr;
int FindGE(int k,int Kout,bitreptr root)
{
    /* 寻找大于等于 k 的最小元素 */
    bitreptr p=root;
    bitreptr s=NULL;
    /* 对树进行搜索 */
    while(p)
    {
        if(k<=p->key)
        {
            s=p;
            p=p->lchild;
        }
        else
            p=p->rchild;
    }
    if(!s)
        return 0;   //没找到
    Kout=s->key;
    return 1;
}
void Initial(bitreptr pt)
{
    //初始化
}
void main(void)
```

```
{
    bitreptr root;
    int k=4,Kout=6,result;
    Initial(root);
    result=FindGE(k,Kout,root);
}
```

8.5 小结

查找表是由一组类型相同的数据元素构成的集合。按照查找表的结构可将查找表分为静态查找表和动态查找表两类。静态查找表是指在查找过程中其结构始终不发生变化的查找表；而动态查找表是指其结构在查找过程中可能发生插入/删除变化的查找表。

查找是数据处理中经常使用的一种重要的运算。它同人们的日常工作和生活有着密切的联系。如何高效率地实现查找运算是本章的重点内容。

从存储结构的角度看，静态查找表主要采用顺序存储结构。而动态查找表则由于在查找过程中会发生变化，一般都采用链表存储结构，如二叉链表结构。

本章重点介绍了静态查找表的三种查找实现方法：顺序表的查找、有序表的折半查找和索引顺序表查找，并详细介绍了这三种查找方法的查找过程、算法实现及查找效率的分析。若顺序表为有序表，则折半查找是一种高效率的查找方法。

要求熟练掌握有序表的折半查找算法和时间复杂度，掌握绘制二叉判定树及统计比较次数的方法。

本章重点介绍了树表查找方法，详细介绍了二叉排序树和平衡二叉树的存储特点、建表方法、查找过程、查找效率分析及平均查找长度的计算方法，着重介绍了二叉排序树的建立、查找、插入和删除运算的算法实现。

要求掌握二叉排序树查找的基本概念和算法，掌握平衡二叉排序树的动态平衡技术。

讨论小课堂 8

1. 若二叉排序树中的一个结点存在两个孩子，那么它的中序后继结点是否有左孩子？它的中序前驱结点是否有右孩子？

2. 若将关键字 $1,2,3,\cdots,2^k-1$ 依次插入到一棵初始为空的 AVL 中，能证明结果树是完全平衡的吗？

3. 假设有关键码 A、B、C 和 D，按照不同的输入顺序，共可能组成多少不同的二叉排序树？AVL 树有几种？完全二叉树有几种？请画出其中高度较小的 6 种。

4. 能够在链接存储的有序表上进行折半查找，其时间复杂度与在顺序存储的有序表上相同吗？

5. 折半搜索所对应的判定树，既是一棵二叉搜索树，又是一棵理想平衡二叉树吗？

6. 在索引顺序表中，实现分块查找，在等概率查找情况下，其平均查找长度不仅与表中元素个数有关，而且与每块中元素个数有关吗？

习题 8

1. 设二叉排序树中记录关键字由 1～1000 的整数构成,现在要查找关键字为 363 的记录结点,下述关键字序列哪个不可能是在二叉排序树上查找到的序列?

(1) {2,252,401,398,330,344,397,363};

(2) {924,220,911,244,898,258,362,363};

(3) {925,202,911,240,912,245,363};

(4) {2,399,387,219,266,382,381,278,363}。

2. 设有一记录集合,集合中各记录的关键字分别为 90,31,12,40,74,94,14,26,35,85,64,9,55,60。

(1) 试按表中元素的顺序依次插入一棵初始为空的二叉排序树,画出插入完成后的二叉排序树。

(2) 若对表中元素进行排序,构成有序表,求在等概率情况下对此有序表进行折半查找时,查找成功时的平均查找长度。

3. 已知有序表为 (12,18,24,35,47,50,62,83,90,115,134),当用折半查找 90 时,需进行多少次确定查找成功?当查找 47 时,需要经过多少次确定查找成功?查找 100 时,需要经过多少次确定查找不成功?

4. 已知一组关键字序列为 (17,31,13,11,20,35,25,8,4,24,40,27),按照依次插入结点的方法生成一棵平衡二叉排序树。

5. 将 (for,case,while,class,protected,virtual,public,private,do,template,const,if,int) 中的关键字依次插入初态为空的二叉排序树中(大小按照首字母在字母表中的先后次序),请画出所得到的树 T。然后画出删去 for 之后的二叉排序树 T′,若再将 for 插入 T′ 中得到的二叉排序树 T″ 是否与 T 相同?最后给出 T″ 的先序、中序和后序序列。

6. 用折半查找法的查表插入速度是否一定就比顺序查表法速度快?为什么?

7. 设顺序表中关键字是递增有序的,试写一顺序查找算法,将哨兵设在表的高下标端。然后求出等概率情况下查找成功与失败时的 ASL。

8. 假设二叉排序树以后继线索链表做存储结构,编写输出该二叉排序树中所有大于 a 且小于 b 的关键字的算法。

9. 试写一算法,将一棵二叉排序树分裂成两棵二叉排序树,使得其中一棵树的所有结点的关键字都小于或等于 x,另一棵树的任一结点的关键字均大于 x。

10. 顺序查找法、折半查找法、哈希查找法的时间复杂度分别为 O(n)、O(logn)、O(1)。既然有了高效的查找方法,为什么还不放弃低效的方法?

11. 请画出 0,1,2,3,4,5,6,7,8 一共 9 个元素的折半查找判定树。

第9章 排　序

　　排序是程序设计中的一种重要运算,在很多领域中有广泛的应用。譬如,在查找时,若文件的记录按关键字预先排好顺序,可以采用折半查找方法提高查找效率。又如建立二叉排序树的过程本身就是一个排序过程。日常生活中的各类竞赛活动,如:歌唱大奖赛等,还有各种升学考试录取工作均离不开排序。排序的方法很多,本章专门讨论各种典型的排序方法。

【案例引入】

　　锦标赛排序就是树形选择排序,玩过拳皇游戏的人就知道这种比赛方法,实际中的比赛可以不必要打这么多次,我们可以把 n 个选手分成 n/2 组,假定 n＝8,先分成 4 组,每组两人,两个人打一局,这样可以产生 4 个胜者,再将这 4 个人分 2 组,每组同样两人,各自再打一局,这样可以产生 2 个胜者,同样再做一次就能产生冠军。这样做的好处是强者可以只打几场就能坐上冠军的宝座。1964 年威洛姆斯(J. Willioms)提出了进一步改正的排序方法,即堆排序(Heap Sort)。

9.1　排序的基本概念

　　排序(Sorting)是数据处理领域中一种最常用的运算,在现实社会中有着多种直接的应用,也可以为查找提供方便。排序又称分类,是把一组记录(元素)按照某个域的值的递增(即由小到大)或递减(即由大到小)的次序重新排列的过程。可以使杂乱无章的数据序列重新排列成有序序列。

　　问题:什么叫"排序"?

　　按照待排序的记录的数量多少,排序过程中涉及的存储介质不同。排序方法分为两大类:内部排序和外部排序。内部排序是指待排序的记录存放在计算机内存之中;外部排序是指待排序的记录数量很大,以至于内存容纳不下而存放在外存储器之中,排序过程需要访问外存。本章主要讨论内部排序。排序的依据可以是记录的主关键字,也可以是次关键字,甚至是若干数据项的组合。为了方便讨论,把排序所依据的数据项统称排序关键字,简称关键字。假设含有 n 个记录的序列为 $\{R_1, R_2, \cdots, R_n\}$,其相应的关键字序列为 $\{K_1, K_2, \cdots, K_n\}$,所谓排序,就是将记录 R_i 按关键字 K_i 非递减(或非递增)的顺序重新排列起来。

　　在待排序的记录中若有多个相同的关键字,在采用某种方法排序后,这些关键字相同的记录相对先后次序不变,则称这种排序方法是稳定的;否则是不稳定的。本章所介绍的内部排序方法包括插入排序、交换排序、选择排序、归并排序和基数排序。前 4 类排序是通过比较关键字的大小决定记录的先后次序,也称为比较排序。基数排序是不经关键字比较的排序方法。

将要排序的记录集合,在本章中选用顺序存储方法。为了讨论方便,在此把排序关键字假设为整型。假设排序依据的关键字为整型。记录的结构定义如下:

```
const MAXSIZE=1000;        /* 数组最大容量 */
typedef int ElemType;      /* 关键字的类型 */
typedef struct             /* 记录结构 */
{ ElemType key;            /* 排序关键字域 */
  int oth;                 /* 其他域,根据需要自己设定 */
}node;
```

9.2 插入排序

插入排序(Insertion Sort)又可分几种不同的方法,这里仅介绍 3 种方法,分别是直接插入排序、折半插入排序和希尔排序。

9.2.1 直接插入排序

直接插入排序(Straight Insertion Sort)是一种最简单的排序方法。它的基本操作是将一个记录插入到一个长度为 m(假设)的有序表中,使之仍保持有序,从而得到一个新的长度为 m+1 的有序表。

问题:(1)如何构造初始的有序序列?

(2)如何查找待插入记录的插入位置?

算法思路:设有一组关键字 $\{K_1, K_2, \cdots, K_n\}$;排序一开始就认为 K_1 是一个有序序列;让 K_2 插入上述表长为 1 的有序序列,使之成为一个表长为 2 的有序序列;然后让 K_3 插入上述表长为 2 的有序序列,使之成为一个表长为 3 的有序序列;以此类推,最后让 K_n 插入上述表长为 n−1 的有序序列,得一个表长为 n 的有序序列。

例 9.1 设有一组关键字序列 $\{55, 22, 44, 11, 33\}$,如图 9.1 所示,这里 n=5,即有 5 个记录。请将其按由小到大的顺序排序。

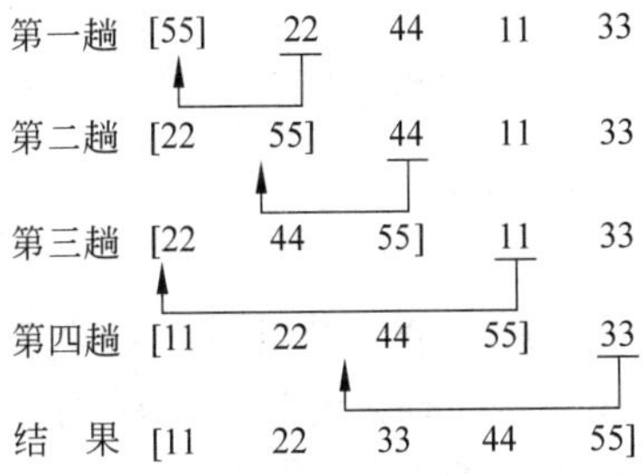

在具体实现 K_i 向前边插入时,有两种方法:一种方法是让 K_i 与 $K_1, K_2, \cdots\cdots$ 顺序比较;另一方法是 K_i 与 $K_{i-1}, K_{i-2}, \cdots\cdots$ 倒序比较。这里选用后一种方法。

用一维数组 r 做存储结构,n 表示记录个数,MAXSIZE 是常量并且 MAXSIZE>n。约定 n 个记录分别存放在 r[1],r[2],…,r[n]之中。为了使排序算法具有好的重用性,采用函数模板来表示算法。直接插入排序算法如下:

第一趟	[55]	22	44	11	33
第二趟	[22	55]	44	11	33
第三趟	[22	44	55]	11	33
第四趟	[11	22	44	55]	33
结 果	[11	22	33	44	55]

图 9.1 直接插入排序示例

```
void  stinsort(node r[MAXSIZE], int n)
```

```
{for(i=2;  i<=n; i++)   /*共进行 n-1 趟插入*/
  {r[0]=r[i];  /*r[0]为监视哨,也可作为下面循环的结束标志*/
    j=i-1;
    while(r[j].key>r[0].key) {r[j+1]=r[j];j--;}
    r[j+1]=r[0];  /*将 r[0]即原 r[i]记录内容,插到 r[j]后一位置*/
  }
}/*sinsort*/
```

此算法外循环 $n-1$ 次,在一般情况下内循环平均比较次数的数量级为 $O(n)$,所以算法总时间复杂度为 $O(n^2)$。由于比较过程中,当 K_i 与 K_0 相等时并不移动记录,因此直接插入排序方法是稳定的。

直接插入排序也可用单链表做存储结构,当某结点 i 的关键字 K_i 与前边有序表比较时,显然先与 K_1 比较,再与 K_2 比较,……,即从链表头结点开始向后逐一比较更合适。另外,直接插入排序在原关键字序列基本有序或 n 值较小时,是一种最常用的排序方法,它的时间复杂度接近于 $O(n)$。但是,当待排序的关键字很多、n 值又较大时,此方法就不再适用。

9.2.2 折半插入排序

当直接插入排序进行到某一趟时,对于 r[i]. key 来讲,前边 $i-1$ 个记录已经按关键字有序。此时不用直接插入排序的方法,而改为折半查找,找出 r[i]. key 应插入的位置,然后插入。这种方法就是折半插入排序(Binary Insertion Sort)。算法如下:

```
void binasort(struct node r[MAXSIZE], int n)
  { for(i=2;  i<=n;  i++)
    { r[0]=r[i];
      l=1;   h=i-1;    /*认为在 r[low]和 r[i-1]之间已经有序*/
      while(l<=h)      /*对有序表进行折半查找*/
        { mid=(l+h)/2;
          if(r[0].key<r[mid].key)  h=mid-1;
          else  l=mid+1;
        }              /*结果在 low 位置*/
      for(j=i-1;  j>=1;  j--)  r[j+1]=r[j];
      r[l]=r[0];      /*此处可以改为"r[h]=r[0];"吗?*/
    }
}/*binasort*/
```

在折半插入排序中,关键字的比较次数由于采用了折半查找而减少,数量级为 $O(n\log_2 n)$,但是元素移动次数仍为 $O(n^2)$。故折半插入排序时间复杂度仍为 $O(n^2)$。折半插入排序方法是稳定的。

9.2.3 希尔排序

希尔排序(Shell Sort)是希尔(D. L. Shell)提出的"缩小增量"的排序方法。它的做法不是每次一个元素挨一个元素的比较。而是初期选用大跨步(增量较大)间隔比较,使记录跳跃式接近它的排序位置;然后增量缩小;最后增量为 1,这样记录移动次数大大减少,提高了排序效率。希尔排序对增量序列的选择没有严格规定。

问题:应如何分割待排序记录,才能保证整个序列逐步向基本有序发展?

算法思路:

(1) 先取一个正整数 $d_1(d_1 < n)$,把全部记录分成 d_1 个组,所有距离为 d_1 的倍数的记录看成一组,假设 $d_1 = 4$,那么记录共分 4 组:

第 1 组,r[1],r[5],r[9],…;

第 2 组,r[2],r[6],r[10]…;

第 3 组,r[3],r[7],…;

第 4 组,r[4],r[8],…;

在各组内部进行插入排序,使得数据在每组内是有序的,但整个记录表仍然无序;

(2) 然后取 $d_2(d_2 < d_1)$,重复上述分组和排序操作;

(3) 重复上述分组和排序操作,直到取 $d_i = 1(i \geqslant 1)$,即所有记录成为一个大组为止。此时整个记录表有序,排序完成。

一般选 d_1 约为 $n/2$,d_2 为 $d_1/2$,d_3 为 $d_2/2$,…,$d_i = 1$。

例 9.2 有一组关键字{76,81,60,22,98,33,12,79},将其按由小到大的顺序排序。这里 n=8,取 $d_1 = 4$,$d_2 = 2$,$d_3 = 1$,其排序过程如图 9.2 所示。

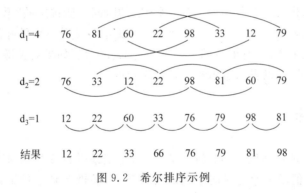

图 9.2 希尔排序示例

算法如下:

```
void shellsort(struct node r[MAXSIZE],int n)      /*希尔排序*/
  {k=n/2;                                         /*k值代表前文中的d值*/
   while(k>=1)                                     /*循环*/
    {for(i=k+1;i<=n;i++)
      {r[0]=r[i];j=i-k;
       while((r[j].key>r[0].key)&& (j>=0))
         {r[j+k]=r[j];j=j-k;}
        r[j+k]=r[0];
      }
     k=k/2;
```

```
    }
}/* shellsort */
```

此算法外层循环是增量由 n/2 逐步缩小到 1 的循环。for 语句所构成的循环是针对某一特定的增量 k,进行大跨步跳跃式地插入排序。例如 k＝2 时,关键字分成两组,见图 9.2 的第 2 行,其中第 1 组是[76,12,98,60],组内序列无序,对组内进行插入排序操作,排序后的结果为[12,60,76,98],插入操作过程如下:

i＝1,K_1＝76,得到[76],有序;

i＝3,K_3＝12 向前插,得到[12,76],有序;

i＝5,K_5＝98 不移动,得到[12,76,98],有序;

i＝7,K_7＝60 向前插,得到[76,12,98,60],有序,完成第 1 组排序操作。

同样,第 2 组是[33,22,81,79],排序后的结果为[22,33,79,81],插入操作如下:

i＝2,K_2＝33,得到[33],有序;

i＝4,K_4＝22 向前插,得到[22,33],有序;

i＝6,K_6＝81 不移动,得到[22,33,81],有序;

i＝8,K_8＝79 向前插,得到[22,33,79,81],有序。

对整个文件来说,排序结果实际上为:[12,22,60,33,76,79,98,81]。

当 K＝1 时,此算法就等同于直接插入排序方法。由于前边大增量的处理,使关键字大体有序,因此最后一趟排序移动的记录少,处理速度快。

希尔排序的分析是一个复杂的问题,因为它的时间是所选定的"增量序列"的函数,这涉及数学上一些尚未解决的难题。到目前为止,没有人找到一种最好的增量序列。有人在大量实验的基础上推出,它的时间复杂度约为 $O(n^{1.3})$。如果对关键字序列$\{6,7,5^1,2,5^2,8\}$进行希尔排序,可以看出希尔排序是不稳定的。

9.3 交换排序

交换排序主要是根据记录的关键字的大小,将记录进行交换来排序的。交换排序的特点是:将关键字值较大的记录向序列的后部移动,关键字较小的记录向前移动。这里介绍两种交换排序方法,它们是冒泡排序和快速排序。为了方便理解算法,本节使用数组时均从下标 1 开始。假设数组名是 a,第一个数据元素放在 a[1] 之中。

9.3.1 冒泡排序

冒泡排序(Bubble Sort)是一种人们熟知的、最简单的交换排序方法。在排序过程中,关键字较小的记录经过与其他记录的对比交换,好像水中的气泡向上冒出一样,移到数据序列的首部,故称此方法为冒泡排序法。

排序的算法思路是:

(1) 让 j 取 n 至 2,将 r[j]. key 与 r[j−1]. key 比较,如果 r[j]. key＜r[j−1]. key,则把记录 r[j]与 r[j−1]交换位置,否则不进行交换。最后是 r[2]. key 与 r[1]. key 对比,关

键字较小的记录就换到 r[1] 的位置上,至此第一趟结束。最小关键字的记录就像最轻的气泡冒到顶部一样换到了文件的前边。

(2) 让 j 取 n 至 3,重复上述的比较对换操作,最终 r[2] 之中存放的是剩余 n−1 个记录(r[1] 除外)中关键字最小的记录。

(3) 以此类推,让 j 取 n 至 i+1,经过一系列对联对比交换之后,r[i] 之中是剩余若干记录中关键字最小的记录。

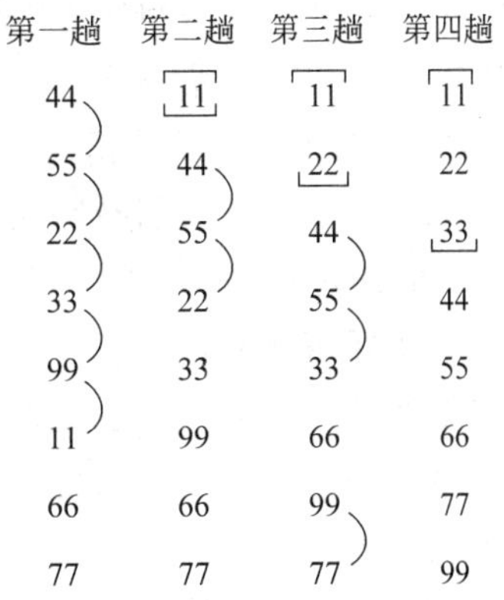

第一趟	第二趟	第三趟	第四趟
44	11	11	11
55	44	22	22
22	55	44	33
33	22	55	44
99	33	33	55
11	99	66	66
66	66	99	77
77	77	77	99

图 9.3 冒泡排序(一)

(4) 让 j 取 n 至 n−1,将 r[n].key 与 r[n−1].key 对比,把关键字较小的记录交换到 r[n−1] 之中。

经过 n−1 趟冒泡处理,r[n] 中剩下的即是关键字最大的记录,到此排序完毕。

问题:如何判别冒泡排序的结束?

例 9.3 有一组关键字[44,55,22,33,99,11,66,77],这里 n=8,对它们进行冒泡排序。

排序过程如图 9.3 所示。图中凡画有弧线的,表示记录发生过交换。请看第 4 趟处理,在关键字的两两比较过程中,并未发生记录交换。这表明关键字已经有序,因此不必要进行第 5 趟至第 7 趟处理。

算法如下:

```
void bubblesort(struct node r[MAXSIZE],int n)
  { i=1;
    do{tag=0; /*数据交换标志*/
        for(j=n;j>i;j--)
        if(r[j].key<r[j-1].key)
            { x=r[j];r[j]=r[j-1];
              r[j-1]=x;tag=1;
            }
        i++;
    }while(tag==1 && i<=n);
  } /*bubblesort*/
```

算法中 tag 为标志变量,当某一趟处理过程中未进行过记录交换时 tag 值应为 0;若发生过交换,则 tag 值为 1。所以外循环的结束条件是:或者 tag=0,已有序;或者 i=n,已进行了 n−1 趟处理。该算法的时间复杂度为 $O(n^2)$。但是,当原始关键字序列已有序时,只进行一趟比较就结束,此时时间复杂度为 $O(n)$。

9.3.2 快速排序

快速排序由霍尔(Hoare)提出,它是一种对冒泡排序的改进。由于其排序速度快,故称快速排序(Quick Sort)。快速排序方法的实质是将一组关键字[$K_1, K_2, \cdots, K_n$]进行分区交换排序。

问题：如何选择控制字？

1. 算法思路

（1）以第一个关键字 K_1 为控制字，将 $[K_1, K_2, \cdots, K_n]$ 分成两个子区，使左区所有关键字小于等于 K_1，右区所有关键字大于等于 K_1，最后控制字 K_1 处于两个子区中间的适当位置。但子区内的数据尚处于无序状态。

（2）将右区首、尾指针（记录的下标号）保存入栈。对左区进行与第（1）步类似的处理，又得到它的左子区和右子区，控制字居中。

（3）重复步骤（1）、（2），直到左区处理完毕。然后退栈对一个个子区进行类似的处理，直到栈空为止。换句话讲，就是直到分区的大小为一个记录为止。

例 9.4 设有一组关键字 {46,56,14,43,95,19,18,72}，这里 n=8。试用快速排序方法由小到大进行排序。

第一趟，首先用两个指针 i、j 分别指向首、尾两个关键字，i=1，j=8。第一个关键字 46 作为控制字，该关键字所属的记录另外存储在一个 x 变量中。从文件右端元素 r[j]. key 开始与控制字 x. key 相比较，当 r[j]. key 大于等于 x. key 时，r[j] 不移动，修改 j 指针 j——，直到 r[j]. key＜x. key，把记录 r[j] 移到文件左边 i 所指向的位置。然后在文件左边修改 i 指针 i++，让 r[i]. key 与 x. key 相比较，当 r[i]. key 小于等于 x. key 时，r[i] 不移动，修改 i 指针 i++，直到 r[i]. key＞x. key，把记录 r[i] 移到文件右边 j 所指向的位置。再到文件右边修改 j 指针 j——。重复上面的步骤，直到 i=j，此处就是控制字 x 所在记录的位置。至此将文件分成了左、右两个子区，其具体操作见图 9.4。

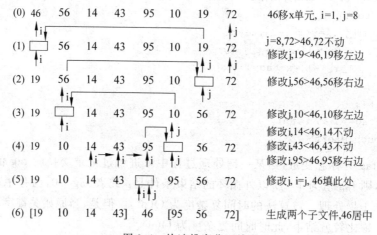

图 9.4 快速排序分区处理

然后将右边子文件的首、尾记录的下标进栈保存。第二趟再针对左边子文件进行与上述方法相同的分区处理，直到分区的大小为一个记录为止，整个文件序列就会按关键字有序。

2. 算法实现

由以上例题看出,快速排序算法的总框架是进行多趟的分区处理;而对某一特定子区,则应把它看成一个待排序的文件,控制字总是取子区中第一个记录的关键字。现在设计一个函数 hoare(),它仅对某一待排序文件进行左、右子区的划分,使控制字居中;另外,设计一个主体框架函数 quicksort(),在这里多次调用 hoare() 函数以实现对整个文件的排序。

(1) 分区处理函数 hoare() 算法如下:

假设某区段文件,指向第一个记录的指针为 l,指向最后一个记录的指针为 h。

```
int hoare(struct node r[MAXSIZE],int l,int h)    /*分区处理函数*/
{ i=1;j=h;x=r[i];
  do {while((i<j) && (r[j].key>=x.key)) j--;
    if(i<j) {r[i]=r[j]; i++;}
    while((i<j) &&(r[i].key<=x.key)) i++;
    if(i<j) {r[j]=r[i]; j--;}
    }while(i<j);
      r[i]=x;return(i);        /*控制字放在两个子文件的中间*/
  return(i);                   /*i是控制字的位置*/

} /*hoare*/
```

(2) 快速排序主体框架算法。

对一个待排序的文件,令 l=1,h=n,调用 hoare(),求出 i;然后右子区 l=i+1,h=n,入栈,对左子区令 l=1,h=i-1,再次调用 hoare,如此反复处理,直到全部文件记录处理完毕。图 9.5 中第 1 行表示对例 9.4 的数据进行过一次分区处理之后的结果,在此基础上经过多次调用 hoare() 后,最后得出第 5 行的结果。

```
[19    10    14    43]    46    [95    56    72]
 ↑i                ↑j
[14    10]    19   [43]    46    [95    56    72]
 ↑i    ↑j
[10]   14    19    43     46    [95    56    72]
                                 ↑i            ↑j
 10    14    19    43     46    [56    72]    95
                                 ↑i    ↑j
 10    14    19    43     46    [56]   72     95
```

图 9.5 快速排序示例

下面给出快速排序的递归算法和非递归算法。

① 递归算法。

```
void quicksort2(struct node r[MAXSIZE],int l,int h)
                /*递归的快速排序主体函数*/
```

```
{ if(l<h){
    i=hoare(r,l,h);        /*划分两个区,调用分区处理函数 hoare()*/
    quicksort2(r,l,i-1);/*对左分区快速排序*/
    quicksort2(r,i+1,h);/*对右分区快速排序*/
    }
} /*quicksort2*/
```

② 非递归算法。

```
void quicksort1(struct node r[MAXSIZE], int n)        /*int s[n][2];辅助栈 s*/
{ l=1;h=n;tag=1;top=0;
  do{ while(l<h) {
        i=hoare(r,l,h);        /*划分两个区,调用分区处理函数 hoare()*/
        top++;s[top][0]=i+1;
        s[top][1]=h;h=i-1;
        }
      if(top==0) tag=0;
      else { l=s[top][0];
            h=s[top][1];top--;
            }
    }while(tag==1);
} /*quicksort1*/
```

在主程序调用非递归算法时比较简单易懂。若要调用递归算法,则因函数的形参不同,需做预处理。主程序的主要操作如下:

调用递归函数
```
{ creat(r,n);
 l=1;h=n;
 quicksort2(r,l,h);
 输出 r;
}
```

调用非递归函数
```
{ creat(r,n);
 quicksort1(r,n);
 输出 r;
}
```

3. 快速排序算法分析

快速排序的非递归算法引用了辅助栈,它的深度为 $\log_2 n$。假设每一次分区处理所得的两个子区长度相近,那么可入栈的子区长度分别为 $\frac{n}{2^1}, \frac{n}{2^2}, \frac{n}{2^3}, \cdots, \frac{n}{2^k}$,又因为 $n/2^k=1$,所以 $k=\log_2 n$。分母中 2 的指数恰好反映出需要入栈的子区个数,它就是 $\log_2 n$,也即栈的深度。在最坏情况下,比如原文件关键字已经有序,每次分区处理仅能得到一个子区。可入栈的子区个数接近 n,此时栈的最大深度为 n。

快速排序主体算法时间运算量约为 $O(\log_2 n)$,划分子区函数运算量约为 $O(n)$,所以总的时间复杂度为 $O(n\log_2 n)$,它显然优于冒泡排序的 $O(n^2)$。可是算法的优势并不是绝对的。试分析,当原文件关键字有序时,快速排序时间复杂度就是 $O(n^2)$,这种情况下快速排序并不快。而这种情况的冒泡排序是 $O(n)$,反而很快。在原文件记录关键字无序时的多种排序方法中,快速排序被认为是最好的一种排序方法。

例 9.5　试用$[6,7,5^1,2,5^2,8]$进行快速排序。

排序过程简述如下:

```
 6   7   5¹   2   5²   8      初始状态
[5²  7   5¹]  6  [7   8]
[2]  5²  [5¹]  6   7  [8]
[2   5²   5¹   6   7   8]     最后状态
```

从这个例子可以分析出快速排序法的稳定性,其中 5^1 和 5^2 表示两个关键字的值相同,都是 5。5^1 表示排序之前它位于 5^2 的前面。从结果可以看出,原先位于 5^1 之后的 5^2 在排序之后移到了 5^1 的前面,所以说快速排序是不稳定的。

9.4　选择排序

选择排序也有几种不同的方法,这里仅介绍简单选择排序和堆排序。为了方便理解算法,本节使用数组时均从下标 1 开始。假设数组名是 a,第一个数据元素放在 a[1] 之中。

9.4.1　简单选择排序

简单选择排序(Simple Selection Sort)也是直接选择排序。此方法在一些高级语言课程中做过介绍,是一种较为容易理解的方法。

问题：如何在待排序序列中选出关键码最小的记录?

对于一组关键字 $\{K_1,K_2,\cdots,K_n\}$,将其由小到大进行简单排序的具体思路是:

首先从 $K_1,K_2,\cdots,K_n$ 中选择最小值,假如它是 K_z,则将 K_z 与 K_1 对换;然后从 $K_2,K_3,\cdots,K_n$ 中选择最小值 K_z,再将 K_z 与 K_2 对换。如此进行选择和调换 $n-2$ 趟。在第 $n-1$ 趟,从 K_{n-1}、K_n 中选择最小值 K_z,将 K_z 与 K_{n-1} 对换,最后剩下的就是该序列中的最大值,一个由小到大的有序序列就这样形成了。该算法的时间复杂度为 $O(n^2)$。

由此可见,对于 n 个记录的关键字,需要 $n-1$ 趟;而在每趟之中,又有一个内循环。图 9.6 是一个有 5 个关键字 $\{3,4,1,5,2\}$ 的简单选择排序过程的示意图。假设用变量 z 记下较小值的下标,则算法如下:

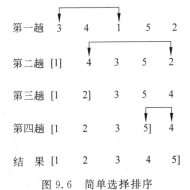

第一趟	3	4	1	5	2
第二趟	[1]	4	3	5	2
第三趟	[1	2]	3	5	4
第四趟	[1	2	3	5]	4
结　果	[1	2	3	4	5]

图 9.6　简单选择排序

```
void sisort(struct node r[MAXSIZE],int n)
  { for(i=1;i<n;i++)
    {z=i;
```

```
        for(j=i+1;j<=n;j++)
            if(r[j].key<r[z].key) z=j;
        if(z<>i) {x=r[i]; r[i]=r[z]; r[z]=x;
                 }
    }
}/*sisort*/
```

分析上述算法，其时间复杂度为 $O(n^2)$，并且排序是稳定的。

9.4.2　堆排序

除了简单选择排序之外，还有树形选择排序（锦标赛排序），1964 年威洛姆斯（J. Willioms）提出了进一步改正的排序方法，即堆排序（Heap Sort）。

堆是 n 个元素的有限序列 $\{K_1, K_2, \cdots, K_n\}$，当且仅当满足如下关系：

$$\begin{cases} k_i \leqslant k_{2i} \\ k_i \leqslant k_{2i+1} \end{cases} \left(i = 1, 2, \cdots \left\lfloor \frac{n}{2} \right\rfloor \right)$$

称为堆。

这是一个上小、底大的堆。若是一个上大、底小的堆，只需把"$<=$"改为"$>=$"即可。堆是一种数据元素之间的逻辑关系，常用向量做存储结构。对于第 6 章中介绍的满二叉树，当对它的结点由上而下、自左至右编号之后，编号为 i 的结点是编号为 2i 和 2i＋1 结点的双亲。反过来讲，结点 2i 是结点 i 的左孩子，结点 2i＋1 是结点 i 的右孩子。图 9.7 表示完全二叉树和它在向量中的存储状态。结点编号对应向量中的下标号。

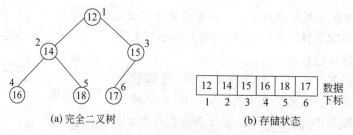

(a) 完全二叉树　　　　　　　　　　(b) 存储状态

图 9.7　完全二叉树与堆

用堆的概念分析向量中的数据，它显然满足（上小、底大）堆的关系。不难看出满足堆的逻辑关系的一组数据，可画成二叉树的形状，并且它是一棵完全二叉树树形。因此，也可借助完全二叉树来描述堆的概念。若完全二叉树中任一非叶子结点的值小于等于（或大于等于）其左、右孩子结点的值，则从根结点开始按结点编号排列所得的结点序列就是一个堆。在图 9.8 中，(a)、(c)是堆，(b)、(d)不是堆。

问题： 如何将一个无序序列构造成一个堆（即初始堆）？

1. 堆排序思路

把 n 个记录存于向量 r 之中，把它看成完全二叉树，此时关键字序列不一定满足堆的

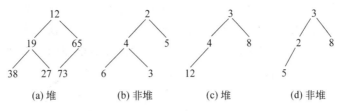

| (a) 堆 | (b) 非堆 | (c) 堆 | (d) 非堆 |

图 9.8　堆与非堆

关系。堆排序大体分两步处理。

(1) 初建堆。从堆的定义出发,当 $i=1,2,\cdots,\lfloor n/2 \rfloor$ 时应满足 $k_i \leqslant k_{2i}$ 和 $k_i \leqslant k_{2i+1}$。所以先取 $i=\lfloor n/2 \rfloor$ (它一定是第 n 个结点双亲的编号),将以 i 结点为根的子树调整为堆;然后令 $i=i-1$,将以 i 结点为根的子树调整为堆。此时可能会反复调整某些结点,直到 $i=1$ 为止,堆初步建成。

(2) 堆排序。首先输出堆顶元素(一般是最小值),让堆中最后一个元素上移到原堆顶位置,然后恢复成堆。因为经过第一步输出堆顶元素的操作后,往往破坏了堆关系,所以要将其恢复成堆。重复执行输出堆顶元素、堆尾元素上移和恢复堆的步骤,直到全部元素输出完为止。

例 9.6　设有 n 个记录($n=8$)的关键字是 $\{46,55,13,42,94,17,5,80\}$,试对它们进行堆排序。

第一步:初建堆。因为 $n=8$,所以从 $i=4$ 开始,见图 9.9。

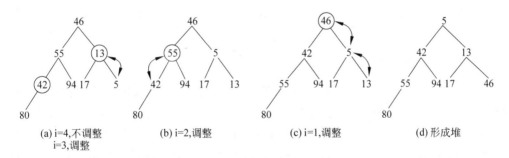

| (a) i=4,不调整 i=3,调整 | (b) i=2,调整 | (c) i=1,调整 | (d) 形成堆 |

图 9.9　初建堆

调整成为堆是一个较复杂的过程,当 i 值确定之后用 k_z 记下 k_i 的值,用 k_z 分别与 k_{2i} 和 k_{2i+1} 比较,可理解为 k_z 值与结点 i 的左、右孩子的关键字比较。如果一开始 k_z 比 k_{2i} 和 k_{2i+1} 均小,则不进行任何调整。例如 $i=4$ 时,$k_4 < k_8 (42 < 80)$,就不用调整,见图 9.9(a)。如果结点 i 的某一个孩子的关键字小于 k_z,则把这个孩子结点移上来。如果结点 i 的两个孩子的关键字都小于 k_z,那么将两个孩子中较小的一个调整上来。在图 9.9(c) 中,$i=1$ 时,k_2、k_3 都小于 $k_z (42,5 < 46)$,则让 k_3 (即 5) 移上去。此时需要让 k_z 与更下一层的左、右孩子的关键字进行比较,直到某一层的左、右孩子的关键字不小于 k_z,或左、右孩子不存在为止。此时将 k_z 填入适当位置,使之成为堆,在图 9.9(c) 中,先把 5 调整上来,然后把 13 移到 5 原来的位置上,最后将 k_z (即 46) 填到 13 原来的位置上。

第二步:堆排序。这是一个反复输出堆顶元素,将堆尾元素移至堆顶,再调整恢复堆的过程。恢复堆的过程与初建堆中 i＝1 时所进行的操作完全相同。请注意：每输出一次堆顶元素，所谓堆尾元素移至堆顶位置，实质上是堆尾元素与堆顶元素进行交换。同时，堆尾的逻辑位置退 1，直到堆中剩下一个元素为止。排序过程如图 9.10 所示。

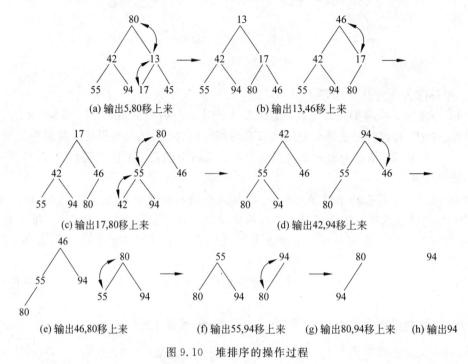

图 9.10　堆排序的操作过程

2. 堆排序算法实现

由上述可知，有一种操作过程（即调整恢复堆）要被多次反复调用，那就是当 i 值确定之后，以 k_i 为比较参照结点，与它的左、右孩子的结点的关键字比较和调整，使得以结点 i 为根的子树成为堆，因此把这个过程设计成一个函数 heappass()。另外，当然还需再设计一个主体算法，使在初建堆阶段，让 i 从⌊n/2⌋变化到 1，循环调用函数 heappass()，而在堆排序阶段，每输出一次堆顶元素将堆尾元素移至堆顶之后，就调用一次 heappass() 函数来恢复堆。主体算法由函数 heapsort() 实现。

（1）以编号为 i 的结点为根，调整为堆的算法。

```
void heap(struct node r[MAXSIZE],int i, int m)
/＊i是根结点编号,m是以 i 结点为根的子树的最后一个结点编号＊/
  {x=r[i];j=2＊i;  /＊x保存根记录内容,j为左孩子编号＊/
    while(j<=m  &&  bol==0)
    { if(j<m) if(r[j].key>r[j+1].key) j++;
       /＊当结点 i 有左、右两个孩子时,j 取关键字较小的孩子结点编号＊/
      if(r[j].key>x.key) bol=1;   /＊已是堆关系＊/
         else {r[i]=r[j];  i=j;  j=2＊i;}  /＊较小数上移,向下一层探测＊/
      }
```

```
r[i]=x;
}/*heap*/
```

（2）堆排序主体算法。

```
void heapsort(struct node r[MAXSIZE],int n)
        /*n 为文件的实际记录数,r[0]没有使用*/
{for(i=n/2;i>=1;i--) heap(r,i,n);        /*初建堆*/
        /*以下 For 语句为输出堆顶元素,调整堆操作*/
for(v=n;v>=2;v--)                        /*逻辑堆尾下标 m 不断变小*/
    { printf("%5d",r[1].key);            /*输出堆顶元素*/
      x=r[1]; r[1]=r[v]; r[v]=x;         /*堆顶与堆尾元素交换*/
      heap(r,1,v-1);                     /*本次比上次少处理一个记录*/
    }
  printf("%5d",r[1].key);
}/*heapsort*/
```

在堆排序图示中,堆越画越小,实际上,在 r 向量中堆顶元素输出之后并未删除,而是与堆尾元素对换。由图 9.10 可知输出的是一个由小到大的升序序列,而最后 r 向量是记录的关键字从 r[1]. key 到 r[n]. key,这是一个由大到小的降序序列。堆排序中 heappass 算法的时间复杂度与堆所对应的完全二叉树的树高度 $\log_2 n$ 相关。而 heapsort 中对 heappass 的调用数量级为 n,所以堆排序算法的整体时间复杂度为 $O(n\log_2 n)$。在内存空间占用方面,基本没有额外的辅助空间,仅有一个 x。现在来分析堆排序的稳定性问题。设有一组关键字:$\{6,7,5^1,2,5^2,8\}$,经排序后的结果是:$\{2,5^2,5^1,6,7,8\}$。本来 5^1 在前面,排序后 5^2 移到 5^1 的前面,所以说堆排序是不稳定的。堆排序的部分处理过程如图 9.11 所示。

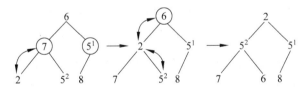

图 9.11　堆排序的不稳定分析

9.5　归并排序

归并排序(Merge Sort)是与插入排序、交换排序、选择排序不同的另一类排序方法。归并的含义是将两个或两个以上的有序表合并成一个新的有序表。归并排序有多路归并排序、两路归并排序。可用于内排序,也可以用于外排序。这里仅对内排序的两路归并方法进行讨论。

问题:如何将两个相邻的有序序列归并成一个有序序列(即一次归并)?

两路归并排序算法思路:

① 把 n 个记录看成 n 个长度为 l 的有序子表；

② 进行两两归并使记录关键字有序，得到 $\lfloor n/2 \rfloor$ 个长度为 2 的有序子表；

③ 重复步骤②，直到所有记录归并成一个长度为 n 的有序表为止。

例 9.7 有一组关键字{4,7,5,3,2,8,6,1}，n=8，将其按由小到大的顺序排序。两路归并排序操作过程如图 9.12 所示，其中 l 为子表长度。

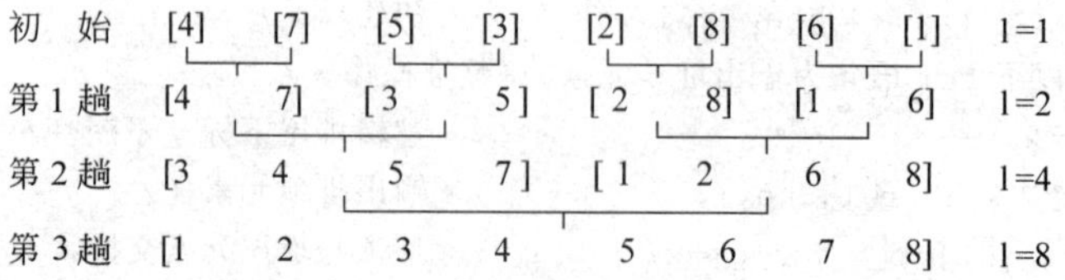

```
初  始  [4]   [7]   [5]   [3]   [2]   [8]   [6]   [1]   l=1
第 1 趟  [4    7]   [3    5]   [2    8]   [1    6]   l=2
第 2 趟  [3    4    5    7]   [1    2    6    8]   l=4
第 3 趟  [1    2    3    4    5    6    7    8]   l=8
```

图 9.12 两路归并示例

1. 算法实现

此算法的实现不像图示那样简单，现分三步来讨论。首先从宏观上分析，首先让子表表长 l=1 进行处理；不断地使 l=2*l，进行子表处理，直到 l>=n 为止，把这一过程写成一个主体框架函数 mergesort()。然后对于某确定的子表表长 l，将 n 个记录分成若干组子表，两两归并，这里显然要循环若干次，把这一步写成一个函数 mergepass()，可由 mergesort()调用。最后再看每一组（一对）子表的归并，其原理是相同的，只是子表表长不同，换句话说，是子表的首记录号与尾记录号不同，把这个归并操作作为核心算法写成函数 merge()，由 mergepass()来调用。

（1）主体框架算法描述如下：

```
void mergesort(struct node r[MAXSIZE],int n)
  /*r是包含有 n 个记录的原文件,归并过程中另需一个 r2 作为辅助存储空间*/
{ l=1;                            /*子表初始长度*/
  while(l<n) {
  mergepass(r,r2,l,n);l=l*2;    /*r 向量归并排序到 r2 向量中,子表长度加倍*/
  mergepass(r2,r,l,n);l=l*2;    /*再把 r2 向量归并排序送回 r 向量中*/
  }
}/*mergesort*/                    /*最后有序表存在于 r 向量之中*/
```

（2）一趟归并算法描述如下：

```
void mergepass(struct node r[MAXSIZE],struct node r2[MAXSIZE],int l,int n)
   /*l 为子表的长度,n 为待排序的记录总数*/
{ i=1;                            /*从第 1 个记录开始*/
  while((n-i+1)>=2*l) {          /*剩下的记录数目大于两个子表长度时*/
  h1=i; mid=h1+l-1;h2=i+2*l-1;
  merge(r,r2,h1,mid,h2);         /*调用归并核心算法*/
  i=i+2*l;                       /*跳过两个子表,指向新的一对子表的首记录*/
}
if((n-i+1)<=l)                   /*剩下的记录数目小于一个子表时*/
```

```
            for(j=i;j<=n;j++) r2[j]=r[j]
        else {                              /*剩下的记录数目大于一个,小于两个子表时*/
                h1=i;mid=h1+l-1;h2=n;
                merge(r,r2,h1,mid,h2);  /*调用归并核心算法*/
        }
}/* mergesort */
```

(3) 归并排序核心算法描述如下:

```
void merge(struct node r[MAXSIZE],struct node r2[MAXSIZE],int h1,int mid,int h2)
    /* h1 为第一个子表首元素的下标,mid 为第一个子表末元素的下标,*/
    /* h2 为第二个子表末元素的下标*/
{ i=h1;j=mid+1;k=h1-1;                  /* k 是 r2 的初始指针*/
  while((i<=mid) && (j<=h2)) {
  k=k+1;
  if(r[i].key<=r[j].key) {r2[k]=r[i];i++;}
    else {r2[k]=r[j];j++;}
}
while(i<=mid) {k++;r2[k]=r[i];i++;}
while(j<=h2) {k++;r[2]=r[j];j++;}
}/* merge */
```

算法的最后两个 while 语句也可以改写成:

```
if(i<=mid)
    for(t=i;t<=mid;t++) {k++;r2[k]=r[t];}
else
    for(t=j;t<=h2;t++) {k++;r2[k]=r[t];}
```

2. 算法分析

主体算法调用 mergepass 约 $\lceil \log_2 n \rceil$ 趟。每一趟处理考虑两两子表归并,其运算数量级为 $O(n)$。故归并排序时间复杂度为 $O(n\log_2 n)$。该算法需占用与待排序记录相等的辅助向量空间。由核心算法可知,当 $r[i].key <= r[j].key$ 时,$r[i]$ 送 $r2[i]$ 之中,原关键字相等的记录并不改变其先后次序,所以说归并排序是稳定的。

9.6 基数排序

基数排序(radix sort)是与前面所介绍的各类排序方法完全不同的一种排序方法。前几节所介绍的排序方法主要是通过比较记录的关键字来实现,而基数排序法不必经过关键字的比较来实现排序,而是根据关键字每个位上的有效数字的值,借助于"分配"和"收集"两种操作来实现排序。

本节假设记录的关键字为整型(实质上关键字并不限于整型)。基数排序有两种方法:

一种方法是首先根据最高位有效数字进行排序，然后根据次高位有效数字进行排序，以此类推，直到根据最低位（个位）有效数字进行排序，产生一个有序序列，这种方法称最高位优先法（Most Significant Digit first，MSD）。

另一方法是首先根据关键字最低位（个位）有效数字进行排序，然后根据次低位（十位）有效数字进行排序，以此类推，直到根据最高位有效数字进行排序，产生一个有序序列，这种方法称最低位优先法（Least Significant Digit，LSD）。

现用 LSD 法进行基数排序。假设有 n 个记录，其关键字在 0～999 之间，每一位上有效数字值在 0～9 之间共 10 种可能性，则认为基数是 10，在进行"分配"操作时涉及 10 个队列，即队列的个数与基数相同。此处关键字最多位数是 3，那么就需要进行 3 趟"分配"和"收集"操作。

1. 算法实现

（1）第一趟"分配"，根据关键字个位有效数字，把所有记录分配到相应的 10 个队列中去。用 f[0]、e[0] 表示 3 号队列的头、尾指针，f[9]、e[9] 表示 9 号队列的头、尾指针。例如，关键字为 184 的记录就分配到 4 号队列中去。

（2）第一趟"收集"把所有非空队列（10 个队列中可能有空队）按队列号由小到大的顺序头、尾相接，收集成一个新的序列。对于此序列，若观察其关键字的个位，则它是有序的；若观察其关键字的高位，则它尚处于无序状态。

（3）以后各趟，分别根据关键字的十位、百位有效数字重复类同步骤（1）、（2）的"分配"与"收集"操作，最终得到一个按关键字由小到大的序列。

例 9.8 有一组关键字 {278,109,063,930,589,184,505,269,008,083}，将它们按由小到大的顺序排序。

操作的具体过程见图 9.13。

图 9.13(a) 是待排序的关键字序列的初始状态。

图 9.13(b) 是按每个关键字的个位有效数字将它们分配到相应的队列中去。例如，关键字 008 和 278 都分配到了 8 号队列中去，e[8] 指向队尾，f[8] 指向队头。

图 9.13(c) 是将 6 个非空队列（0 号、3 号、4 号、5 号、8 号、9 号）头尾相接收集在一起之后得到的一个新的序列。

图 9.13(d) 是按每个关键字十位上的有效数字重新将它们分配到相应的队列中去，例如，关键字 589、184、083 都分配到了 8 号队列中去。然后再次收集，形成如图 9.13(e) 所示的新的序列。

图 9.13(f) 则是按百位上的有效数字分配之后的各队列状态。图 9.13(g) 则是再次收集后的结果，这也是基数排序所得到的最终的有序序列。

在本章前几节的讨论中，待排序的记录是用向量 r 做存储结构。基数排序又是"分配"队列，又要"收集"起来，故适用于链表形式存储。本节不采用动态链表而仍用向量 r 存储（即一维数组），让每个存放记录的数组元素增加一个指针域。此域为整型，用来存放该记录的下一个相邻记录所在数组元素的下标。这种结构称为静态链表结构。所谓队列的头、尾指针也是整型，它们记下可做某号队列头或队尾元素的记录在数组 r 中的下标

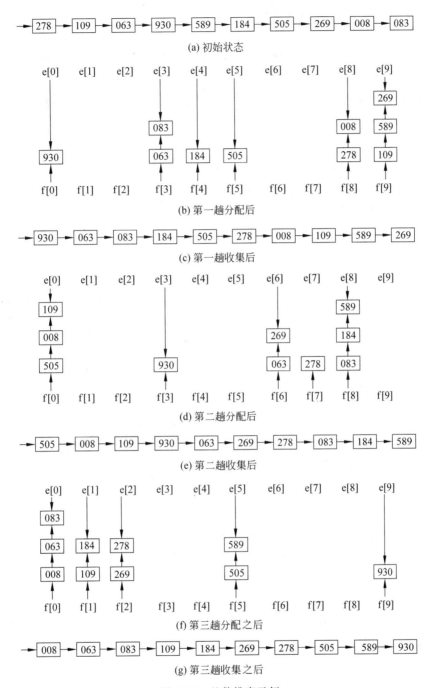

图 9.13　基数排序示例

值。记录结构为：

```
struct node
{ int key;          /*关键字域*/
  int oth;          /*其他信息域*/
```

```
        int point;          /*指针域*/
    }
```

基数排序算法:设 n 个待排序的记录存储在向量 r 中,限定关键字为整型并且有效数字位数 d<5;基数显然是 10;10 个队列的头指针、尾指针分别用向量 f 和 e 来表示,代表头指针的数组元素是 f[0],f[1],…,f[9],代表尾指针的数组元素分别是 e[0],e[1],e[2],…,e[9],则算法描述如下:

```
int radixsort(struct node  r[MAXSIZE],int n)
    {int f[10],e[10];
    for(i=1;i<n;i++)  r[i].point=i+1;
    r[n].point=0;p=1;          /*建立静态链表,p指向链表的第一个元素*/
    for(i=1;i<=d;i++)
      {  /*下面是分配队列*/
        for(j=0;j<10;j++) {f[j]=0;e[j]=0;}
        while(p!=0)
          { k=yx(r[p].key,i);                    /*取关键字倒数第i位有效数字*/
            if(f[k]==0)  {f[k]=p; e[k]=p;}        /*让头尾指针指向同一元素*/
              else {l=e[k];r[l].point=p; e[k]=p;} /*在k号队列尾部入队*/
            p=r[p].point;                  /*在r向量中,p指针向后移*/
          }
        /*下面是收集*/
        j=0;
        while(f[j]==0)  j++;                /*找第一个非空队列*/
        p=f[j]; t=e[j];                    /*p记下队头做收集后的静态链表头指针*/
        while(j<10) {
                j++;
                while(j<10) && (f[j]==0)  j++;
                if(f[j]!=0) {r[t].point=f[j]; t=e[j];}
        /*将前边一个非空队列的队尾元素指针指向现在队头元素并记下现在队尾位置*/
                r[t].point=0;          /*这是一趟分配与收集之后的链表最后一个元素*/
            }
    } /*for i*/
    return(p); /*基数排序结果p指向静态链表的第一个元素,即关键字最小的记录*/
  }/*radixsort*/
```

分离关键字倒数第 i 位有效数字算法:

```
int yx(int m,int i)
    {switch()
        { case 1:x=m%10;break;                /*个位*/
          case 2:x=(m%100)/10;break;          /*十位*/
          case 3:x=(m%1000)/100;break;        /*百位*/
          case 4:x=(m%10000)/1000;            /*千位*/
        }
```

```
        return(x);
    }/* yx */
```

2. 算法分析

radixsort()算法中基数为10,这里用 rd 表示它,最高有效数字位是4,这里用 d 表示,记录总数为 n。基数排序时间复杂度为 O(d(n+rd)),这是因为总共循环 d 趟,每趟分配运算量数量级为 O(n),收集运算量数量级为 O(rd),所以总时间复杂度为 O(d(n+rd))。它的空间占用情况是:向量 r 多了 n 个指针域,辅助空间为 2rd 个队列指针。基数排序是稳定的。

9.7 小结

本章主要学习内排序方法,要求掌握每一类排序方法的基本思想、算法及特点。插入排序是不断将记录插入到已有序的序列的正确位置上;交换排序是不断将两个记录的关键字进行比较,其大小反序时将两个记录交换;选择排序是不断将未排序的数据序列中,选出最小关键字的记录放入已排好序的数据序列的一端;归并排序是将已经排好序的子序列,逐步合并保持有序的过程。经过这些方法的处理,每种排序方法都可最终得到一个完整的有序序列。

重点掌握各种排序的基本思想、执行过程、设计和算法之间的比较。学习难点是快速排序、堆排序、归并排序等算法的设计。要求能够根据数据序列,分别采用快速排序、堆排序、归并排序等不同方法,写出排序过程的图示。

本章共介绍了5类9种排序方法,表9.1是8种排序方法的性能比较表。

表 9.1　各种排序方法性能的比较表

排序方法	时间复杂度	特殊情况	辅助空间	稳定性
直接插入排序	$O(n^2)$	原表有序 $O(n)$	$O(1)$	稳定
简单选择排序	$O(n^2)$	$O(n^2)$	$O(1)$	稳定
冒泡排序	$O(n^2)$	原表有序 $O(n)$	$O(1)$	稳定
希尔排序	$n^{1.3}$	/	$O(1)$	不稳定
快速排序	$O(n\log_2 n)$	原表有序 $O(n^2)$	$O(n\log_2 n)$或$O(n)$	不稳定
堆排序	$O(n\log_2 n)$	$O(n\log_2 n)$	$O(1)$	不稳定
两路归并排序	$O(n\log_2 n)$	$O(n\log_2 n)$	$O(n)$	稳定
基数排序	$O(d(n+rd))$	$O(d(n+rd))$	$O(rd)$	稳定

本章介绍的排序方法各有优点缺点,没有哪一种排序方法绝对最优。在不同的应用条件下可选择较合适的不同方法,甚至可将多种方法结合使用。

(1) 当问题的规模不大,即待排序的记录数 n 不大时(n≤50),可选用表9.1中前3种排序方法之一。它们的时间复杂度虽为 $O(n^2)$,但方法简单易掌握。直接插入排序和冒泡排序在原文件记录按关键字"基本有序"时,排序速度比较快。其中直接插入排序更为常用。

（2）当 n 值很大，并不强求排序的稳定性，并且内存容量不宽裕时，应该选用快速排序或堆排序。一般来讲，它们排序速度非常快。但快速排序对原序列基本有序的情况，速度减慢接近 $O(n^2)$，而堆排序不会出现最坏情况。

（3）当 n 值很大，对排序稳定性有要求，存储容量较宽裕时，选用归并排序最为合适。排序速度很快，并且稳定性好。

（4）当 n 值很大并且关键字位数较小时，采用静态链表基数排序较好，不仅速度较快并且稳定性好。

讨论小课堂 9

1. 比较各种排序方法的性能，哪些是稳定的？哪些是不稳定的？并为每一种不稳定的排序方法举出一个不稳定的实例。

2. 设待排序的关键码分别为 28,13,72,85,39,41,6,20。按二分法插入排序算法已使前 7 个记录有序，中间结果如下：

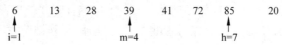

试在此基础上，沿用上述表达方式，给出继续采用二分法插入第八个记录的比较过程。

（1）使用二分法插入排序所要进行的比较次数，是否与待排序的记录的初始状态有关？

（2）在一些特殊情况下，二分法插入排序比直接插入排序要执行更多的比较。这句话对吗？

习题 9

1. 根据直接插入排序的算法思路，仍以向量为存储结构。把下列算法改为从第一个记录开始向后顺序比较的算法。

```
void  stinsort(node r[MAXSIZE], int n)
{for(i=2;  i<=n; i++)   /*共进行 n-1 趟插入*/
   { r[0]=r[i];          /* r[0]为监视哨,也可作为下边循环结束标志*/
     j=i-1;
     k=r[i].key;
     while(r[j].key>r[0].key) {r[j+1]=r[j];j--;}
     r[j+1]=r[0];        /*将 r[0]即原 r[i]记录内容,插到 r[j]后一位置*/
   }
}/*sinsort*/
```

2. 用链表存储结构表示待排序列的 n 个记录，用第 1 题的方法写一个直接插入排序算法。

3. 用增量序列(8,4,2,1)对下列关键字序列进行希尔排序,用图示表示排序过程。

    {26,7,29,11,68,17,64,20,33,22,12,24,30,42,56,60}

4. 冒泡排序有若干趟处理,当某一趟之中未发生过记录交换,是否还要进行下一趟处理? 为什么?

5. 有一组关键字{14,15,30,28,5,10},分别写出直接插入排序、冒泡排序过程的图示。举例说明它们的稳定性如何,关键字比较次数如何,快慢如何。

6. 对一组关键字{5,6,2,4,8,1,3,7},写出一趟快速排序(由小到大)的图示。试写出排序整个过程图示。

7. 有一个关键字序列,由正整数和负数组成。利用一趟快速排序思路写一算法,把原关键字序列分成两个区:前一个区全是负整数,后一个区全是正整数。

8. 用第5题的关键字序列,写出初建堆过程图示。再根据初始堆写出堆排序过程图示。举例说明堆排序的稳定性如何。

9. 判别下列关键字序列是否为堆? 如不是,则按照堆排序思想把它调整为堆,用图表示建堆的过程。

(1) (11,15,17,35,31,18,18,52)

(2) (4,10,6,9,5,18,22,7)

10. 对第3题给出的关键字序列,写出两路归并排序的图示。在两路归并的主体算法中为什么while循环先将向量r归并到向量r2,又将向量r2归并排序到向量r? 归并排序的稳定性如何?

11. 对关键字序列(24,83,20,46,14,26,67,34,19)进行两路归并排序,请用图表示元素序列的变化情况。

12. 如果一个关键字序列由n个字符串组成,每个串最多有8个小写英文字母。利用本章介绍的基数排序思路,此题目关键字有效位d为多少?"分配"与"收集"共几趟? 基数rd为多少? 在某一趟中分配队列个数是多少?

第 10 章 索引结构与哈希

为了提高数据的查找速度,在第 8 章中介绍了几种查找方法,都是在内存中进行的查找操作。当数据量非常大时,以致在内存中不能处理时,将数据以文件的形式存储于外存中,当进行查找时,将一部分数据元素调入内存进行处理,在查找的过程中在内存和外存之间进行数据交换。

【案例引入】

第 8 章中讲到在超市里查找物品。若是超市里没有了相应的物品,则需要从外面购入到超市里。可见在超市里查找想要的商品是比较快的,而从外面再购入的时间就比较久了。可以将在超市里比喻成内存,而将超市以外的市场比喻成外存。

本章讲述的就是如何在外存中进行查找,而尽可能地减少查找的时间,提高效率。

10.1 静态索引结构

10.1.1 索引表

分块查找又称索引顺序查找,这是顺序查找的一种改进方法,在此查找法中,除表本身以外,尚需建立一个"索引表"。在现实生活中经常会遇到使用索引表的情况。例如,某大学的所有学生是一个集合。若是查找某个学生,可以采取按顺序查找一个一个地查找,但这种方法比较慢。因每个学生都分属不同的学院,若是按学院进行查找,速度就会快很多,此时可以将各个学院做出一张表,称为索引表,如图 10.1 所示。

问题:为什么索引项按关键字排序?

同样地,也可以建立多级索引,也就是当数据量相当大,一级索引也不够用时,可以建立二级索引、三级索引……如上例中查找某个学院的学生,可以按年级再建立一个索引表,如图 10.2 所示(假设学号的设置规律为年级+学院+班级+班内编号,各占两位)。

10.1.2 索引表查找

如图 10.3 所示为一个表及其索引表,表中含有 18 个记录,可分成 3 个子表(r_0,r_1,r_2,$\cdots$,r_5)、(r_6,r_7,r_8,$\cdots$,r_{11})和(r_{12},r_{13},r_{14},$\cdots$,r_{17}),对每个子表(或称块)建立一个索引项,其中包括两项内容:关键字项(其值为该子表内的最大关键字)和指针项(指示该子表的第一个记录在表中位置)。索引表按关键字有序,则表或者有序或者分块有序。所谓

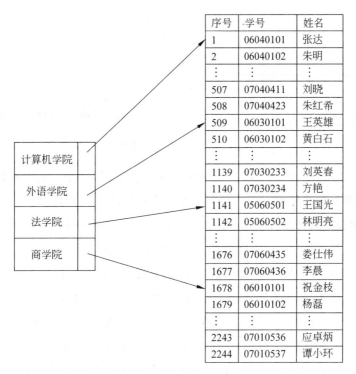

图 10.1 索引表

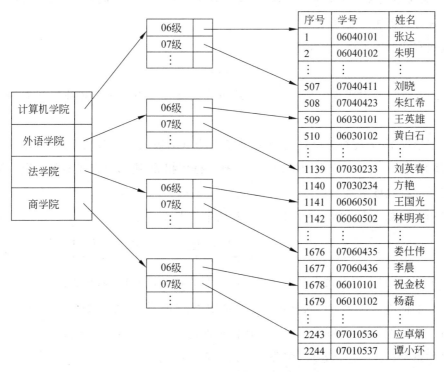

图 10.2 多级索引表

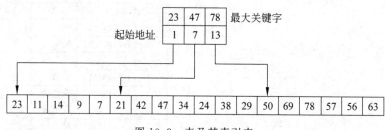

图 10.3　表及其索引表

"分块有序"，是指第二个子表中所有记录的关键字均大于第一个子表中的最大关键字，第三个子表中的所有关键字均大于第二个子表中的最大关键字，以此类推。

因此，分块查找过程需要分两步进行。先确定待查记录所在的块（子表），然后在块中顺序查找。假设给定值 $K=34$，则先将 K 依次和索引表中最大关键字进行比较，因为 $23<K<47$，所以关键字为 34 的记录若存在，则必定在第二个子表中，由于同一索引项中的指针指示第二个子表中的第一个记录是表中第 6 个记录，则自第 6 个记录起进行顺序查找，直到 ST.r[9].key=K 为止。假若此子表中没有关键字等于 K 的记录（例如，$K=28$ 时，自第 6 个记录起至第 11 个记录的关键字和 K 比较都不等），则查找不成功。

由于索引项组成的索引表按关键字有序，则确定块的查找可以用顺序查找，可以用折半查找，而块中记录是任意排列的，则在块中只能是顺序查找。因此，分块查找的算法即为这两种查找算法的简单合成。

分块查找的平均查找长度为：

$$ASL = L_b + L_w$$

其中，L_b 为查找索引表确定所在块的平均查找长度，L_w 为在块中查找元素的平均查找长度。

一般情况下，为进行分块查找，可以将长度为 n 的表均匀地分成 b 块，每块含有 s 个记录，即 $b=\lceil n/s \rceil$；又假定表中每个记录的查找概率相等，则每块查找的概率为 $1/b$，块中每个记录的查找概率为 $1/s$。

若用顺序查找确定所在块，则分块查找的平均查找长度为：

$$ASL = L_b + L_w = \frac{1}{b}\sum_{j=1}^{b}j + \frac{1}{s}\sum_{i=1}^{s}i = \frac{b+1}{2} + \frac{s+1}{2} = \frac{1}{2}\left(\frac{n}{s}+s\right)+1$$

可见，此时的平均查找长度不仅和表长 n 有关，而且和每一块中的记录个数 s 有关。在给定 n 的前提下，s 是可以选择的。容易证明，当 s 取 $\sqrt{n}$ 时，ASL 取最小值 $\sqrt{n}+1$。这个值比顺序查找有了很大的改进，但远不及折半查找。

若用折半查找确定所在块，则分块查找的平均长度为：

$$ASL \cong \log_2\left(\frac{n}{s}+1\right)+\frac{s}{2}$$

10.2　动态索引结构(B-树和B+树)

树形索引技术适合于动态查找。第 8 章中的动态查找中用平衡二叉树也可以完成作为磁盘文件的索引组织。但是,若以结点作为内、外存交换的单位,则在查找到需要的关键字之前,平均要对磁盘进行 $\log_2 n$ 次访问,这样浪费了很多的时间。为此,1970 年 R. Bayer和 E. Mc. Crerght 提出了一种适用于外查找的树,它几乎是所有大型文件的访问方法。它是一种平衡的多叉树,其特点是插入、删除时易于平衡,外部查找效率高,适合于组织磁盘文件的动态索引结构,这就是我们将要讨论的 B-树和B+树。

10.2.1　B-树的定义

一棵 m 阶的 B-树,或为空树,或为满足下列条件的 m 叉树:

(1) 树中每个结点最多有 m 棵子树;

(2) 除根结点和叶结点外,其他每个结点至少有$\lceil m/2 \rceil$棵子树;

(3) 根结点要么是一个叶结点,要么至少有两棵子树;

(4) 所有的叶结点在同一层上,叶结点不包含任何关键字信息,叶子结点的双亲结点称为终端结点;

(5) 有 K 个孩子的非叶结点恰好包含 K−1 个关键字。

在 B-树里,每个结点中关键字的个数为子树的个数减1,结点中的关键字从小到大排列,由于叶结点不包含关键字,所以,可以把叶结点看成在树中实际上并不存在的外部结点,指向这些外部结点的指针为空。叶结点的总数正好等于树中所包含的关键字总个数加1。

问题:B-树在形状上有什么特性? 结点内部的记录为什么是有序的?

例如,如图 10.4 所示为一棵 4 阶的 B-树,叶结点用圆圈表示,不含任何信息,都在第 4 层,其他结点用矩形表示,矩形里的数字为关键字。根结点有两个孩子,包含一个关键字,其他每个非叶结点的孩子个数在$\lceil 4/2 \rceil$和 4 之间。因此,每个结点包含的关键字个数不等,只有根结点可以为 2,其他非终端结点可为 2 或 3。在每个非叶结点中,关键字是按递增序列排列的,且指针的数目(即孩子的数目)比该结点的关键字个数多 1 个。

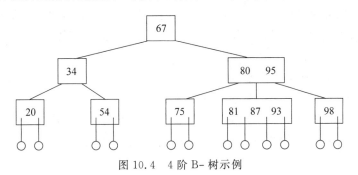

图 10.4　4 阶 B-树示例

B- 树的所有非终端结点都包含 n 个关键字、n＋1 个指针，一般形式为

$$A_0, K_1, A_1, K_2, A_2, \cdots, K_i, A_i, K_{i+1}, A_{i+1}, \cdots, K_n, A_n$$

其中，$K_i(1 \leqslant i \leqslant n)$ 是关键字，且满足 $K_1 < K_2 < \cdots < K_n$，而 $A_i(1 \leqslant i \leqslant n)$ 是指向子树根结点的指针。A_i 是指向包括在 K_i 和 K_{i+1} 之间的关键字的子树，A_0 指向小于 K_1 的关键字的子树，A_n 指向大于 K_n 的关键字的子树。

B- 树涉及在实现基于磁盘的检索树结构时遇到的所有问题。一般情况下，B- 的叶子结点可以看作是外部结点或查找失败的结点。实际上这些结点不存在，指向这些结点的指针都为空（这些叶子结点可以不用画出）。

B- 树的叶子出现在同一层上，它的树高总是平衡的。

B- 树把相关的记录（即与关键字值相似的值）放在同一磁盘块中，从而利用了访问局部性原理。

B- 树更新和检索操作只影响一些磁盘块。

B- 树保证了树中内部结点的最小孩子数量，也保证了最少关键字数量。那么在检索和更新操作时会减少需要的磁盘读写次数。通常 B- 树中的一个结点的大小能够填满一个磁盘页。

10.2.2　B- 树的运算

1. 查找

B- 树中每个结点内的关键字序列都是一个有序表。在 B- 树中查找给定关键字的步骤为：将根结点取来，在根结点所包含的关键字 $K_1, \cdots, K_n$ 中查找给定的关键字（当结点包含的关键字个数不多时，可用顺序查找；当结点包含的关键字个数较多时，可用二分查找），若找到等于给定值的关键字，则查找成功；否则，一定可以确定要查找的关键字是在某个 K_i 和 K_{i+1} 之间，于是，取 A_i 所指向的结点继续查找。如此重复下去，直到找到，或指针 A_i 为空时，查找失败。

可以总结出，查找关键字包括两种基本操作，分别是：

（1）在 B- 树中查找结点；

（2）在结点中查找关键字。

因 B- 树通常存储在磁盘上，操作（1）是在磁盘上进行的，操作（2）是在内存中进行的。也就是说，在磁盘找到某结点所在的磁盘块，并将结点的内容调入到内存中，然后再利用内查找的方法（如二分查找、顺序查找等方法）查找关键字。

问题：B- 树的查找效率是怎样的呢？

若一棵 L＋1 层的 m 阶 B- 树包含 n 个关键字，查找失败的关键字会有 n＋1 种情况，而 B- 树叶结点表示树中并不存在的外部结点，正好对应 n＋1 种查找失败的情况。因此，B- 树有 n＋1 个树叶，树叶都在第 L＋1 层。第一层为根，根至少有两个孩子，即第二层至少有两个结点。

除根和树叶外，其他结点至少有 $\lceil m/2 \rceil$ 个孩子。因此，第三层至少有 $2 \times \lceil m/2 \rceil$ 个结

点,第四层至少有 $2\times(\lceil m/2 \rceil)^2$ 个结点,……,第 L+1 层至少有 $2\times(\lceil m/2 \rceil)^{L-1}$ 个结点,于是有:

$$n+1\geqslant 2\times(\lceil m/2 \rceil)^{L-1}$$

在含有 n 个关键字的 B- 树上进行查找时,从根结点到关键字所在结点的路径上,涉及的结点数不超过 L 层次数。即:

$$L\leqslant 1+\log(\lceil m/2 \rceil)^{\frac{n+1}{2}}$$

这意味着若 n=1,999,998,m=199,则 L 至多等于 4,而一次查找最多进行 L 次存取。因此,这个公式保证了 B- 树的查找效率是相当高的。

2. 插入

在 B- 树中,插入一个关键字的方法很简单。插入的关键字总是在终端结点中。共有两种情况:

第一,插入新关键字,不改变 B- 的形态。若在一个包含 j<m-1 个关键字的结点中插入一个新的关键字,则插入过程将局限于该结点,把新关键字直接插入该结点即可。例如,在如图 10.4 所示的 B- 树中,若插入关键字 60,则只需改变一个结点,改变的结点如图 10.5 所示。

图 10.5　关键字个数小于 m-1 的结点中插入示例

第二,插入新关键字,改变 B- 树。若把一个新的关键字插入一个已有 m-1(m 为 B- 树的阶)个关键字的结点,则将引起结点的分裂。

例如,在图 10.4 的 4 阶 B- 树中插入关键字 90,因为要插入的这个结点是满的(已包含 3 个关键字),不能再往里插了。在这种情况下,这个结点将分裂为两个,并把中间的一个关键字拿出来,插到该结点的双亲结点里去。在图 10.4 的 4 阶 B- 树中插入关键字 90 后,树中有关结点的变化如图 10.6 所示。

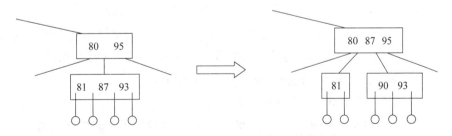

图 10.6　插入关键字 90 后 4 阶 B- 树的变化

如果双亲结点也是满的,因下层分裂而提升上来一个关键字,则双亲结点也需要再分裂,方法同上段描述。最坏的情况是这个过程可能一直传到根,而不能插入。由于根是没有双亲的,若需要分裂根,就要建立一个新的根结点,则整个 B- 树增加了一层。

注意:这个插入过程保证所有的结点至少是半满的,以保持 B- 树的特性。

3. 删除

删除一个关键字的过程与插入过程是类似的，但操作要稍微复杂些。

如果删除的关键字不在终端结点中，则先把此关键字与它在 B- 树中的后继关键字的位置对换，然后再删除该关键字。例如，在图 10.4 的 B- 树中要删除关键字 80，则先找到 80 的后继关键字 81，把 80 和 81 的位置对换，然后再删除 80，如图 10.7 所示。

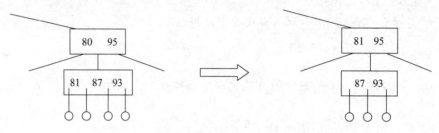

图 10.7　删除关键字 80 后 4 阶 B- 树的变化

如果删除的关键字在终端结点中，则把它从所在的结点里去掉。若因删除这样一个关键字，可能导致此结点所包含关键字的个数小于 $\lceil m/2 \rceil - 1$。在这种情况下，应该考查该结点的左或右兄弟结点，然后从兄弟结点中将若干个关键字移到该结点中来，若兄弟结点里的关键字数量够多，那么将借来的关键字放到双亲结点中，并将双亲结点中相应的关键字下移到被删除的结点中，使两个结点所含关键字的个数基本相同；若兄弟结点中的关键字数量也不够多，刚好等于 $\lceil m/2 \rceil - 1$ 时，那么就将被删除结点中的关键字取出并将其与兄弟结点合并，然后删除这个空结点。因为删除一个结点，其双亲少了一个孩子，所以要把双亲结点中的一个关键码移到合并结点中。这种合并过程可能会传到根结点，若根结点的两个孩子合并，B- 树就会减少一层。

假设，图 10.8 是一个 6 阶 B- 树的一部分。若从如图 10.8(a) 所示的 B- 树中删除 58，这样一来，原来包含关键字 58 的结点，只剩下一个关键字，即小于 $\lceil m/2 \rceil - 1 = \lceil 6/2 \rceil - 1 = 3 - 1 = 2$。于是，需从右边兄弟结点移一个关键字 126 到该结点来，但因为涉及其双亲结点中的关键字 110 要做相应变化，所以，实际上是关键字 126 移到双亲结点，而把关键字 110 移入原来包含 58 的结点中，如图 10.8(b) 所示。

问题：向兄弟结点借记录，目的是什么？

如果在图 10.8 (b) 中再删除 110，则删除 110 后，原包含 110 的结点只剩下一个关键字 90 了，并且它的左、右兄弟结点包含的关键字也很少，刚好等于 m/2 - 1 = 6/2 - 1 = 3 - 1 = 2，于是把原包含 110 的结点、它的右兄弟结点及它们双亲结点中的关键字 126 合并成一个新结点，如图 10.8 (c) 所示。

问题：合并操作会不会引起溢出？

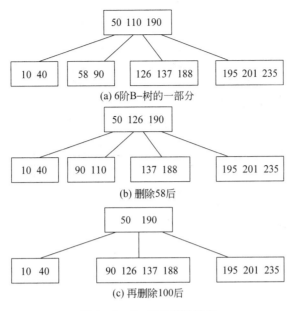

图 10.8　B- 树的删除操作

10.2.3　B+ 树

　　B+ 树是应文件系统所需而出的一种 B- 树的变形树,它比 B- 树具有更广泛的应用。一棵 m 阶的 B+ 树有如下特征:

　　(1) 有 m 棵子树的结点中含有 m 个关键字,即每个结点的关键字个数与孩子个数相同;

　　(2) 所有的叶子结点中包含了全部关键字的信息,及指向含这些关键字记录的指针;

　　(3) 结点中的关键字 K_i 对应子树中的最大关键字;

　　(4) 叶子结点本身依关键字的大小自小至大顺序链接,形成单链表。

　　如图 10.9 所示为一棵 3 阶 B+ 树,通常在 B+ 树上有两个头指针,一个指向根结点,另一个指向关键字最小的叶子结点。因此,可以对 B+ 树进行两种查找运算:一种是从最小关键字起顺序查找;另一种是从根结点开始,进行随机查找。

　　问题:B+ 树和 B- 树有什么区别? 结点的值有什么特性?

　　在 B+ 树上进行随机查找、插入和删除的过程基本上与 B- 树类似。只是在查找时,若非终端结点上的关键字等于给定值,并不终止,而是继续向下直到叶子结点。因此,在 B+ 树,不管查找成功与否,每次查找都是走了一条从根结点到叶子结点的路径。B+ 树查找的分析类似于 B- 树。B+ 树的插入仅在叶子结点上进行,当结点中的关键字个数大于 m 时要分裂成两个结点,它们所含关键字的个数分别为 $\lfloor (m+1)/2 \rfloor$ 和 $\lceil (m+1)/2 \rceil$。并且它们的双亲结点中应同时包含这两个结点中的最大关键字。B+ 树的删除也仅在叶子结点进行,当叶子结点中的最大关键字被删除时,其在非终端结点中的值可以作为一个"分界关键字"存在。若因删除而使结点中的关键字的个数少于 $\lceil m/2 \rceil$ 时,其和兄弟结点

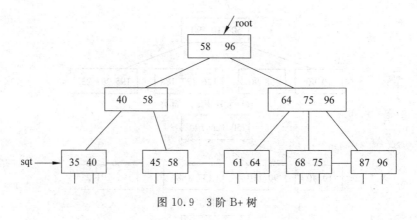

图 10.9　3 阶 B+ 树

的合并过程亦和 B- 树类似。

10.3　键树及 Trie 树

10.3.1　键树的定义

键树又称数字搜索树(Digital Search Trees)。它是一棵度≥2 的树,树中的每个结点中不是包含一个或几个关键字,而是只含有组成关键字的符号。例如,若关键字是数值,则结点中只包含一个数位;若关键字是单词,则结点中只包含一个字母字符。这种树会给某种类型关键字的表的查找带来方便。

假设有如下 13 个关键字组成的集合:

〈a,and,are,be,but,by,for,from,had,have,he,her,here〉

可对此集合作如下的逐层分割:

第一层的结点对应于字符串的第一个字符,第二层的结点对应于字符串的第二个字符……每个字符串可由一个特殊的字符如"±"或"＄"等作为字符串的结束符,用一个叶子结点表示该特殊字符。把从根到叶子的路径上,所有结点(除根以外)对应的字符连接起来,就得到一个字符串。因此,每个叶子结点对应一个关键字。在叶子结点还可以包含一个指针,指向该关键字所对应的元素。整个字符串集合中的字符串的个数等于叶子结点的数目。如果一个集合中的关键字都具有这样的字符串特性,那么该关键字集合便可采用一棵键树来表示。事实上,我们还可以赋予"字符串"更广泛的含义,它可以是任何类型的对象组成的串。为了搜索和插入方便,假定键树是有序树,即同一层中兄弟结点的序号自左向右有序,并约定结束符小于任何字符,它在最左边。

上述集合及其分割可用如图 10.10 所示的键树结构表示。

如果除去键树的根结点,键树便成为森林。键树本质上是森林结构。在键树中,每一棵子树代表具有相同前缀的关键字值的子集合。如图 10.11 所示的子树代表具有相同前缀"ha-"的关键字值的子集合〈had,have〉。

通常键树有两种存储结构:双链树和 Trie 树。下面两小节将介绍这两种树结构。

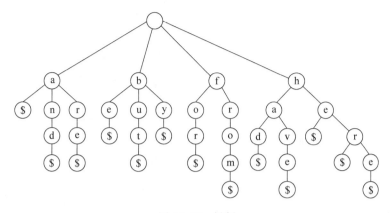

图 10.10 键树

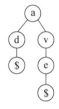

图 10.11 子树及其代表的关键字值的子集合

10.3.2 双链树

可以采用前面讨论的将森林和树转换成二叉树的方法将如图 10.10 所示的键树转换成二叉树,然后采用二叉链表存储之,这时向下是第一个孩子,向右是下一个兄弟。图 10.12 给出了如图 10.10 所示键树的双链树的部分结构。

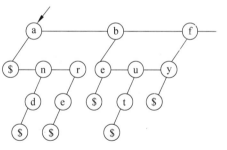

图 10.12 双链树示例

双链树的搜索可以这样进行:从双链树的根结点开始,将关键字(字符串)的第一个字符与该结点的字符比较,若相同,则沿孩子结点往下再比较下一个字符,否则沿兄弟结点顺序搜索,直到某个结点的值等于待比较的字符,或者某个结点的字符大于待查字符,或者不再有兄弟为止,则搜索失败。若比较在叶子结点处终止,则搜索成功,叶子结点包含指向该关键字值所标识的元素的指针。

双链树的插入方法是:首先进行搜索,如插入关键字 age,搜索在第二层的 $ 与 n 字符间失败。插入位置通常由三个指针指示:r、q 和 p。本例中将在 q 和 p 之间插入子树 {g,e,$},如图 10.13 所示。

在双链树上删除一个元素的做法与插入类似,它将删除一棵不同后缀的子树。

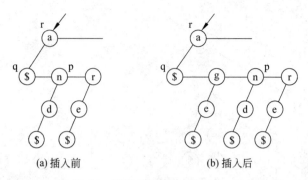

(a) 插入前　　　　　　　　(b) 插入后

图 10.13　双链树上插入子树 {g,e, $ }

10.3.3　Trie 树

　　若键树以多重链表表示,则树中每个结点含有 d 个指针域,d 是键树的度,它与关键字值的"基"有关。基就是每一位字符所有可取的值的数目,包括结束符。若关键字为英文单词,则 d＝27。此时的键树又称 Trie(retrieve 的中间 4 个字母)树。若从键树的某个结点开始到叶子结点的路径上的每个结点中都只有一个孩子,则可将该路径上的所有结点压缩成一个"叶子",且在该叶子结点中存储关键字值及指向该元素的指针等信息。Trie 树上有两类结点:分支结点和叶子结点。每个分支结点包含 d 个指针域和一个指示该结点非空指针域个数的整数。分支结点不包括实际字符,它所代表的字符由其双亲结点中指向它的指针在该双亲结点中的位置隐含确定。叶子结点包括关键字域和指向元素的指针域。

　　图 10.14 为如图 10.10 所示的键树的 Trie 树结构。

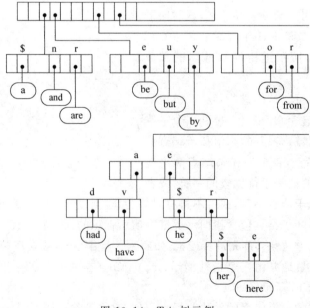

图 10.14　Trie 树示例

在 Trie 树上进行搜索的过程为：从根结点开始，沿着待查关键字值相应的指针逐层往下比较，直到叶子结点。若该结点的关键字值等于待查值，则搜索成功，否则搜索失败。

在 Trie 树上容易实现插入和删除操作。插入时，只需相应地增加一些分支结点和叶子结点。删除时，当分支结点中的非空指针数为 1 时便可删除。

双链树和 Trie 树是键树的两种不同的表示法，它们各有特点。从其存储结构可见，若键树中结点的度较大，则采用 Trie 树为宜。

综上所述，搜索树的搜索都是从根结点开始的，其搜索时间依赖于树的高度。

6.7 节的哈夫曼编码树是一个二叉 Trie 树的例子。在哈夫曼树中，编码的完整值在叶子结点中。哈夫曼编码取决于 Trie 树结构中字母的位置。

10.4 哈希表及其查找

第 8 章及本章前几节中所讨论的各种查找算法中，都是通过对所给关键字进行不断的比较，才确定所查找元素的位置，其查找效率取决于和给定值进行比较的关键字个数。可以看出记录在表中的位置及其关键字之间不存在一个确定的关系。本节要介绍的哈希查找技术，是指记录的关键字与其存放位置之间建立关系，那么在查找时可直接由关键字获得记录的存放地址，力争不需比较就能查找到数据元素。因而是另一类不同的查找方法。

10.4.1 哈希表与哈希函数

哈希函数：又叫哈希函数，在关键字与记录在表中的存储位置之间建立一个函数关系，以 H(key) 作为关键字为 key 的记录在表中的位置，通常称这个函数 H(key) 为哈希函数。

哈希地址：由哈希函数得到的存储位置称为哈希地址。

例如，对于如下 9 个关键字

$$\{Zhao, Qian, Sun, Li, Wu, Chen, Han, Ye, Dei\}$$

设哈希函数为

$$H(key) = \lfloor (Ord(第一个字母) - Ord('A') + 1)/2 \rfloor$$

按哈希方法组织记录存储，先要设定一个长度为 m 的表 HT，然后构造哈希函数 H，按照关键字值 Key 计算出各个记录的哈希地址 H(K)，结果如表 10.1 所示。

表 10.1 关键字及其哈希地址

	Chen	Dei		Han		Li		Qian	Sun		Wu	Ye	Zhao
0	1	2	3	4	5	6	7	8	9	10	11	12	13

此时，若增加一个关键字 Zhou，应存储在哪里呢？按我们设定的哈希函数，得到的结果为 13，在地址为 13 的存储空间中已存在一个数据，这就是冲突，即不同的关键字值，具有相同的哈希地址。

　　问题：冲突是很难避免的，一旦发生了冲突应如何处理？

　　冲突不是我们所希望的，而如何避免冲突发生，则取决于哈希函数的构造。好的哈希函数，应使哈希地址均匀地分布在哈希表的整个地址区间内，这样可以避免或减少发生冲突。然而，这并非是件容易做到的事。哈希函数的构造，与关键字的长度、哈希表的大小、关键字的实际取值状况等许多因素有关，而且有的因素事前不能确定（如关键字的实际取值只知道范围）。哈希函数的构造或多或少带有杂凑的意味，英文单词 hash 一词就是杂凑的意思。

　　冲突的不可避免性，有它一定的内因。由于关键字的值域往往比哈希表的个数大得多，所以哈希函数是一种压缩映射，冲突是难免的。例如，存储 100 个学生记录，尽管安排 120 个地址空间，但由于学生名（假设不超过 10 个英文字母）的理论个数超过 2600，要找到一个哈希函数把 100 个任意的学生名映射成 [0,119] 内的不同整数，实际上是不可能的。

　　哈希表：根据设定的哈希函数 H(key) 和所选中的处理冲突的方法，将一组关键字映像到一个有限的、地址连续的地址集（区间）上，并以关键字在地址集中的"像"作为相应记录在表中的存储位置，如此构造所得的查找表称为"哈希表"。

10.4.2　构造哈希函数的常用方法

　　构造哈希函数的方法很多，应遵循以下原则：

　　（1）计算简单。哈希函数不应有很大的计算量，否则会降低查找效率。其计算时间不应超过其他查找技术与关键码的比较时间。

　　（2）哈希地址分布均匀。哈希函数要尽可能均匀分布在地址空间，这样能保证存储空间的有效利用，并减少冲突的发生。

　　以下介绍几种哈希函数的构造方法。

1. 平方取中法

　　算出关键字值的平方，再取其中若干位作为哈希函数值（哈希地址）。

　　例如，假定表中各关键字是由字母组成的，用两位数字的整数 01～26 表示对应的 26 个英文字母在计算机中的内部编码，则使用平方取中法计算 KEYA、KEYB、AKEY、BKEY 的哈希地址可得：

关键字 K	K 的内部编码	K_2	H(K)
KEYA	11052501	122157778355001	778
KEYB	11052502	122157800460004	800
AKEY	01110525	001233265775625	265
BKEY	02110525	004454315775625	315

　　这里，平方之后，取左起第 7～9 位作为哈希地址。一般来说，由于关键字平方之后的中间几位与关键字中的所有字符有关，用它作为哈希地址均匀分布的可能性增大，从而减

少了发生冲突的机会。但究竟取中间多少位,要看存储表地址的范围。如果表的存储地址是 0~999,则上述哈希函数值就是存储地址。如果计算出的哈希函数值超过或不到存储区的地址范围,则需要乘一个比例因子,把哈希函数值(哈希地址)放大或缩小,使其落在表的存储区地址范围内。

2. 除留余数法

除留余数法的哈希函数为

$$H(key) = key \bmod p$$

这种方法是用模运算(％)得到的,设给出的关键字值为 key。可见这种方法的关键在于选取合适的 p,设存储区单元数为 m,则用一个小于 m 的质数 P 去除 key。如果 H(key) 落在存储区地址范围内,则 H(key)就取为哈希函数值(哈希地址);否则,再用一个线性数求出哈希函数值。

问题:为什么 P 最好接近表长?

P 的选择是值得研究的,如果选择关键字内部代码基数的幂次来除关键字,其结果必定是关键字的低位数字,均匀性较差。若取 P 为任意偶数,则当关键字内部代码为偶数时,得到的哈希函数值为偶数;若关键字内部代码为奇数,则哈希函数值为奇数。因此,选 P 为偶数也是不好的。理论分析和试验结果均证明 P 应取小于存储区容量的素数。

例如,有 4 个关键字 KEYA、KEYB、AKEY 和 BKEY,若表的存储区为 000~999,P 应取为小于 1000 的素数,如取 P=997,则可得以下结果:

关键字	K	H(K)=K ％ 997
KEYA	11052501	756
KEYB	11052502	757
AKEY	01110525	864
BKEY	02110525	873

这些结果是比较好的。所以,除留余数法是经常使用的。

3. 数字分析法

数字分析法根据关键码在各个位上的分布情况,选取分布比较均匀的若干位组成哈希地址。

对各个关键字内部代码的各个码位进行分析。假设有 n 个 d 位的关键字,使用 s 个不同的符号(如,对于十进制数,每一位可能出现的符号有 10 个,即 0~9),这 s 个不同的符号在各位上出现的频率不一定相同,它们可能在某些位上分布比较均匀,即每一个符号出现的次数都接近 n/s 次;而在另一些位上分布不均匀。这时,选取其中分布比较均匀的某些位作为哈希函数值(哈希地址),所选取的位数应视存储区地址范围而定,这就是数字分析法。这种方法适合于关键字值中各位字符分布为已知的情况。

例如,给定一组关键字

$$K_1: \quad 542482241$$
$$K_2: \quad 542813678$$
$$K_3: \quad 532228171$$
$$K_4: \quad 542389671$$
$$K_5: \quad 542541577$$
$$K_6: \quad 542985376$$
$$K_7: \quad 542193552$$

这里 $n=7, d=9, s=10$。为了衡量各位上 s 个字符分布的均匀度，可采用度量标准：

$$\lambda_k = \sum_{i=1}^{s} \left(a_{ik} - \frac{n}{s} \right)^2 \quad k = 1, 2, \cdots, d$$

式中 a_{ik} 表示第 i 个字符在第 k 位上出现的（$k=1,2,\cdots,d$）次数。λ_k 值越小，可认为分布越均匀。这里，自左向右，各位上字符的分布均匀度为：

$$\lambda_1 = (7-7/10)^2 + 9 \times (0-7/10)^2 = 44.1$$
$$\lambda_2 = 44.1$$
$$\lambda_3 = 44.1$$
$$\lambda_4 = 7 \times (1-7/10)^2 + 3 \times (0-7/10)^2 = 2.1$$
$$\lambda_5 = 4 \times (1-7/10)^2 + (3-7/10)^2 + 5 \times (0-7/10)^2 = 8.1$$
$$\lambda_6 = 5 \times (1-7/10)^2 + (2-7/10)^2 + 4 \times (0-7/10)^2 = 4.1$$
$$\lambda_7 = 3 \times (1-7/10)^2 + 2 \times (2-7/10)^2 + 5 \times (0-7/10)^2 = 6.1$$
$$\lambda_8 = 2 \times (1-7/10)^2 + (5-7/10)^2 + 7 \times (0-7/10)^2 = 22.1$$
$$\lambda_9 = 4 \times (1-7/10)^2 + (3-7/10)^2 + 5 \times (0-7/10)^2 = 8.1$$

假定存储区地址为 000～999，则应取关键字的第 4、6、7 位作为哈希函数值（哈希地址），它们分别为 422、836、281、396、515、953 和 135。由于数字分析法需预先知道各位上字符的分布情况，所以大大限制了它的实用性。

构造哈希函数除了上面介绍的几种常用方法外，还有截段法，即截取关键字中的某一段数码作为哈希函数；分段迭加法，即把关键字的机内代码分成几段，再进行迭加（可以是算术加，也可以是按位加）得到哈希函数值。对于各种构造哈希函数的方法，很难一概而论地评价其优劣，任何一种哈希函数都应当用实际数据去测试它的均匀性，才能做出正确的判断和结论。

10.4.3　解决冲突的主要方法

通过以上的示例，发现虽然哈希查找是希望尽量不比较而直接查找到目标记录，但实际上发生冲突的可能性仍是存在的。当关键字值域远大于哈希表的长度，而且事先并不知道关键字的具体取值时，冲突就难免会发生。另外，当关键字的实际取值大于哈希表的长度时，而且表中已装满了记录，如果插入一个新记录，不仅发生冲突，而且还会发生溢出。因此，处理冲突和溢出是哈希技术中的两个重要问题。下面将分别讨论解决这两个问题的方法。

1. 开放地址法

开放地址法是指由关键字得到的哈希地址一旦产生了冲突,就是寻找下一个空的哈希地址,只是哈希表够大,空的地址总能找到。

为了便于发现冲突和溢出,首先要对哈希表 HT[0~MAXSIZE−1] 进行初始化,置表中每个位置为 NULL。NULL 表示"什么也没有",就关键字而言,它表示不属于关键字值域的一种特殊符号。

所谓冲突,假定记录 r_i 和 r_j 的关键字分别为 K_i 和 K_j,当有 $H[K_i]=H[K_j]=t$ 时,则说发生了冲突。如果 r_i 已装入 HT[t] 中,那么 r_j 就不能再装入 HT[t] 中。但只要 HT 中还有空位,总可以把 r_j 存入 HT[t] 的"下一个"空位上。寻找"下一个"空位的过程称为探测。下面介绍三种探测方法。

1) 线性探测法

线性探测法的基本思想是:如果在位置 t 上发生冲突,则从位置 t+1 开始,顺序查找哈希表 HT,找一个最靠近的空位,把待插入的新记录装入这个空位上。即对于关键字 key,设 Hs(key)=d,哈希表的长度为 m,则在发生冲突时,寻找下一个哈希地址,其公式为:

$$H_i = (H(key) + d_i) \% m \quad (d_i = 1,2,3,\cdots,m-1)$$

例 10.1 关键字集合{19,01,23,14,55,68,11,82,36}。设定哈希函数 H(key)= key MOD 11(表长=11);若采用线性探测处理冲突。所得到的哈希表如下:

0	1	2	3	4	5	6	7	8	9	10
55	1	23	14	68	11	82	36	19		

线性探测算法描述如下:

假设给定关键字值为 K,为了查找 K,首先计算出 j=H(K)(H 是用除留余数法构造的哈希函数),如果 HT[j] 非空,且 HT[j]≠K,则从第 j+1 个位置开始对 HT 进行循环探测,直到:或者当前位置上的关键字值等于 K,表明查找成功;或者找到一个空位置,表明查找不成功,将 K 插入到该位置;或者既未查到又没有空位置,应转向对溢出的处理。

算法中设立一个查找的边界位置 i,若顺序探测已超过表长,则要翻转到表首继续查找,直到查到 i 位置才是真正的查完全表。为了具体编制程序的方便,令 i=j−1。

算法如下:

```
void hash1(KeyType key, HashTable HT[], int p)
{
    j=key %p; i=j-1;
    while((HT[j].key!=NULL)&& (HT[j].key!=key)&&(j!=i))
        j=(j+1) %m;                    /*解决冲突*/
    if(HT[j].key==key)
        printf("查找成功,位置在%d",j");
    else if(j==i)
```

```
        printf("溢出");              /*溢出*/
    else   HT[j].key=K;             /*插入 key*/
}
```

用线性探测法处理冲突,思路清晰,算法简单,但存在下列缺点:

(1) 处理溢出需另编程序。一般可另外设立一个溢出表,专门用来存放上述哈希表中放不下的记录。此溢出表最简单的结构是顺序表,查找方法可用顺序查找。

(2) 按上述算法建立起来的哈希表,删除工作非常困难。假如要从哈希表 HT 中删除一个记录,按理应将这个记录所在位置置为空,但我们不能这样做,而只能标上已被删除的标记,否则,将会影响以后的查找。

例如,给定一组关键字(bat、cat、bee),并取第一个字母在字母表中的序号作为哈希地址,即有 H(bat)=2、H(cat)=3、H(bee)=2,用线性探测法处理冲突时,将它们装入哈希表 HT 后,分别占住 HT[2]、HT[3]、HT[4]位置。现在假若删除 bat,如果是简单地置 HT[2]为 NULL,那么,当下一个操作是查找 bee 时,由于 H(bee)=2,且 HT[2]= NULL,则将这个新来的 bee 存入 HT[2]中。于是,在 HT 表中同时存在两个 bee!

由此可见,删除一个记录之后,不能简单地把该记录所在位置置为空。为了避免两个相同关键字值的记录同时装入表中,一种简单的处理方法是将被删记录所在位置上作删除标记。若下次接收的新记录,刚好哈希在有删除标记的位置上,则不要立即把它装入到这个位置,而必须先顺序查找下一个空位。在找这个空位的过程中,若没有发现相匹配的关键字,则将这个新记录装入到这个有删除标记的位置。否则,这个新记录不装入 HT 表中。

(3) 线性探测法很容易产生堆聚现象。所谓堆聚现象,就是存入哈希表的记录在表中连成一片。按照线性探测法处理冲突,如果生成哈希地址的连续序列越长(即不同关键字值的哈希地址相邻在一起越长),则当新的记录加入该表时,与这个序列发生冲突的可能性越大。因此,哈希地址的较长连续序列比较短连续序列生长得快,这就意味着,一旦出现堆聚(伴随着冲突),就将引起进一步的堆聚。所以,线性探测法处理冲突,并未达到真正哈希存储的目的。改进的办法有多种,下面简单介绍两种较为有效的方法。

2) 二次探测法

当发生冲突时,二次探测法寻找下一个哈希地址的公式为

$$H_i = (H(key) + d_i) \% m \quad (d_i = 1^2, -1^2, 2^2, -2^2, \cdots, n^2, -n^2, n \leqslant m/2)$$

例 10.2 关键字集合{19,01,23,14,55,68,11,82,36}。设定哈希函数 H(key)= key MOD 11(表长=11);若采用二次探测处理冲突。所得到的哈希表如下:

0	1	2	3	4	5	6	7	8	9	10
55	1	23	14	36	82	68		19		11

3) 随机探测

随机探测的基本思想是:将线性探测的步长从常数改为随机数,其公式为

$$H_i = (Hs(key) + d_i) \% m \quad (d_i \text{ 是一个随机数列}, i = 1,2,3,\cdots,m-1)$$

d_i 是一个随机数。在实际程序中应预先用随机数发生器产生一个随机序列,将此序列作

为依次探测的步长。这样就能使不同的关键字具有不同的探测次序,从而可以避免或减少堆聚。基于与线性探测法相同的理由,在线性补偿探测法和随机探测法中,删除一个记录后也要加上删除标记。

注意:开放定址法中的 d_i 应具有"完备性",即

(1) 增量序列中的各个 d_i 值均不相同;

(2) 由此得到的 $m-1$ 个地址值必能覆盖哈希表中所有地址。

2. 链地址法

不论是线性探测性、二次探测法还是随机探测法,都没有很好地解决删除和溢出处理问题,相比之下,链地址法能使这两个问题得到圆满、自然的解决。

链地址法处理冲突的办法是:哈希表的每一个记录中增加一个链域,链域中存入下一个具有相同哈希函数值的记录的存储地址。利用链域,就把若干个发生冲突的记录链接在一个表内。当链域值为 NULL 时,表示已没有后继记录了。因此,对于发生冲突时的查找和插入操作就跟线性链表的操作一样了。至于删除操作,如果欲删记录在链表中,则和线性链表的删除操作一样。

发生冲突时,建立这些链表的方法基本上又可分为两种:一种叫内链地址法,即在基本的哈希表存储区内进行拉链;另一种叫外链地址法,即在哈希表区之外,另外开辟一个附加区,所有的链表均放在这个附加区中,而基本的哈希表中存放各链表的头指针。

内链地址法只能在记录数小于符号表容量时才能使用,只有这样才能在哈希表中找到空闲的单元来存放发生冲突的记录。但是事先怎么能知道哪些单元将是空闲的呢?因此,实现内链地址法比较麻烦。有的实现方法是把发生冲突的记录先暂时登记一下,等全部要存入的记录都存入哈希表后,再把冲突的记录采用链表形式存入到空闲的单元中去。由此可知,内链地址法适用于预先填好表后,只查询不再填入新记录的哈希表。

外链地址法中有两部分存储区:一部分是基本哈希表存储区;另一部分是附加区,发生冲突的记录均存储在附加区中。所以,外链地址法适合于随时要求填入新记录的哈希表。

例 10.3 设有 MAXSIZE=5,H(K)=K mod 5,关键字值序列为 5,21,17,9,15,36,41,24,按链地址法所建立的哈希表如图 10.15 所示。

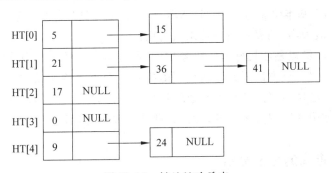

图 10.15 链地址哈希表

实现外链地址法的算法比较简单，算法描述如下：

```
#define MAXSIZE 100;      /*哈希表的最大长度*/
typedef int KeyType;      /*关键字的类型*/
struct HashNode{
    KeyType key;
    ...
    HashNode * next;
};
void linkhash(KeyType K, HashNode HT[], int p)
{
    HashNode * q, * r, * s;j=k%p;
    if(HT[j].key==0)
        { HT[j].key=K; HT[j].next=NULL;}
    else if(HT[j].key==K)
        { printf("成功查找到 %d",K);
         printf("位置在:%d",j);}
         else
         {  q=HT[j].next;
            while(q!=NULL)&&(q->key!=K)
            { r=q; q=q->next;
              }
             if(q==NULL)
             { s=new HashNode(k);
               r->next=s;
              }
            else
             { printf("成功查找到 %d",K);
               printf("位置在:%d",j);
             }
          }
    }
}
```

在上述外链地址法的程序 linkhash 中，哈希函数还是用除留余数法，其中 K 为给定的关键字，p 为小于基本哈希表容量 MAXSIZE 的质数。HT 是基本哈希表，若表中某一位置上的 key 域值为零，则表示该位置未被占用。

外链地址法的优点是能较好地解决溢出问题。实际上，附加区除了解决冲突外还解决了溢出问题。另外，该方法还易于实现删除操作。缺点是除了哈希表需要的存储空间外，又增加了一个链域；另外，若哈希函数的均匀性较差时，会造成基本哈希表存储区中空闲单元较多，而使附加区很大的现象。所以，此法需要的存储区较大。

10.4.4 哈希查找的性能分析

哈希查找是利用关键字值进行转换计算后，直接求出存储地址的。所以，当哈希函数能得到均匀的地址分布时,不需要进行比较就可以找到所查的记录。但实际上,查找时还需要进行探测,冲突是不可能完全避免的,而查找的效率显然与解决冲突的方法有关。发生冲突的次数是与哈希表装填的程度有关,为此,我们引进装填因子 α,所谓装填因子,是指哈希表中已装入的记录数 n 与表长度 MAXSIZE 之比,即 α＝n/MAXSIZE。α 表示了哈希表装填的程度。直观地看,α 越小,发生冲突的可能性就越小;α 越大,发生冲突的可能性就越大。

为了查找一个记录或插入一个新的记录,所需要的探测次数仅依赖于装填因子 α。对于线性探测法,查找成功时的平均查找次数为

$$\frac{1}{2}\left(1+\frac{1}{1-\alpha}\right)$$

查找不成功时的平均查找次数为

$$\frac{1}{2}\left(1+\frac{1}{(1-\alpha)^2}\right)$$

对于外链地址法,查找成功时的平均查找次数为

$$1+\frac{\alpha}{2}$$

查找不成功时的平均查找次数为

$$\alpha+e^{-\alpha}$$

注意：在实际应用中,开放定址法的装填因子通常为 0.5～0.9。

上述公式反映了哈希法的一个重要特性,即平均查找次数不是哈希表中记录个数的函数,这是和顺序查找、折半查找等方法不同的。正是由于这个特性,使哈希法成为一种很受欢迎的组织表方法。

10.5　小结

1. 在计算机中,建立索引表的思想是：将一个线性表按照一定的函数关系或条件划分成若干个逻辑上的子表,为每个子表分别建立一个索引项,由所有这些索引项构成主表的一个索引表。索引查找一定是在建立索引表的基础上才能实现。

2. B- 树是一种平衡的多叉树。结点关键字的数量 n 为子树的个数减1;每个结点上多个关键字的有序表;非终端结点至少拥有的子树个数为 $\lceil m/2 \rceil$。

3. B- 树的查找过程是从根结点出发,沿指针搜索结点和在结点内进行顺序(或折半)查找两个过程交叉进行。若查找成功,则返回指向被查关键字所在结点的指针和关键字在结点中的位置。若查找不成功,则返回插入位置。

4. B- 树的插入操作要注意关键字插入的位置必定在最下层的非叶结点。在插入后结点里关键字的数量若已大于 n,则结点将被分裂。

5. B- 树的删除操作不限定在最下层。若删除后结点中关键字的数量不足 $\lceil m/2 \rceil-2$ 时,需要从兄弟结点借关键字或合并结点,以保证 B- 树的特性。

6. B+ 树是 B- 树的一种变形,其查找、插入及删除操作与 B- 树操作类似。

7. 哈希表是以线性表中的每个数据元素的某个数据项 key 为自变量,使用函数

H(key)计算出函数值,该值为存储空间的单元地址,将数据元素存储到此单元地址中。H(key)称为哈希函数或哈希函数;其值称为哈希地址或哈希地址。

8. 冲突现象。当 key1≠key2,而 H(key1)＝H(key2),即不同的关键字通过哈希函数得到同一个哈希地址,称为冲突。冲突不可避免。也即哈希查找不能达到理想中的不用比较就能查找到所求数据元素。冲突的解决分为两种方式:开放地址法和链地址法。

9. 哈希表的平均查找长度是装填因子的函数,因此有可能设计出使平均查找长度不超过某个期望值的哈希表。

讨论小课堂 10

1. B+ 树与 B- 树有何区别?

2. 已知一棵 3 阶 B- 树,如图 10.16 所示,请画出插入 60、90、30 后的 3 阶 B- 树。

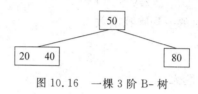

图 10.16　一棵 3 阶 B- 树

习题 10

1. 下列关于 m 阶 B- 树的说法错误的是(　　　)。

A. 根结点至多有 m 棵子树

B. 所有叶子都在同一层次上

C. 非叶结点至少有 m/2(m 为偶数)或 m/2＋1(m 为奇数)棵子树

D. 根结点中的数据是有序的

2. 下面关于 m 阶 B 树说法正确的是(　　　)。

① 每个结点至少有两棵非空子树;

② 树中每个结点至多有 m－1 个关键字;

③ 所有叶子在同一层上;

④ 当插入一个数据项引起 B 树结点分裂后,树长高一层。

A. ①②③　　　　　　B. ②③　　　　　　C. ②③④　　　　　　D. ③

3. 下面关于 B 和 B+ 树的叙述中,不正确的是(　　　)。

A. B 树和 B+ 树都是平衡的多叉树

B. B 树和 B+ 树都可用于文件的索引结构

C. B 树和 B+ 树都能有效地支持顺序检索

D. B 树和 B+ 树都能有效地支持随机检索

4. m 阶 B- 树是一棵(　　　)。

A. m 叉排序树　　　　　　　　　　　B. m 叉平衡排序树

C. m−1叉平衡排序树　　　　　　　　　D. m+1叉平衡排序树

5. 设有一组记录的关键字为{19,14,23,1,68,20,84,27,55,11,10,79},用链地址法构造哈希表,哈希函数为 H(key)=key MOD 13,哈希地址为1的链中有(　　　)个记录。

　　A. 1　　　　　　　　B. 2　　　　　　　　C. 3　　　　　　　　D. 4

6. 下面关于哈希(Hash,杂凑,散列)查找的说法正确的是(　　　)。

　　A. 哈希函数构造的越复杂越好,因为这样随机性好,冲突小

　　B. 除留余数法是所有哈希函数中最好的

　　C. 不存在特别好与坏的哈希函数,要视情况而定

　　D. 若需在哈希表中删去一个元素,不管用何种方法解决冲突都只要简单地将该
　　　　元素删去即可

7. 若采用链地址法构造哈希表,哈希函数为 H(key)=key MOD 17,则需(　①　)个链表。这些链的链首指针构成一个指针数组,数组的下标范围为(　②　)。

　　① A. 17　　　　　　　B. 13　　　　　　　C. 16　　　　　　　D. 任意

　　② A. 0~17　　　　　　B. 1~17　　　　　　C. 0~16　　　　　　D. 1~16

8. 关于杂凑查找说法不正确的有几个(　　　)。

　　(1) 采用链地址法解决冲突时,查找一个元素的时间是相同的

　　(2) 采用链地址法解决冲突时,若插入规定总是在链首,则插入任一个元素的时
　　　　间是相同的

　　(3) 用链地址法解决冲突易引起聚集现象

　　(4) 再哈希法不易产生聚集

　　A. 1　　　　　　　　B. 2　　　　　　　　C. 3　　　　　　　　D. 4

9. 设哈希表长为14,哈希函数是 H(key)=key%11,表中已有数据的关键字为15,38,61,84,共4个,现要将关键字为49的结点加到表中,用二次探测法解决冲突,则放入的位置是(　　　)。

　　A. 8　　　　　　　　B. 3　　　　　　　　C. 5　　　　　　　　D. 9

10. 假定有 k 个关键字互为同义词,若用线性探测法把这 k 个关键字存入哈希表中,至少要进行(　　　)次探测。

　　A. k−1次　　　　　　　　　　　　　B. k次

　　C. k+1次　　　　　　　　　　　　　D. k(k+1)/2次

11. 哈希查找中 k 个关键字具有同一哈希值,若用线性探测法将这 k 个关键字对应的记录存入哈希表中,至少要进行(　　　)次探测。

　　A. k　　　　　　　　　　　　　　　B. k+1

　　C. k(k+1)/2　　　　　　　　　　　　D. 1+k(k+1)/2

12. 哈希函数有一个共同的性质,即函数值应当以(　　　)取其值域的每个值。

　　A. 最大概率　　　B. 最小概率　　　C. 平均概率　　　D. 同等概率

13. 哈希表的地址区间为0~17,哈希函数为 H(K)=K mod 17。采用线性探测法处理冲突,并将关键字序列 26,25,72,38,8,18,59 依次存储到哈希表中。

(1) 元素59存放在哈希表中的地址是(　　　)。

  A. 8   B. 9   C. 10   D. 11

（2）存放元素 59 需要搜索的次数是（   ）。

  A. 2   B. 3   C. 4   D. 5

14. 将 10 个元素哈希到 100 000 个单元的哈希表中，则（   ）产生冲突。

  A. 一定会   B. 一定不会   C. 仍可能会

15. 在 10 阶 B- 树中根结点所包含的关键码个数最多为（   ），最少为（   ）。

  A. 1   B. 2   C. 9   D. 10

16. 对包含 n 个元素的哈希表进行搜索，平均搜索长度为（   ）。

  A. $O(\log_2 n)$ B. $O(n)$ C. 不直接依赖于 n   D. 上述都不对

17. 处理冲突的两种方法，分别为（   ）、（   ）。

18. 在索引表中，每个索引项至少包含有（   ）域和（   ）域这两项。

19. 在对 m 阶 B- 树中，每个非根结点的关键码数最少为（   ）个，最多为（   ）个，其子树棵数最少为（   ），最多为（   ）。

20. 设有 150 个记录要存储到哈希表中，并利用线性探测法解决冲突，要求找到所需记录的平均比较次数不超过 2 次。试问哈希表需要设计多大？（设 α 是哈希表的装载因子，则有 $ASL_{succ} = (1 + 1/(1-\alpha))/2$）。

21. 对下面的关键字集{30,15,21,40,25,26,36,37}，若查找表的装填因子为 0.8，采用线性探测方法解决冲突，做：

（1）设计哈希函数；

（2）画出哈希表；

（3）计算查找成功和查找失败的平均查找长度；

（4）写出将哈希表中某个数据元素删除的算法。

22. 对于一棵初始为空的 3 阶 B- 树，要求：

（1）给出按数据元素序列{20,30,50,52,60,68,70}构造 3 阶 B- 树的图示过程。

（2）给出删除关键字 50 和 68 的图示过程。

23. 选取哈希函数 H(K)=3K％11。用开放地址法处理冲突，d=H(K)，$d_i = (d_{i-1} + 7K％10+1)％11(i=2,3,\cdots)$。试在 0～10 的哈希地址空间中，对关键字序列 22,41,53,46,30,13,01,67 构造哈希表，并要求在等查找概率下查找成功平均查找长度。

参 考 文 献

1. 闫玉宝,徐守坤. 数据结构[M]. 北京:清华大学出版社,2008.

2. 王红梅,胡明,王涛. 数据结构(C++版)教师用书[M]. 北京:清华大学出版社,2008.

3. 杨秀金. 数据结构——使用 C++ 语言[M]. 杭州:浙江科学技术出版社,2004.

4. 林小茶. 实用数据结构[M]. 北京:清华大学出版社,2008.

5. 李春葆. 数据结构教程[M]. 北京:清华大学出版社,2005.

6. 梁作娟,等. 数据结构习题解答与考试指导[M]. 北京:清华大学出版社,2004.

7. 杨正宏. 数据结构[M]. 北京:中国铁道出版社,2006.

8. 赵文静. 数据结构与算法[M]. 北京:科学出版社,2005.

9. 王卫东. 数据结构辅导[M]. 2 版. 西安:西安电子科技大学出版社,2002.

10. 田鲁怀. 数据结构[M]. 北京:电子工业出版社,2006.

11. 周海英,等. 数据结构与算法设计[M]. 北京:国防工业出版社,2007.

12. 刘坤起,等. 数据结构:题型、题集、题解[M]. 北京:科学出版社,2005.

13. 彭波. 数据结构[M]. 北京:电子工业出版社,2008.

14. 赵致琢. 计算科学导论[M]. 北京:科学出版社,2003.

15. 杨秀金. 数据结构(C++版)[M]. 北京:人民邮电出版社,2009.